U0012058

WINNER OF THE 2019 NAUTILUS BOOK AWARD

THE FATE OF FOOD

What We'll Eat in a Bigger, Hotter, Smarter World

明天吃什麼

AI農地、3D列印食物、培養肉、無剩食運動……
到全球食物生產最前線，看科學家、農人、環保人士在無可避免的氣候災難下，
如何為人類找到糧食永續的出路

Amanda Little
亞曼達・利特——著
譯——王翎

審訂——余淑美｜院士｜中央研究院分子生物研究所特聘研究員

獻給母親南西（Nancy）
父親魯孚斯（Rufus）
及大哥、二哥。

目次

序言 7
第一章 初嘗苦果 23
第二章 殺戮田園 49
第三章 抗旱種子 87
第四章 機器農夫 129
第五章 理性感測器 161
第六章 向上發展 187
第七章 逆流而游 215

第八章　嗜肉成癮　245
第九章　敗部復活　279
第十章　浩淼夢想　307
第十一章　緊急措施　331
第十二章　歷久彌新　351
第十三章　雖豐亦儉　373
後記　成長　399
致謝　411

序言

在我拜訪過的所有地方裡，最超現實的首推「肉餡派製作工廠」（Pot Pie room）：偌大的空間四壁純白，水泥地板上擺滿了龐大的鋼鐵機器設備，還有一個形狀跟高度與暗巷常見的垃圾子母車約莫相當的漏斗。在機器設備發出的嗡嗡軋軋運轉聲中，輸送帶將材料從一台機器送往下一台，而漏斗和其中的物質讓我目眩神迷：由冷凍乾燥馬鈴薯塊、紅蘿蔔塊、芹菜和洋蔥薄片、豌豆以及乳清蛋白構成的灰色混合物。我將戴了手套的雙手插入呈現一坨坨的小圓團塊裡，像大家在沙灘上成堆的貝殼裡翻揀一般淘選濾篩。小圓團塊輕若無物——數百加侖的蔬菜，重量卻如同五彩紙屑。我站在那裡不停掏挖，明明才一下子卻覺得時間無比漫長，就像吃卡滋傑克（Cracker Jack）焦糖花生爆米花時，想在袋子裡找到贈品的小朋友，自己也不確定是在找什麼。

混合物從漏斗底部緩緩向下流進一條滑道，進入另一台秤重分裝的裝置分好固定分量，再輸送至下一台機器，噴灑上成分為乳粉、香芹鹽、蒜粉和清雞湯的米色調味粉末。機器接下來將調味好的粗粒與含有鐵粉、黏土和鹽的小包脫氧劑，一同裝入聚酯薄膜袋內並封口，每十五秒鐘可包裝完成一份七盎司重的產品。每包產品都貼上標籤：「雞肉風味肉餡派」。

這是前往睿智公司（Wise Company）位在猶他州鹽湖城（Salt Lake City）的製造廠拜訪行程的第一站。此趟行程的嚮導是四十三歲的睿智公司執行長艾朗・傑克森（Aaron Jackson），他跟我一樣從頭到腳穿戴乾淨的全套食品廠工作服。身材高大的傑克森十分親切隨和，髮型酷似超人克拉克・肯特，罩上防塵帽依舊魅力十足。他到睿智公司任職之前，是在泰森食品公司（Tyson Foods）工作，負責銷售冷凍雞塊和肉排。之後他離開了睿智公司，前去致力於量產古老穀物藜麥的大公司諾藜（NorQuin）擔任執行長。儘管我們身處一個令人隱約有種不祥預感的怪異地方，讓我只覺得渾身不自在，但經過製造「美味玉米餅濃湯」和「楓糖培根鬆餅早餐」製作間途中，看著成千上萬包封入金色和銀色聚酯薄膜袋的產品自輸送帶滾入箱槽中，傑克森還是有本事讓我驚嘆不已、嘖嘖稱奇，我想就算讓他去非洲塞倫蓋蒂銷售鏟雪車，想來也賣得出去。在各個製作廠間，身穿白色實驗衣、頭戴髮網的技師忙著拉動控制桿，操作許多按鈕開關，並檢視包裝有無瑕疵，看起來活像奧柏倫柏人（Oompa Loompas）*。一名穿著靴子的壯碩技師為了展示包裝的氣密度，還一度將料理包放在地板上，再踩在上面跳了幾下。

這個情景讓我聯想起威利旺卡（Willy Wonka）的工廠，一部分的原因在於睿智的食品工廠和旺卡的巧克力工廠簡直異曲同工。小時候我會想像羅德・達爾（Roald Dahl）筆下「以番茄濃湯、烤牛肉佐烤馬鈴薯和藍莓派製成」，共有前菜、主菜、甜點三道菜口味的口香糖吃起來究竟是什麼感覺，一想就是好幾個小時。這很類似製造出一種口味多合一、加入熱水就能模擬一頓家常晚餐的餐食產品，但卻和名稱所要召喚的多種食物的樣貌幾無任何相同之處。「可以把它想成類似急救包的食物，」傑克森告訴我，同時伸手抹去沾在臉上護目鏡的一層米色粉末，「在正常的食物供給來源斷絕時，這是可供全家人維生的主食。」

傑克森介紹的產品尺寸有大有小，小至內含九份冷凍乾燥正餐、定價二十美金的七十二小時食品包，大至內含一家四口全年份正餐、定價七千九百九十九美金的組合。每份餐食熱量約三百卡路里，售價不到一美金——平均每卡路里的價格與麥當勞定價不相上下。傑克森從二〇一四至二〇一八年為睿智公司效力，他說自己擔任執行長期間讓公司的年銷售額翻倍，在四年內成長至約七千五百萬美金。以冷凍乾燥食品整體的年銷售額而言，在這四年間也有所增長，達到約四億美金，這也是我拜訪睿智公司的原因之一——要一探這股人造餐食趨勢其中虛實。

我進入食品工廠時滿心疑竇。在我看來，求生口糧這門生意帶著一股喪屍來襲、末世來臨的恐慌妄想意味。這種食品能否大賣，取決於美國未來幾年內會不會面臨重要糧食短缺的威脅，威脅或許真有其事，也或許只是民眾的預期心理。現今世界上有部分地區饑荒頻傳[1]，我最近也看到在飽受乾旱所苦的地區如印度、衣索比亞等地，人民的生活如何受到饑荒的嚴峻打擊，但美國面臨的主要問題並非糧食不足，而是熱量攝取過多。美國有將近四成人口罹患肥胖症[2]，超過三分之二的人口體重過重。

全球進入工業化時代之後，可獲取的糧食整體而言豐富多樣的程度，在人類歷史上可說前所未有。以位在田納西州納許維爾、距離我家數百英尺遠的克羅格超市（Kroger）為例，超市一週營業七天，每天營業十九小時，儲存遠從台灣和辛巴威等異地運送來的超過五萬種不同食品。對很多人來說，附近超市就有如此大量的食品，現下擔憂糧食供應遭受威脅似乎很荒謬。*

然而我知道，有愈來愈多人投入購置求生口糧的行列。我是從一位親戚口中第一次聽說睿智公司，他曾在印第安納州宰恩斯維（Zionsville）擔任警察，在他們家地下室存放了可供一家子吃六個月的睿智公司產品。我的繼兄弟是住在華盛頓特區市中心的企業主管，他則斥資購入了一年份的飲用水和可長期保存的食品。而我哥哥是與美國自然保育協會合作的氣候科學家，他也開始在位於西維吉尼亞州的小屋地下室儲備物資。他的職責之一是研讀聯合國跨政府氣候變遷專家小組（IPCC）所提出的報告，這個由超過三千名科學家組成的委員會預估，全球平均氣溫在二十一世紀結束前，將上升至少華氏四度（約攝氏二．二度）[3]。「我無法想像有什麼事會比餵不飽家裡的小孩還糟，」他分析，「而根據目前幾乎所有資料，糧食供給出現重大危機的可能性，在我們有生之年可說持續升高。」

只看我的親戚、繼兄弟和哥哥三人，取樣確實會有偏差：他們全都是男性，全都持有槍枝，其中兩位閒暇時喜歡用複合弓箭打獵。三個人的思維至少都帶了些許宿命論的「末日準備者」（prepper）心態，這群人正是睿智公司於二〇〇八年成立時想要服務的客群。「我們早期的客戶大多是為了即將來臨的世界末日在自家地下碉堡預作準備，或是害怕政府奪走他們手上的槍枝、想要與之對抗的民眾。」傑克森表示。睿智公司和其他多家求生口糧公司同樣設立於猶他州，服務當地的摩門教社群，俗稱摩門教的耶穌基督後期聖徒教會（Church of Jesus Christ of Latter-Day Saints）鼓勵教徒為末日預作準備。但傑克森也告訴我，睿智公司的產品市場呈爆炸性成長，客群不僅不再限於摩門教徒或男性「末日準備者」，這兩類人甚至也已不再是他們的主要顧客。

傑克森自己就不是摩門教徒。他在洛杉磯郊區長大，白色防護衣底下是絎縫外套搭熨燙平整的西裝褲，再配上光亮的栗棕色皮鞋，看起來不太像《鴨子王朝》（*Duck Dynasty*）實境節目裡的人物，更像是身穿布克兄弟男裝（Brooks Brothers）的商務人士。他接下睿智公司執行長一職後開始擴增公司的產品組合，現今已推出數十種不同的「療癒慰藉型」冷凍乾燥食品，並開拓新市場，納入露營及野外冒險活動族群、美國國防部和國際軍事部隊等客群。最後他成功讓產品在山姆會員商店（Sam's Club）和沃爾瑪（Walmart）上架，而「家庭購物網」（Home Shopping Network）電視購物頻道更成為睿智公司最主要的銷售通路。「五年前我們的顧客超過百分之九十五是男性，現在女性顧客的比例已經達到五成，」傑克說，「她們大多是媽媽——我們稱她們為『護衛者老媽』——她們擔心糧食供應不穩定，沒辦法餵飽小孩。」

無論男性或女性，睿智公司顧客的共同點是憂心政治局勢和自然環境可能發生的變動。十年前的第一波顧客擔心的是通貨膨脹、經濟崩盤和恐怖攻擊；而現今的顧客最擔心的則是天災。在美國於二〇一七年九月陸續遭到颶風哈維、艾瑪和瑪莉亞侵襲之後，美國聯邦緊急事務管理署和傑克森聯繫，徵用約兩百萬份食品作為救濟物資。「不只要應付這些怪異的突發事件。我們還接到民眾打電話來說：『我住在邁阿密，淹水現在根本是家常便飯，我擔心再過兩年，佛羅里達州就要整個沉進水裡了。』」傑克森告訴我，「或者也有住在紐約上州的居民打來，說他們之前碰上千年一遇的暴風雪，整整兩週出不了自家門口的車道。」打電話到睿智公司的人來自各地，有人親眼見證颶風卡崔娜和珊迪的破壞威力，有人經歷二〇一四年的加州旱災和二〇一八年在加州多地肆虐的森林大火，也知道災害發生時，政府可能不會前來援救。「他們現在抱持的態度是，那就未雨綢繆，天助自助者。」

我還沒開始斥資尋求自助，一部分的原因是我很樂觀，相信自己不需要這麼做。但傑克森的分析頗有說服力，他指出有愈來愈多人意識到自己一方面要面對自然環境變動加劇的威脅，另一方面要應對效能逐漸減弱的政府安全網，而求生口糧製造業對他們來說，同時對應到了實用主義和恐慌妄想。這種情況並非美國所獨有——世界各國現今都面臨環境的劇烈變化，而很多國家的政治局勢也不穩定。世界上非屬睿智公司消費人口的民眾多達數億，我們全都想努力解答一個疑問——我也是在這個疑問推動下進行訪查並寫成本書——我們的處境**究竟**有多糟？

＊＊＊

在探究糧食供給目前面臨威脅的嚴重程度，以及特別是現代農業陷入的危險之前，不妨先快速回顧一下工業化農業所獲致的一些成就。如果沒有發展出農企業，全世界人口數可能要減去二十億。全球農地現今產出糧食的每日人均熱量供給，比起一九九〇年時增加百分之十七。雖然仍有八億人口長期處於飢餓狀態[4]，但比起三十年前，長時間挨餓的人口減少了幾近兩億[5]。同時，食物的價格也降低了。在一九五〇年代，飲食費用約占家庭消費支出的百分之三十。時至今日，我們的消費支出裡大約僅有百分之十三是用來購買食物[6]——對於中低收入家庭而言可減輕財務負擔，對於全球經濟而言也是一大福音。加工食品也讓民眾，特別是婦女[7]，得以擺脫一天三餐都得從無到有辛勤烹煮的苦差事。但也有充分證據顯示，應有盡有的低價食品有種種弊端，首先是導致大規模浪費，隨之而來的是過度消費、營養攝取不足，以及全球趨向依賴更少的幾處農場集中生產糧食。此外另一項風險也逐漸加劇，我們研究出可多餵養數十億人口的方法，而這些方法卻正在反噬我們所處的環境。

在我來到睿智公司跟著傑克森參觀時，我已經走訪了美國十三州和十一個國家，探查我們的糧食體系中正在發生的種種改變，有的細微隱約，有的激烈極端。我所謂的「糧食體系」，指的是由在地和跨國生產者、食品加工業者和經銷商所構成的龐大網絡，整個網絡供給全球七十五億人口所需的糧食。我想要了解在中國、印度和撒哈拉以南非洲國家等發展快速的國家，人口成長和氣候變遷對於當地農業造成的影響。聯合國跨政府氣候變遷專家小組於二〇一四年三月的報告指出，在乾旱、洪水、入侵物種和變動不定的氣候影響之下，全球農業生產力已然受到衝擊[8]，而在大多數人口稠密的國家，長期乾旱缺水到了本世紀中時，可能成為常態，其中就包括整個美國西南部——即從堪薩斯州到加州，再向南延伸至墨西哥這塊有大量人口居住的長條形地區。聯合國跨政府氣候變遷專家小組的預測無疑令人驚駭：報告中指出按照目前氣候暖化的趨勢，全球作物產量每十年會減產百分之二到六[9]——表示每十年全世界就會有數百萬英畝農地消失——同時全球人口數卻持續攀升。

專家小組於二〇一八年十月釋出的報告續篇下了總結，指出依照目前的碳排放量增長速率，二〇四〇年的大氣層將增溫至比前工業化時代高出最多華氏二・七度（約攝氏一・五度）[10]，而這個命運將讓我們的生活條件產生劇烈改變。「這份報告就像是尖銳穿腦、震耳欲聾的廚房警鈴聲，」聯合國環境規畫署（UNEP）執行主任艾瑞克・索爾海姆（Erik Solheim）形容，「我們必須把火勢撲滅。」[11]

美國農業部轄下國家農業與環境科學實驗室主任傑利・哈菲德（Jerry Hatfield）如此告訴我，氣候變遷帶來唯一最大的威脅就是造成糧食體系崩潰：「其他威脅，諸如洪水、暴風雨和森林大火，也許在某些地區會更加嚴重且難以預期，但是糧食供應一旦中斷，基本上全人類都將深受其害。」[12]國際慈善組織樂施會（Oxfam）糧食政策及氣候變遷主管提姆・高爾（Tim Gore）則如此表述：「多數人體驗到氣候變遷帶來的影響，主要在於飲食層面——吃什麼食物、食物是如何生產、購買食物的價格，以及可獲取和可選擇的食物種類。」聯合國環境規畫署副執行主任喬伊絲・姆蘇亞（Joyce Msuya）警告說最脆弱、易受害的將會是那些最不富裕的國家：「世界上大多數開發中國家的經濟仍以農業為主，但這些國家卻面臨二元對立的情況，一方面是嗷嗷待哺的人口增多，產生了龐大的需求，另一方面則是糧食供給因為環境壓力而減少。」

根據聯合國跨政府氣候變遷專家小組的報告，按照目前的氣候變遷和人口成長趨勢，糧食價格於二〇五〇年有可能上漲至近兩倍。[13]如果糧食價格確實上漲，一般人買得起的食物供應量將變得有限，為了搶奪食物而發生的紛爭可能更加頻繁，進一步損及全球糧食安全——若是我哥哥先前還未將他囤積的求生食品物資消耗殆盡，此種情境有可能迫使他開始動用這些物資。國與國之間為了爭奪糧食資源而爆發的紛爭，有可能造成貿易往來中斷，並癱瘓經銷網絡。由於美國目前有超過一半的水果和約三分之一的蔬菜皆為進口[14]，結果可能是你家附近的超市貨架空空如也，而且不只如此而已。

也難怪還有其他公司投入發展「未來食物」（post-food），賭的就是未來可能發生糧食供給中斷的危機。於矽谷起家獲七千萬美元資金挹注的新創公司「舒益能」（Soylent Inc.）推出了一種類似大人版配方奶粉的產品——這種植物成分飲料所含的營養成分可以完全取代正餐，而且讓消費者在節省時間、金錢的同時，又能減少碳足跡。舒益能代餐（Soylent）蔚為風行，帶動「超強燃料」（Super Body Fuel）、「豐足」（Ample）、「康雅」（Koia）和其他五、六種新代餐品牌也陸續興起。同時，五角大廈的研發部門則致力於研究有需求時，即能利用可攜式3D列印機快速生產的軍用口糧。裝在士兵身體上的感應器會偵測例如是否缺鉀或維生素A，一旦偵測到，就會將資料傳送到3D列印機，而機器會將加味液體和粉末等原料列印製作出富含特定營養素的客製化口糧棒和丸錠。這種科技可望在二〇二五年進入實地應用階段；這是我們大多數人皆無法想像自己身在其間的未來世界。

＊＊＊

造訪睿智公司食品工廠歸來後，我在家攪拌一碗復水後的肉派。老實說，我是吩咐孩子去做的。他們用電熱水壺將水煮沸，在碗裡倒入滾水、攪拌，然後等著一個個小圓團塊軟化。對他們來說，這是一個簡單的科學實驗；對我來說，這是與我不願遇見的未來相逢。

但傑克森介紹的核心科技不是什麼新鮮事。睿智公司的做法，其實相當於在二十一世紀將印加人大約於西元前一二〇〇年就開始實行的做法重新搬演[15]，印加人將馬鈴薯和類似牛肉乾的「ch'arki」放在高架石板上冰凍一整晚，再放在太陽下快速曬乾。現代的冷凍乾燥技術是在第二次世界大戰期間研發出來的，起初是為了保存治療受傷士兵所需的血清。目前的食品加工方法是在一九七〇年代興起，當時數百萬美國人由於擔憂石油危機和停滯性通貨膨脹，而開始囤糧。睿智公司只是將數十年前就有的方法稍加更動：將新鮮食材以華氏零下一百一十二度（約攝氏零下八十度）的低溫急速「送風式冷凍」（blast-frozen），以防止食品中形成冰晶，造成質地改變和營養流失。經過急速冰凍的食物接著會被送進加熱的真空室讓冰「昇華」，也就是從固態直接變成氣態，不會變成液態。這種食品在復水時，冰昇華後留下的孔隙會很快吸收水分。製作這種食品所需的能量比製作罐頭食品多了將近一倍，但能保留約九成的食物營養成分，保存期限也比罐頭食品更久。睿智公司保證產品的保存期限可達二十五年，而傑克森則認為：「老天，放個幾百年」都還能吃。

攪拌好的肉派食品上桌時，看起來一點都不像雀巢的史多福冷凍食品，而是一碗淺褐色的稀粥。我遲疑片刻，壓抑住喉頭的作嘔感，依循自己內在那位好勝心強的紫羅蘭・鮑加（Violet Beauregarde），吞了一口。這東西很好吞嚥，味道就像祖母煮的砂鍋燉雞。但是當我想像自己的孩子長大成人以後，只能躲在自家地下室靠著聚酯薄膜袋裝食品維生，同時仿效《絕地救援》男主角馬克・瓦特尼（Mark Watney）勉強打造室內耕種系統……我不再大感驚奇，一下子沒了胃口：到了二〇五〇年，我去孫子女家吃感恩節晚餐，餐桌上又會擺出什麼菜色？未來的歷史學者回顧我們在現時此刻的農業發展，會不會與回顧十八世紀末歐洲光景的狄更斯所見略同——對時代的評述為「當時我們擁有一切，當時我們一無所有」；是深信不疑的時代，也是懷疑一切的時代。

聯合國跨政府氣候變遷專家小組報告中有一些段落，似乎指出我們正走向一無所有的未來。報告提出到了本世紀中葉，全世界可能面臨「全球暖化的門檻，超過此門檻將導致目前的農業無法繼續供養龐大的人類文明。」不過這個命運繫於一項關鍵性的假設——即現行的農作方式保持不變。如果說我從過去的參訪行程學到了什麼，那就是全世界的農人、科學家、環保團體和工程師正在從根本去重新思考糧食生產這件事。

環保人士保羅．霍肯（Paul Hawken）曾編有《Drawdown反轉地球暖化一百招》，他發現在他邀集科學家所提出的解決方案中，效果最好的二十個方案裡有八個皆屬於農業範疇：「在我們研究後所提出含括社會到工業等層面的一百個解決方案中，與糧食生產相關的解決方案效果最佳，影響最為顯著。」

若說全球糧食體系在近三十年來變化極大，這絕非誇張妄言，而要說我們無從得知糧食體系未來數十年將如何改變，改變幅度又會有多大，這種說法更是一點都不為過。在本書中我將探究，糧食體系可能會發生什麼樣的改變。我就跟大多數人一樣熱愛美食，難以接受未來只有冷凍乾燥雞肉派可吃。（維吉尼亞．吳爾芙寫道：「一個人倘若吃得不好，也就沒法睡得好，沒法好好去愛或思考。」[16]）我也想到很好的理由，讓我們可以期望能順利避開只有冷凍乾燥食物的未來。全世界的糧食體系之所以陷入一團糟，是緣於創新和無知，而創新加上良好判斷，卻能拯救我們脫離危機。

在接下來的章節中，我將探索在一個更炎熱、乾燥、人口更多的世界，我們是否能以永續且公平的方式餵飽所有人，又要如何達成——而且菜單上除了復水療癒食品，還會有更多選擇。書中將拜訪的人士包括秘魯工程師霍爾赫．艾勞德（Jorge Heraud），他設計的除草機器人有助於減少農藥用量。我也會拜訪研發實驗室培養肉品和植物製人造肉的新創公司。我將探訪肯亞首位種植基改玉蜀黍的農民的田地，以及全世界最大的垂直農場，那裡種植的蔬菜不需要土壤和陽光。我會大膽進入以色列的智慧水網探索，並遠赴挪威造訪全世界最大的魚類養殖

整缸的蔬菜塊粒

場。我也會遇到許多為傳統老方法注入新意的人士，包括樸門永續農法施行者、可食昆蟲養殖場，以及推動復興古老穀物的植物學家。

我將雙手伸進滿是冷凍乾燥蔬菜塊粒的大漏斗撈挖時懷著滿腹疑惑，而在探訪各界人士途中，我明白自己已然找到其中一些疑問的解答——不只關於我們面臨的種種困境，也關於如何脫困的解決之道。

譯註：

* 譯註：奧柏倫柏人、威利旺卡以及本篇稍後提及的紫羅蘭・鮑加，皆為羅德・達爾所著童書《巧克力冒險工廠》（*Charlie and the Chocolate Factory*）中的角色，故事描述小男孩查理獲得機會參觀古怪的威利旺卡開設的巧克力工廠，途中經歷一連串奇幻體驗；奧柏倫柏人是在工廠裡工作的矮人族，紫羅蘭・鮑加則是進入工廠參觀的另一個小孩。

1. Rosamund Naylor, "The Elusive Goal of Global Food Security," *Current History* 117 (2018): 3. 另見 "The State of Food Security and Nutrition in the World," Food and Agriculture Organization of the United Nations (FAO), 2018, https://tinyurl.com/y8jfvy9o.
2. "Health, United States, 2016: With Chartbook on Long-Term Trends in Health," National Center for Health Statistics, 2017.

* 譯註：「food」在本書中依據文意脈絡可能譯為「糧食」、「食物」、「食品」、「餐食」或「飲食」。

3. "Special Report: Global Warming of 1.5° C," Intergovernmental Panel on Climate Change (IPCC), 2018, https://www.ipcc.ch/sr15/.
4. "The State of Food Security and Nutrition in the World," FAO, 2018.
5. Linda Poon, "There Are 200 Million Fewer Hungry People Than 25 Years Ago," NPR, June 1, 2015.
6. Derek Thompson, "How America Spends Money: 100 Years in the Life of the Family Budget," *The Atlantic*, Apr. 5, 2012.
7. Brent Cunningham, "Pastoral Romance," Lapham's Quarterly 4 (2011): 179.
8. J. R. Porter et al., *Climate Change 2014: Impacts, Adaptation, and Vulnerability*, IPCC (Cambridge: Cambridge University Press, 2014), 485-533.
9. 同前註，506。
10. "Global Warming of 1.5° C," IPCC, 2018, https://tinyurl.com/yb46plrt.

11. 轉引自Chris Mooney and Brady Dennis, "The World Has Just Over a Decade to Get Climate Change Under Control, U.N. Scientists Say," *Washington Post,* Oct. 7, 2018。
12. 引自二〇一八年九月與傑利・哈菲德的私人通訊。
13. Porter et al., "Food Security and Food Production Systems," in *Climate Change 2014,* 512.
14. David Karp, "Most of America's Fruit Is Now Imported: Is That a Bad Thing?" *New York Times,* Mar. 13, 2018.
15. Peter W. Stahl, "Structural Density of Domesticated South American Camelid Skeletal Elements and the Archaeological Investigation of Prehistoric Andean Ch'arki," *Journal of Archaeological Science* 26 (1999): 1347-1368.
16. Virginia Woolf, *A Room of One's Own* (New York: Harcourt, Brace, 1929).

第一章　初嘗苦果

豐饒坐定，飢餓遊走。——南非諺語

本書的開端，是二〇一三年四月我在後院菜園埋下的幾顆種子。各位麥可·波倫（Michael Pollan）的死忠讀者可能會覺得前一句話似曾相識，其實這個句子呼應了他的經典著作《植物的欲望》（*The Botany of Desire*）導言裡的一句話，而這本書引起了我和許許多多讀者對園藝的興趣。我和波倫同樣埋下了種子，得到的結果卻大相逕庭：他的欣欣向榮，而我的悽悽無望。

起初，埋下的種子發芽了，而且就如同所有神奇的種子一般，長到原本的一百五十倍那麼大。接著冒出富有光澤的綠葉，進入果實成熟後期階段，但情勢在此之後急轉直下。種菜半是我的主意，半是孩子的主意。他們在學校操場的種植箱種過香草植物和小番茄，想要在家嘗試經營更大規模的菜園。他們不用多費什麼唇舌就說服我了——我早已拜讀過波倫的著作，也讀過馬克·彼特曼（Mark Bittman）、丹·巴柏（Dan Barber）和艾莉絲·華特斯（Alice

Waters）等人的書。我也喝過成分純天然、甜味來自龍舌蘭蜜「絕非酷愛」（anti-Kool Aid）的酷愛飲料。我和先生都認同，在自家後院闢一畦田地並親自照料，有助於放慢生活步調，提升每日蔬果攝取量，在抱著平板電腦猛看螢幕之餘，也有點別的休閒活動，同時與大自然建立更深刻的連結。而且我不是才在某處讀到，與自然建立連結有助於提升孩童的專注力，並刺激下視丘？還可以凝聚家庭情感！在家種菜會是一個促進身心健康，讓心胸更開闊，讓全家更團結，讓開銷更儉省，讓世界更美好的優良週末活動。

田納西州的納許維爾與加州的柏克萊環境迥然不同，但是我們的社區裡也有許多人身體力行，想讓世界更美好（特別是那些為人父母的居民），而飲食相關事務又尤其受到關注。我們這裡有愈來愈多業餘小農、純素食者、舊石器時代飲食奉行者，還有愈來愈多人自己養雞。我有幾個好朋友，他們在飲食方面的念舊情懷濃厚無比，要是可以的話，他們很樂意租一頭耕牛和一具犁，以便近距離體驗所吃食物的古代根源。對於我們全家的飲食，我倒沒有認真到這個程度。我喜歡很優質的農夫市集，但我大多去當地的克羅格超市買菜，對於讓孩子吃非當季水果或是公立學校免費午餐，我從不覺得有何不妥。我們覺得手頭闊綽時會買有機食物，這表示我們多半不會買，而是每週吃掉至少五、六顆大量生產的蘋果——就是遭批評為過度改良、糖分爆炸高的那種水果。然而，我還是傾向懷念農業走向工業化農企業之前的時代，懷念過去那段飲食仍維持祖傳味道的日子，而農夫市集和業餘小農努力想要保護的，正是那些代代相傳的味道。

我家枝葉蔓生的菜園

所以在二〇一三年春天我們全力以赴，斥資數百美金建置長十四英尺、寬十英尺並設有圍籬的架高式園圃、一小丘堆肥、番茄棚架。此外，我們也買了含魚油的肥料，以及有機種苗和祖傳作物種苗，而後來我才發現自己原來是堪比音痴、音盲的園藝「黑手指」。在開始種菜兩個月後的某天，我站在細鐵絲網圍籬裡，視線掃過五、六株曾經希望無窮如今苞葉凋萎的玉米莖稈，一小塊園地上個頭碩大無朋的小黃瓜，有一根甚至長到跟浣熊一樣又寬又胖，還有五株遭到蚜蟲侵襲的番茄植株已經交纏融混成某種連體生物。證據明擺在眼前：要我自己種出蔬果餵養全家，就跟要我修理電路板一樣強人所難。自家種菜的主意起初看起來極為實際——堪稱二十一世紀的「勝利菜園」——但結果證明，至少在我們家，一點都不實際。

我欠缺的並非基本知識，而是時間、警覺心和良好的判斷力。坦白說，是我個人特別有些心理障礙。對我來說，修剪可食用植物感覺就像殺嬰，只是沒那麼殘忍——我避免修剪枝葉，連帶也不去清除那些蛞蝓、蟎蟲、蚜蟲和椿象，也不施用任何可能阻絕牠們的有機殺蟲劑。後院蚊子的攻勢之猛烈，再加上田納西州中部的炙人酷暑，讓我往往一想到要到院子裡澆水除草就打退堂鼓。等我好不容易振作起來要對付雜草，卻常常分不清誰是該除的雜草，誰又是該留的種苗。

即使時至今日，在第一次想自己栽種蔬果卻受挫的多年之後，我們家還是很努力想在後院園圃種菜。在我先生和孩子的援助之下，收穫情況有所改善，他們如今都成了最可靠的農場人力。但我得老實招認，我們家後院的產量並不穩定，更談不上什麼豐饒。種菜的成本結算下來，還是超過我們能省下的金額。我們沒有放棄，因為種菜讓我們很開心。種菜活動刺激我們的感官，將我們與所生活的土地相互連結，而遠觀菜園也還頗為賞心悅目。菜園的存在，讓我對於能否保持穩定、長期的糧食供應的憂慮，或至少對於科技帶給人類生活深遠衝擊的憂慮稍減幾分。

結論是我們第一次嘗試建置的菜園確實貢獻良多——只是貢獻的不是食材，而是問題，例如：如果未必能依靠一群受到啟發、慎思明辨、棄肉茹素、反對基改作物、唯一支持有機作物、在後院自耕自食的消費者由小我做起，那麼我們要如何修復岌岌可危的糧食體系？我也開始想探究農業和改變農業的相關科技一路走來的發展史。我才發現早在人類文明萌芽之際，每一位努力想生產糧食的農人都面臨著種種艱困難關和窒礙不便。

* * *

將時空拉到西元前四〇〇〇年，距離現今巴格達不遠的地方。在底格里斯河和幼發拉底河之間的某塊農地上，一名美索不達米亞農人正在種植小麥。他或她正在一頭動物身上繫套一種工具，工具看起來很像鋤頭，但其實是現今耕犁的原型。此時距離人類最早開始耕種作物，大約已過了六千年之久，關於人類這個物種究竟為何、又如何從採集植物變成馴化物種並無共識（六千年之後依然莫衷一是）。但你如果請問這位種小麥的農人，她可能會告訴你很簡單——因為她們全家人喜歡定下來的生活。（或者是因為她的孩子跟我的孩子一樣，某一天回家忽然想自己種一些他們能看著長大的植物。）

關於農耕讓人類得以聚集形成聚落，長久下來蓬勃興盛並發展出文明，在考古學界已無太大爭議。但也有證據顯示，很多聚落的形成時間早於發展農耕的時間點。早在第一批農耕作物出現的許久之前，就有設置神殿廟宇的宗教場址和有居民長期生活的住所。[1]大約在西元前一萬年，分別有秘魯西部的皮卡馬切（Pikimachay）和土耳其東部的哥貝克力石陣（Gobekli Tepe）兩處人類聚居地，都是可捕魚的河流附近，或方便就近取得食物的地區發展而成。這些地區曾有豐富的野生穀物、果實和蛋白質來源，產量可靠、不虞匱乏。到了後來榮景不再：也許發生了旱災或植物疫病，也許人口增加以致野生食物供不應求，而定居的人類必須想辦法仰賴僅剩的幾種可食用植物勉強維生。

我們很可能永遠無法得知，是什麼人最先將種子埋入土壤，並照料最早的一批農作物，或是他們究竟出於什麼緣故才這麼做，但可以清楚知道在史前時代的美索不達米亞，人類大致上認同比起採集，自己耕種所需植物的做法更為妥當。人類不再於自然界裡四處遊走，而是開始形塑自然界。遷徙式的生活方式被定居社會取而代之。古代經濟體開始成形。生育率陡升，人口持續擴張。如果家庭成員較多，不要持續搬遷會比較容易照顧，而多子多孫表示有更多人手可以下田幫忙。

歷史學家哈拉瑞（Yuval Noah Harari）在《人類大歷史》（*Sapiens: A Brief History of Humankind*）一書中寫道：「其實不是我們馴化了小麥，而是小麥馴化了我們。『馴化』的英文 domesticate，源自拉丁文 domus，意思是『房子』。但現在關在房子裡的可不是小麥，而是智人。」[2]

然而隨著房屋一棟接一棟築起，人口飆升，大家攝取的營養卻逐漸減少。農耕讓可吃的食物種類變得狹隘受限。過著採集生活的人類靠著種類多元且富含蛋白質的食物維生，但改採農耕之後，人類就只能仰賴單一耕作產出的少數幾種穀物過活。生物考古學家在早期農耕社會的定居先民頭骨上發現損傷[3]，表示鐵質攝取可能嚴重不足，另外也有證據指出因營養不足而造成發育不良。最早的一批農耕人口身材普遍比早於他們的狩獵採集人口更矮小，也更體弱多病。農耕人口的工作時間更長，也更為辛勞。從事農耕需要整地翻土、播種、除草、驅趕害蟲、採收、儲存農作和分配食物——都是勞力密集的工作，比在野外採集要消耗的熱量更高。「辛苦乏味的農耕工作加上飢餓，讓人類有動力去研發工具，」哥倫比亞大學生態學教授露絲・迪佛萊斯（Ruth DeFries）指出，「自從歷史上出現農耕聚落開始，人類設計出來的每一種農業新工具，都是為了達到同一個目標：用更少的人力軟硬兼施，從大地獲取更多的食物。」[4]若要探討未來數十年如何在一個更炎熱、更擁擠的世界餵飽所有人，先了解一下這樣的背景脈絡會有相當的助益。在過去一萬年裡，人類已經花了大半時間發明一系列的工具來達成這個目標，這些工具全都是暫時的解決方案，歷經世代更迭也跟著汰舊換新，或升級成更大的運作規模。

我們先是在溪流築堤攔水，接著在江河建造水壩。我們先是用石頭和木頭打造手持工具，接著改用金屬材料，最後發明機器取代了工具。我們先是利用人和動物的糞肥，之後改用複雜化學物質製成的肥料。現在我們有感測器和機器人可以監測解讀作物的需求；我們有不用陽光或土壤就能種植的作物；我們還有聚酯薄膜袋裝的代餐。「有一連串的漫長實驗都是以更省力的方式生產更大量、供給更穩定的糧食為目標，而每一項農業技術都是為這一連串實驗再多添加上一個環節。」迪佛萊斯說。本書中反覆出現的主題之一，就是探索這一連串的實驗。我在每一章中想努力做到的，不只是理解我們正在走向何處，更要探究我們沿著不斷延續的糧食生產科技發展長路，是如何走到今天的。

第一位將耕犁繫套在牛身上的美索不達米亞農人是早期的一個環節。他找到一種善用獸力的方法。比起以前單純使用人力，利用獸力犁地可以省下非常多的時間和精力。再之後數代的美索不達米亞人則學會在犁上加裝一種機械，就能在翻土時順便播種，於是邁向播種自動化並提高產量。

當農人生產的作物量遠超過在地社群所需消耗的量，他們就成了商人。保存和儲放食物技術的進步，舉凡使用密封容器存放、曬乾、發酵和醃製，在在表示他們可以將食物運送到更遙遠的地方。進入鐵器時代後，船隻更為龐大堅固，商人開始拓展越洋貿易路線。另外也開始出現新興的帝國和王朝如斯巴達、羅馬和周朝，這些地方的人開始專門經營特定糧食的出口貿易，出口的食物包括：穀物、辛香料、油品、水果、葡萄酒、鹽醃肉品和魚乾。

穆斯林商人於西元七〇〇年時為全球經貿打下最早的基礎，他們將產自北非、中國和印度的穀物銷售到整個伊斯蘭世界。進口食物讓日常飲食更加營養多元，有益於身體健康。商人運銷物資互通有無的同時，也傳播他們的知識和信仰。創立伊斯蘭教的先知穆罕默德在開始傳教之前經營辛香料生意，而追隨他的穆斯林在之後超過一千年來，沿著貿易路線販售珍貴的肉桂、丁香、肉豆蔻和黑胡椒粒的同時，也廣為宣揚《古蘭經》。

儘管我們無從得知人類生活是如何從狩獵採集轉變成「買糧食附贈《古蘭經》好不好？」，但還是可以合理假設農業並非人類的偶然發現或意外之喜，而是個基於選擇或生存所需、逐步發展且往往艱辛難熬的過程。我們可以假設農耕帶來了種種利益，包括可控制的糧食供應、降低挨餓的風險和定居的舒適便利，而人類再去計算所付出的成本，發現這樣做顯得划算。有多餘的糧食就表示經濟產業可以分工。人民可以選擇**不務農**，改去做其他需要做的事，例如設計工具、建造房屋、紡織布料、創造藝術。社會裡所有人不再為了覓食跋涉奔波，而是各司其職：學生學習新知；建築工人蓋房子；還可以形成管理體系。新石器時代的農耕聚落發展出世界上最早的文字，開始製造陶瓷和玻璃，發明灌溉系統和輪車運輸，最後更掌握金屬和機械相關的工藝技術。

長久下來，穩定牢固的糧食體系賦予領導者政治權力。聖經《舊約全書》以約瑟的故事證實了這一點，約瑟遭囚禁在埃及的監牢裡時幫獄友解夢，後來法老做了兩個惡夢之後心神不寧，於是傳召約瑟前來解夢。法老的第一個夢是七頭病弱的母牛吃掉七頭健壯的母牛，第二個夢是七個瘦弱的穗子吞掉七個飽滿的穗子，約瑟解釋法老夢境的意思是埃及在七個豐收年之後會經歷七個饑荒年。法老王於是預先準備，在豐年囤積穀物。之後確實發生了饑荒，而且規模大到遍及世界各地，大批人群湧入埃及購買穀物。而約瑟獲得法老王賞賜細麻衣袍和統治全國的信物。

數千年來，從中部美洲的馬雅文明到斯堪地那維亞的北歐文明，都在糧食豐足時興起，糧食不足時衰亡。即使到了現今，糧食供給最不穩定的國家，通常也是經濟發展多元程度最低、政府力量最脆弱的國家。例如五角大廈在二〇一四年提出警告，肥沃月彎所在的中東地區由於面臨旱災和農作歉收，會讓伊斯蘭國和其他極端組織有機可乘，吸引到流離失所的飢餓民眾成為追隨者。[5]而在此警告提出前不久的二〇一一年，小麥因為俄羅斯和美國遭逢乾旱而短缺，導致全球小麥價格飆升，在其推波助瀾之下，阿拉伯世界爆發革命浪潮「阿拉伯之春」。[6]

在接下來的數十年，我們只能預期這些趨勢將會加劇：當國家和社群面對糧食供給上的挑戰，誰能以最有創意的方式來應對，誰就掌握了成功的最佳條件。

＊＊＊

大眾於十八世紀晚期開始逐漸陷入對全球食物供給不足的恐慌。城市人口增加，可耕地卻持續減少。英國的教區牧師托馬斯．馬爾薩斯（Thomas Malthus）於一七九八年指出糧食供應無法跟上需求增長的速度：「人口的威力遠遠超過土地產出糧食供人維生的能耐……人類必然會面臨某種形式的過早死亡。」[7]他的理論起初乏人問津，直到英國部分地區在一八四〇年代中期飽受饑荒之苦時才引起注意。但之後出乎意料地，科學界在機緣湊巧之下有了新發現：化學家發現氮和磷是植物維繫生命的重要元素[8]，而歐洲各地土壤因過度耕作而嚴重缺乏這兩種元素。不過數十年內，德國化學家弗里茨．哈伯（Fritz Haber）便成功將氮氣分子的鍵結裂解，獲得世界上最早的化學肥料主要成分。

馬爾薩斯提出他的理論時，並未預見未來將進入化學合成或機械化的時代。最早的收割機在十九世紀中葉問世；接下來出現的是最早的鋼犁；而到了一九〇三年，已有一家美國工廠在生產內燃機曳引機。原本需要人力加獸力耗費數天才能完成的工作，現在只要數小時就能完成。作物育種也在大約同一時期經歷同樣翻天覆地的變化。奧地利修士孟德爾（Gregor Mendel）在隱修院菜園裡研究豌豆的性狀，於一八五六年展開後來留名青史的豌豆實驗；達爾文（Charles Darwin）則在之後十年內，出版了探討植物雜交受精的論著。美國科學家很快就將孟德爾的發現和達爾文的理論應用於育種，希望選育出更優良的玉米和小麥品種。他們將特定性狀加以分離後再結合，選育出生長速度更快、產量更高，且具有抗蟲性的作物。雜交玉米種子及矮化小麥與水稻品種的發明結合農藥和肥料，共同推動了典範移轉，於是發生所謂「綠色革命」（Green Revolution）。

接踵而來的是農業生產力的氫彈級大爆發，在二戰結束後五十年，全球糧食供給量躍升百分之兩百[9]，而全世界人口也隨之增長逾一倍[10]。工廠化農場收編家庭農場，化石燃料開始成為農業所需能量的來源。農企業得以產出極大量的小麥、黃豆還有玉米，特別是玉米可以加工製成玉米糖漿、麥芽糊精（一種食品添加物）等一系列產品，而最為人所知的是用來生產肉品。一頭發育完成、體重一千兩百磅的閹牛一生食用的玉米和黃豆飼料多達數千磅，僅能產出約五百磅可供食用的牛肉，還不到閹牛本身體重的一半[11]。

綠色革命也帶來諸多效益。單打獨鬥的小農和小規模糧食生產者所面臨許多效率不彰和窒礙難行的問題，工業化農場都能克服化解。記者保羅．羅伯茲（Paul Roberts）寫道：現代糧食體系被譽為「人類最偉大成就的紀念碑」。他接著指出到了二十世紀後期，我們「生產出比從前更多的糧食——更多穀物、更多肉、更多蔬菜水果——食物價格空前低廉，而且種類之

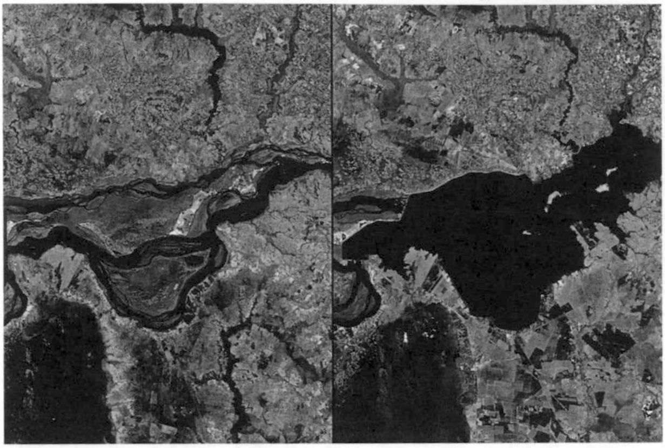

一座改變農業景觀的堤壩

多，安全、品質和便利程度之高，足以令前幾世代的人目瞪口呆。」[12]世界各地的經濟體大致而言，都因為糧食更加豐足且價格平易而蓬勃發展。但也有一些堪慮的後果：生產糧食那每一點一滴的收益，都必然要付出某些代價。

新石器時代的農人絕對預料不到，他們最先推動的驚天威力竟會為後世帶來莫大衝擊。誰能想像得到，只是種下一粒小麥（einkorn wheat）散落種子的舉動，卻可能由後人在接下來兩千年實踐不輟，甚至改變全世界將近一半適宜人居土地的風貌？在所有人類活動中，農耕當屬造成地球的自然系統改變最劇烈的單一活動[13]。地球上幾乎每條重要江河皆築有堤壩或遭分流引水，每座主要湖泊和地下含水層皆為人類所利用，有很高比例的淡水（約百分之七十）用於灌溉。近海漁業捕撈的漁獲量已超過全球海洋近岸漁業資源的三分之一。農企業在過去數十年耗用大片具有豐富生物多樣性的林地區域，占用的土地面積加總起來等同秘魯全國面積。全球的畜牧業如今畜養總共五十億頭牛、豬、山羊和綿羊[14]，牲口數在三十年內成長了百分之二十五，這些牲口啃光的草地面積加起來比非洲大陸還要大。

綠色革命的幕後推手當初懷抱著宏大理想：讓世界上再無一人挨餓。培育出雜交小麥的諾曼．布勞格（Norman Borlaug）於一九七〇年諾貝爾和平獎獲獎致詞中表示，他的初衷是「提供糧食……造福全人類。」他的心願並未實現。現代農業產量若換算成全球人口平均熱量，已大幅超越二戰結束時的數值，每人平均可攝取熱量增加了八百卡，前提是要將全球糧食平均分配。但現況絕對稱不上平均分配。在過去半世紀以來，有錢人和窮人所攝取營養多寡的差距拉得更大——也就是說有錢人吃得遠比窮人更加營養。「將開發中國家的小規模農耕體系理想化，想像那裡是一方不受現代工具汙染的淨土，這種想法確實很誘人。但事實上，產量很低，農人面臨高風險，更欠下高額債務，日常生活就是為了充飢而忙碌，而大部分的人依舊持續處於飢餓之中。」[15]露絲．迪佛萊斯直言不諱。現今全球有超過八億人口營養不良[16]，而地球上的糧食分配劇烈失衡，則是綠色革命其中一項最大敗筆。食物價格低廉，供應鏈很長卻效率不彰，也造成普遍的物資浪費。全世界生產的食物裡大約有三分之一，都是在運輸過程中腐敗或遭報廢[17]。

農藥和肥料所造成預期之外的影響也有待檢視。農地過度施肥造成肥料流入湖泊海洋，產生的藻華嚴重破壞水中生態[18]。使用除草劑和殺真菌劑，反而抑制了表土微生物群落（microbiomes）中對於作物生長至關重要的細菌活動[19]。殺蟲劑造成蜜蜂、甲蟲和蝴蝶大量死亡[20]，而這些傳粉昆蟲是在糧食生產中戲份吃重足以角逐奧斯卡獎的要角。自從數千年前最早在田地栽種一粒小麥開始，整塊田地只種單一作物的方式就運行不輟，在單一耕作的田地使用農機播種和採收的成本低、速度快且有效率。但就防治有害生物而言，單一耕作是效率嚴重低落的做法。大片田地上只有一種作物，對於特定幾種昆蟲和真菌來說，簡直就是吃到飽自助餐。這些有害生物經過演化適應發展出抗藥性，逼得農人不得不使用更大量、藥性更強的農藥。由於這個原因及其他因素，美國的殺蟲劑用量從一九六〇到二〇〇〇年的四十年間，增加至先前的兩倍[21]。

為了製造農用化學品和生產糧食所需的農用機具，以及維繫運銷糧食所需的交通網絡，人類也消耗了大量化石燃料——加總累積出多得駭人的碳足跡。綠色革命引起的最大反撲是氣候變遷。說來或許很荒謬，如今威脅全世界農場未來的溫室氣體，其主要源頭正是農場本身，特別是機械化的大農場。我們多數人吃吃喝喝所產生會造成地球暖化的碳排放量，其實就超過了開車或搭飛機的碳排放量。全世界每年的溫室氣體排放量約有五分之一的來源是糧食生產，表示光是農業活動對於氣候變遷的影響，就超過了能源、運輸等其他任何產業。

露絲．迪佛萊斯指出，人類一萬年來大多時間面臨的糧食生產問題都是苦於匱乏——肥料不足、耕地不足，或能源不足。但時至今日，很多問題卻是源於過剩——農藥過多、二氧化碳過多、浪費過多。種種過剩造成的弊端，還遠不止我們得付出的環境成本。產量增多，卻導致作物的營養含量減少[22]。政府研究發現過去五十年來，有數十種蔬菜和水果的蛋白質、鈣、鉀、鐵、維生素C和維生素B2含量都逐漸下降。在這五十年內，市場上大量行銷的高度加工食品驅使消費者——特別是美國消費者——吃了許多高熱量但營養含量低的食物。美國的人均糖分攝取量在三十年間躍升了超過百分之二十[23]，美國成人平均體重在此期間也增加了約百分之二十，而糖尿病盛行率則增加了百分之七百[24]。

儘管綠色革命帶來許多益處，所打造出的糧食體系卻無法一視同仁供應全球人口均衡的營養——在這個體系裡有一群人嚴重攝食過量，另外一群人嚴重營養不良，還有一群人既攝食過量又營養不良。最後這一群人的數量成長最為快速：全球目前有將近一半的國家，國民營養不良和肥胖的比例都節節攀升[25]，情況相當嚴峻。

＊＊＊

我會對改變糧食體系一事失望無助，不單只是後院菜園計畫失敗這件事所致。這次失敗只是其中一個因素，其他種種原因還包括我曾試圖改吃純素食，再改成吃素，再改吃海鮮素，再改當負責任的肉食者、只吃在地產的人道飼養肉品，以上一一宣告失敗；我也曾試圖只吃當季產的有機食物，戒絕任何基改食物，再次宣告失敗。我也想自己栽種或是購買優良的新鮮葉菜並親自烹煮，尤其是要給我家小孩吃的東西，但是我有全職工作，每餐都趕在最後一刻匆忙煮一煮，對於各種加工零食特別無力抵抗。我也嗜吃漢堡、牛胸肉、炸雞、烤火雞、各種早餐肉，還有——田納西州居民基本上不可不吃的——烤肋排。

無肉不歡的習慣，讓我特別良心不安。我深知傳統畜牧業運作的殘酷無情，以及我的飲食選擇對氣候所造成的衝擊，我也清楚意識到這是任何自尊自重的環保人士都不能忽視的事實。我知道一份牛肉的碳足跡是一份雞肉的四倍之多，而一份雞肉的碳足跡又是一份小扁豆的三倍。我曾經連續數個月戒吃肉類——最後還是回頭大啖烤肉。

永續食物的支持者審慎檢視了我們糧食體系的缺點，如果真要談他們探索了什麼可大規模實行的解決方案，或許只能說那些解決方案主要適用於有閒有錢、收到社區支持農業（CSA）的小農蔬果箱就能發揮創意煮成好菜，而且還很熟悉文化指涉：「何謂社區支持農業」的族群。他們多半主張應該廢除為美國生產大半農作物的工業化農場，應該拒用美國的玉米、黃豆和棉花等作物播種時使用占七成的基改種子。這群人會說我們應該做的，是去適應高出現狀很多的食物成本。在未來數十年，有些食物無可避免將會漲價，但是漲勢太過劇烈則會讓大部分消費者陷入窘迫。如飲食史學家碧・威爾森（Bee Wilson）所說：「還沒有人研究出要如何調漲給吃太撐的富人的食物價格，同時又不會壓榨到吃不飽的窮人。」[26]

如今享用高級料理的美食文化當道，高價食物吸引愛好者追捧，例如名廚亞當・梅洛納斯（Adam Melonas）所描述的「盛綻章魚」（Octopop）：「以橙橘番紅花調味鹿角菜膠浸漬並插於蒔蘿花梗的低溫烹煮章魚肉」。網飛（Netflix）平台《主廚的餐桌》（*Chef's Table*）和美國公共電視網（PBS）的《大廚異想世界》（*The Mind of a Chef*）等熱門節目裡，一份要價上千美元的「上等牛肋排」和一份上百美元、覆滿可食金箔的精緻甜點吸引了螢幕前數百萬觀眾，而這些觀眾同時卻可能窩在沙發上，嘴裡大嚼有史以來品質最低劣、過度加工到極致的食品。即使身為買菜預算有限、廚藝也平平的廚娘，我還是很吃媒體餵養的綺麗生活幻想這一套。例如我在烹飪雜誌《美味》（*Saveur*）中，一看到「咖啡香料燉翼板肉」食譜，心中便反射性生出一股奔往全食超市（Whole Foods）的衝動，雖然我連「翼板肉」是什麼都不知道。接著我記起自己在響應這股窮極奢侈的烹飪文化的同時，現代糧食體系卻面臨空前危機，多麼怪異的矛盾。我心裡一直覺得，這就好像地球都失火了，我卻只顧著研究什麼翼板肉料理一樣。

＊＊＊

凡是與糧食有關的科技，都讓大眾有很深的不信任感[27]。部分原因在於與農業相關的科技一路走來跌跌撞撞，為了太多過錯付出了慘痛代價。以一九四〇年代發明的滴滴涕殺蟲劑（DDT）為例，農人用於噴灑作物數十年之後，科學家才發現這種殺蟲劑也會殺死鳥類，還讓罹患乳癌的風險增加四倍[28]。過去有數種農藥是由美國政府核准上市，但使用多年之後才因有害人體健康和破壞生態系而遭禁用，滴滴涕是其中之一。另一例則是當成代糖的糖精和阿斯巴甜，原本以為相當創新且熱量又低，後來卻被揭露會讓實驗老鼠罹癌。人造奶油起初也是作為便於貯藏、有益心臟健康的奶油替代品，後來卻發現其中含有對心臟有害的反式脂肪。還有麥芽糊精、麩胺酸鈉等利用數百萬英畝美國玉米田所產作物再製出的多種食品成分，雖然應用創新技術帶來了利潤，但卻對身體健康有害。在上述和其他無數例子中，我們都面臨科技的反噬。科技並未讓糧食體系更有智慧，反而造成更多缺失。

關於濫用除草劑（世界衛生組織在二〇一五年宣布「年年春」有害人體健康[29]，當時此種除草劑已經上市四十一年）；使用人工食用色素（現在發現與孩童的過動症有所關聯[30]）；養殖鮭魚（利用從前不存在任何自然水生生態系統的玉米飼料養肥鮭魚）；以及農作物基改工程（《紐約時報》形容為「毀諾失信」[31]）等做法，如今也都引起各界的合理疑慮。

也難怪當《國家地理》、《連線》雜誌等媒體介紹方興未艾的新一波農業科技，並冠上「第二次綠色革命」（the Next Green Revolution）[32]頭銜時，並未獲得大部分美國消費者熱烈讚譽。「重新發明食物的時機已然成熟。」比爾・蓋茲於二〇一四年的微軟股東大會上宣稱。糧食生產新方法的研發，獲得來自公私部門的大筆資金挹注，傳統農工業甚至其他產業的公司如微軟、谷歌和國際商業機器公司（IBM）等投入的資金高達數十億。從植物遺傳學、魚菜共生農法、大數據，到人工智慧研究等各個領域，皆有整個世代的創業家投入競逐，致力於打造一個更優良、更有韌性，且「更有智慧」的糧食體系，並研發控管產出糧食的新方法。

有些人投入是因為有心行善，想要用永續而平等的方式餵飽全世界，同時也減緩氣候變遷的速度，但有些人是看見無窮商機：地球上有九十億人口嗷嗷待哺。他們知道，任何人只要能找出確保全球糧食安全的解方，就能像約瑟一樣，在饑荒來臨、無從躲避時，獲得統治王國的信物。無論動機為何，爭議開始醞釀。大多數永續糧食的支持者極力反對重新發明食物的概念——「謝謝，不用了」，他們想要的是將食物「去發明化」（*deinvented*）。他們鼓吹回到前工業時代、前綠色革命、符合生物動力學的有機農法，而懷疑論者對此免不了回應：「對，很好。但是能夠**量產**嗎？」誠然，回歸傳統農法或許可以種出更好的糧食，但是種得出**足夠**的糧食嗎？

自從諾曼・布勞格開始培育現代小麥品種開始，「重新發明」和「去發明化」兩方陣營就壁壘分明、爭執不休，至今更發展成一場煙硝四起，充滿誇飾、反動思想和陳腐言詞的論戰[33]。一方認為使用科技是飲鴆止渴，另一方則視科技為萬靈丹。一方渴求過去，另一方渴求未來。查爾斯・曼恩（Charles Mann）在新近出版的著作中將「重新發明」和「去發明化」兩派分別稱為「巫師」和「先知」：「巫師以諾曼・布勞格為楷模，運用科技提出解決之道。」曼恩也寫道：「先知……公開譴責我們人類輕率粗心造成的後果。」他進一步闡述：「先知指出，布勞格式的高產量工業化農法短期內可能讓人嘗到甜頭，但長遠來看卻讓人在結算生態總帳的那一天遭受重大打擊。人類輕率大意地過度使用，會消耗土壤和水資源，對自然環境造成破壞，最後導致全球各地社會動盪不安。巫師對此則回應：**我們正是在努力預防這種全球人道危機的發生！**」

我個人已觀察這場延燒許久的論戰多年。心得：各執一詞對所有人都沒好處。我忍不住揣想：為何非要如此二元對立？為什麼不能兼採兩者之長？在我看來，可能——**必定**——有辦法綜合兩種方法，像是我們在高中學過的典型黑格爾式辯證法裡，從正反兩方說法生出的箭頭那樣。我們面臨的挑戰是如何汲取歷代先人的智慧並運用最先進的科技，鍛造出某種生產糧食的「第三條路」（third way）。這種方法能讓我們在提升作物產量的同時，讓潛藏的生命之網得以修復，而非持續衰敗。

＊＊＊

在我二〇一三年於自家院子種菜失敗的數年後，我認識了紐曼夫婦克里斯和安妮（Chris and Annie Newman），他們一起在維吉尼亞州的脖頸形狀北部地區務農。安妮是藝術家，克里斯則是軟體工程師，夫妻檔的合作充分證明了生態農法和創新科技不僅能夠並存，還可以達到強大的協同效應。在我訪查、研究的過程中，還會結識更多人——科學家、環保人士、主廚、工程師、公司主管、程式設計師、教育工作者、農人——他們全都像紐曼夫婦一樣，努力協助開創「第三條路」。

其中許多人將在接下來幾章陸續現身，而我們會在本書最後見到克里斯跟安妮，拜訪他們在波多馬克河（Potomac River）河畔的農場，那裡有他們帶著兩個小小孩一家四口，再加上數百隻雞、數十頭豬、一小群荷蘭牛，以及蓬勃生長的果樹林和堅果樹林。

我第一次知道克里斯．紐曼是透過網路，我讀到他在Medium.com平台上發表的一篇宣言[34]

：〈乾淨飲食：想要拯救世界的話，就別再自以為是〉。接下來數週我遍讀克里斯寫過所有關於務農生活的文章（他的著作甚豐），然後我出現在他們家門口。克里斯出生在華盛頓特區東南部一個大多是黑人居民的社區，他的母親是非裔美國人，父親是美洲原住民。他從小就是天才兒童，後來進入美國財政部擔任處理高階工作的軟體工程師。日以繼夜、無止無休的工作步調下，克里斯生病了，經常胃痛。經過好幾個月的檢查，活體組織切片也做了，大腸鏡檢查也照了，更找了多位專科醫師，終於先後由安妮和醫師群診斷出問題癥結：壓力過大。

在二〇一三年休養身體期間，克里斯讀了鄰居借給他的整疊書裡其中一本：麥可・波倫的《雜食者的兩難》（*The Omnivore's Dilemma*）。他對書中介紹的其中一位人物喬爾・薩拉丁（Joel Salatin）很感興趣，這位波里菲斯農場（Polyface Farm）的創建者施行「整體式畜牧」，仿效自然體系運作的方式，結合多種不同的作物和牲畜，進行栽種和飼育。他發現其中一些模式和他小時候看過的原住民農耕方法很類似，幾天後就報名參加薩拉丁主持的工作坊。克里斯跟安妮很快就開始規畫要轉行務農。到了二〇一八年，他們已累積五年販售高級有機肉品和蔬菜的經驗，但克里斯開始質疑自己所追求目標的效益甚至倫理。

「我是樸門農夫，」他的宣言如此起頭，「我的目標是發展出能夠生產糧食的自然生態系統。我的夢想是這個世界的消費者能夠很容易獲取滋養身體的飲食，而生產者能夠維持生計，地球也依然能讓大家安居樂業。我和很多人都懷抱同樣的夢想，他們自稱樸門生活實踐者（permaculturalists）、自然農（natural farmers）、植藝師（plantsmen）或美食主義者

（foodies）。然而我擔心，我們正屈服於部落主義，忘了拯救全世界的意思是拯救全世界的人，甚至也要囊括那些愛吃便宜漢堡、愛喝可樂的人。我們自己挖散兵坑找掩護，然後把那些跟我們意見不同、或不理解我們、或理解但無力採取行動的人妖魔化。」

紐曼接著描述讓永續糧食生產或他所謂「乾淨飲食」提倡者苦惱不已的「取得障礙」（accessibility gap）。他們夫妻販售的產品包括每磅十二美元的豬排和每磅四美元的雞肉，只有高級超市和餐廳才買得起。但削價出售只有倒閉一途：「我們販售的食物價格並不可親，就是不易取得。幾乎所有人都負擔不起，這是永續糧食體系最大的問題。種植、販售和食用這種食物的人談到解決之道，很沒良心地一點都不認真……然後我們還當真開始提出解決方案……講一些『拯救世界』有的沒的？都在鬼扯。」

克里斯・紐曼檢視一隻雞的情況。

在炮火齊發之後，年紀三十六歲、由軟體工程師轉行、現職為農夫的他大力推崇科技。他稱頌農業用機械人和種在垂直室內農場只需極少水分就能種活的蔬菜。他甚至肯定不需屠宰動物就能獲得的實驗室人造肉：「如果科技可以提供消費者來源正當、價格合理的肉品，對自然環境又不會造成任何副作用，那麼我就無權只因為它很新、很詭異，或可能影響我未來的收入，就斷然排斥這種科技。」

克里斯在長篇大論最末，明確表示他並不是要放棄樸門農法，只是想在「去發明化」和「重新發明」兩派之間居中調停，尋求某種和平。「所以我們就來培育土壤、種出好的食物，」他對他的植藝師同行說，「但是也讓實驗室裡那些人做好他們的工作吧。喜歡也好，不喜歡也罷，我們是彼此的依靠。」

後來拜訪克里斯和安妮時我才知道，他們採用的農法結合了一些被部分同行視為洪水猛獸的新做法和新工具。「我們很老派，我們也很跟得上時代，」克里斯說，「一點都不矛盾，只不過這剛好是最好的方式。」從人類文明萌芽開始，農業就是高風險產業，而在一個更炎熱、更擁擠的世界，「種田也得種得更有智慧。」克里斯如此評論。

如果說紐曼夫婦在開始務農的前五年學到了什麼，那就是二十一世紀的糧食生產歸根究柢講的就是風險——願意承擔風險，學習管理風險。「盡可能去了解農人面對的風險，」克里斯告訴我，「在正常條件下生產食物要付出多少代價——非常艱辛。在變動條件下生產糧食，更加艱辛。」我將他的話謹記在心，展開了一趟威斯康辛州清水鎮（Eau Claire）蘋果園之旅，三十二歲的蘋果園主人安迪·佛格森（Andy Ferguson）是第三代果農，他就熟知這一行逐漸增加的風險，以及綿長持久的報酬。

譯註：

1. 我非常感謝范德堡大學（Vanderbilt University）的兩位考古學家史提夫・凡尼克（Steve Werneke）和蒂芙妮・佟恩（Tiffiny Tung），謝謝他們在我研讀古代農業史的過程中不吝提點引導。
2. 出自哈拉瑞著，《人類大歷史》（天下文化出版）第五章。關於農業帶給早期人類聚落的影響，哈拉瑞在書中提出的洞見非常吸引人，書中還提到：「譬如人類在農業革命學會了農耕畜牧，提升了人類整體形塑環境的力量，但是對於許多個人而言，生活反而變得更為艱苦。農民的工作比起狩獵採集者更為繁重，不僅取得的食物種類變少、營養較不均衡，而且染上疾病與受到剝削的可能性都大增。」（出處同前，第十九章）
3. Lori E. Wright and Francisco Chew, "Porotic Hyperostosis and Paleoepidemiology: A Forensic Perspective on Anemia Among the Ancient Maya," American Anthropologist 100 (1998): 924–939.
4. 引自二〇一八年九月與露絲・迪佛萊斯的私人通訊。迪佛萊斯的《大棘輪：人類面臨天然災禍如何蓬勃發展》（*The Big Ratchet: How Humanity Thrives in the Face of Natural Crisis*〔New York: Basic Books, 2014〕）探討自早期文明發展以降讓農業改頭換面的種種科技和創新，此書帶給我許多啟發和靈感，在此謹致謝忱。
5. Coral Davenport, "Pentagon Signals Security Risks of Climate Change," New York Times, Oct. 13, 2014.
6. C. E. Werrell and F. Femia, "The Arab Spring and Climate Change," Center for Climate and Security, 2013.
7. Thomas Malthus, *An Essay on the Principle of Population* (London: St. Paul's ChurchYard, 1798).
8. DeFries, *The Big Ratchet*.
9. Tim Dyson, "World Food Trends and Prospects to 2025," *Proceedings of the National Academy of Sciences of the United States of America* 96 (1999): 5929-5936.
10. 此事實廣受援引，在worldpopulationhistory.org和https://ourworldindata.org/world-population-growth兩網站皆可查得詳細說明此事實的的圖表及動畫。

11. 引自二〇一八年十二月與南達科塔州立大學動物科學與畜產學系羅絲瑪麗・諾德教授（Rosemarie Nold）的私人通訊。
12. Paul Roberts, *The End of Food: The Coming Crisis in the World Food Industry* (London: Bloomsberry, 2008), xi.
13. 有許多書籍文章探討農業如何經年累月改變大自然體系，其中我尤其喜歡伊麗莎白・寇伯特（Elizabeth Kolbert）於《第六次大滅絕：不自然的歷史》（天下文化出版）第五章〈歡迎來到人類世〉裡關於這個主題的書寫。
14. “Live Animals,” FAO database, https://tinyurl.com/y9242tar.
15. 引自二〇一八年九月與露絲・迪佛萊斯的私人通訊。
16. The State of Food Security and Nutrition in the World,” FAO, 2018, https://tinyurl.com/y8jfvy9o.
17. “Food Loss and Waste Facts,” FAO, July 22, 2015, https://tinyurl.com/y8twh8nm.
18. Allen G. Good and Perrin H. Beatty, “Fertilizing Nature: A Tragedy of Excess in the Commons,” *PLOS Biology* 9 (2011): 8.
19. Johann G. Zaller, Florian Heigl, Liliane Reuss, and Andrea Grabmeir, “Glyphosate Herbicide Affects Belowground Interactions Between Earthworms and Symbiotic Mycorrhizal Fungi in a Model Ecosystem,” *Scientific Reports* 4 (2014).
20. Chensheng Lu, Kenneth M. Warchol, Richard A. Callahan, et al., “Sub-Lethal Exposure to Neonicotinoids Im- paired Honey Bees Winterization Before Proceeding to Colony Collapse Disorder,” Bulletin of Insectology 67 (2014): 125–130. 另見：“EPA Actions to Protect Pollinators,” Environmental Protection Agency, https://tinyurl.com/yc6jsceg.
21. Jorge Fernandez-Cornejo et al.,“Pesticide Use in U.S. Agriculture: 21 Selected Crops, 1960-2008,” U.S. Department of Agriculture, May 2014, https://tinyurl.com/y7qg42aq.
22. D. R. Davis, M. D. Epp, and H. D. Riordan, “Changes in USDA Food Composition Data for 43 Garden Crops, 1950 to 1999,” *Journal of the American College of Nutrition* (Dec. 23, 2004): 669-682.
23. Michael Moss, Salt, Sugar, Fat (New York: Random House, 2013). 中文版：邁可・摩斯著，《糖、脂肪、鹽：食品工業誘人上癮的三詭計》（八旗文化出版）。

24. Gary Taubes, "Why Nutrition Is So Confusing," *New York Times*, Feb. 8, 2014.

25. "Double Burden of Malnutrition," World Health Organization, https://tinyurl.com/y7mwlzy6.

26. Bee Wilson, "The Last Bite," *The New Yorker*, May 19, 2008.

27. 關於對科技的恐懼，以及與農業、音樂等諸多文化層面的關聯，哈佛大學甘迺迪政府學院教授卡雷斯圖斯・朱馬（Calestous Juma）在其著作《創新及其敵人》（*Innovation and Its Enemies: Why People Resist New Technologies*〔New York: Oxford University Press, 2016〕）提出了寶貴論點。

28. Barbara A. Cohn et al., "DDT Exposure in Utero and Breast Cancer," *Journal of Clinical Endocrinology & Metabolism* 100 (2015): 2865-2872.

29. Daniel Cressey, "Widely Used Herbicide Linked to Cancer" *Scientific American*, Mar. 25, 2015, https://tinyurl.com/y7ej4c43.

30. D. McCann et al., "Food Additives and Hyperactive Behaviour in 3-Year-Old and 8/9-Year-Old Children in the Community: A Randomised, Double-Blinded, Placebo-Controlled Trial," *Lancet* 370 (2007): 1560-1567. 另見Rebecca Harrington, "Does Artificial Food Coloring Contribute to ADHD in Children?" *Scientific American*, Apr. 27, 2015, https://tinyurl.com/h57lv4z.

31. Danny Hakim, "Doubts About the Promised Bounty of Genetically Modified Crops," *New York Times*, Oct. 29, 2016.

32. Tim Folger, "The Next Green Revolution," *National Geographic*, Sept. 2013.

33. 記者查爾斯・曼恩在著作《巫師與先知》（*The Wizard and the Prophet*〔New York: Alfred A. Knopf, 2018〕）中，以絕佳筆法精心耙梳了兩派之間延續許久的論戰。

34. Chris Newman, "Clean Food: If You Want to Save the World, Get Over Yourself," *Medium*, Jan. 28, 2018, https://tinyurl.com/y7nsbyy4.

第二章　殺戮田園

不畏風暴寒徹骨，冰霜是果樹福澤；
唯有一事需留心，切莫著暖最忌熱。
千般叮嚀萬囑咐，無數次耳提面命，
年輕的園中果樹，再見了，記得保冷。
比起零下五十度，零上五十更可畏。

——羅伯特·佛洛斯特[1]

二〇一六年五月十五日，安迪·佛格森一如往常在清晨四點二十九分、鬧鐘響起數秒鐘前醒來，他一下子就注意到臥室窗戶上已經結了霜。他溜下床，悄無聲息換好衣服，在保溫瓶裡裝滿咖啡，慢慢走向他的福特F-350貨卡車，呼出的鼻息在破曉前的黑暗中化成氤氳冰霧。他還不怎麼擔心——氣象預報說最低溫華氏三十度（約攝氏零下一度），他的蘋果樹受得了——但是噬骨的冰冷空氣讓他有種不祥的預感。

安迪開車到其中一座果園邊緣的數位氣象站，那裡會有夜間氣溫變化的紀錄。溫度計水銀指標在大約凌晨兩點時降到華氏二十六度（約攝氏零下三度）之後就不曾變動。這下子他提心吊膽了起來。氣溫只要有一段時間低於華氏二十九度，就會對果樹構成實質威脅。蘋果花組織中的水分會結凍，形成的冰晶可能會破壞細胞膜，導致無法正常結果。

佛格森走向最近的一棵蜜脆蘋果樹（Honeycrisp tree），從枝枒上摘下一朵花，再從工作腰帶上抽出一把三吋小刀。他左掌捧著花朵，右手將刀尖從花朵中間劃下，將便便大腹般的瓶狀部分對剖開來。裡頭的蘋果正值最初的發育階段，還不到一公釐寬。「裡頭本來應該有綠色的活組織，但變成黑褐色了，」他在我們數個月後見面時告訴我，「你最不希望看到的就是那個深色黑點——表示不可能結出果實了。」這種黑點佛格森在數年前就已經看過不少，二〇一二年春季季末的寒流讓他的果園損失高達九成。「要是這樣就絕望失志，那也別想在這一行混下去了，」他說，「要麼在大自然給你重擊時順勢而為，要麼轉行去做別的。」他用手機拍下一張剖開花朵的照片，然後朝丘陵上坡前進。他的果園分布在高低起伏的丘陵上，他知道冷空氣聚集的地勢較低區域受害會比較嚴重。

當時，安迪與他的父親和兄弟在威斯康辛州西部總共擁有三座果園，果園彼此之間相距約三十分鐘車程。三十分鐘車程的距離——約二十英里——通常足以分散風險。假如其中一座果園碰上一場大冰雹，另一座果園有可能逃過一劫。位在清水鎮的果園幅員最廣，是安迪初吻、求婚和舉行婚禮的地點，也是安迪家的所在地，是他們夫妻和兩個女兒的家園。他認

佛格森家果園的年輕果樹結出一樹「雪球花」。

識每一棵上了年紀、枝枒虯結的蘋果樹，從麥金塔（McIntosh）、科特蘭（Cortland）、Riverbelle、Haralson到蜜脆蘋果，他全都如數家珍，對於幾棵仍未長出分枝的的新品種Zestar和Pazazz細瘦苗木，他也了若指掌。安迪於二〇一二年在威斯康辛大學麥迪遜分校取得法律學位，之後就和父親一起經營家族的果園生意。父子檔合作將家族果園擴張至三百五十英畝，豐年時的產量可達到約七百萬顆蘋果。他們讓民眾入園自行採摘，這種零售方式大受當地人歡迎，餘下的蘋果則以批發方式賣給沃爾瑪、山姆會員商店和地區型超市。

在凌晨的月光餘暉照耀下，安迪家周圍的果園有一種超凡脫俗的美。滿樹蘋果花怒綻，看起來像是一場淡粉紅暴風雪吹襲後結出的一樹「雪球花」。二〇一六年的冬天是有氣象紀錄以來氣溫最高的暖冬，果樹比往年早了一週進入開花的第一階段，也就是「花芽萌動」（bud break）的階段。花瓣此時已全都長成，並且舒展盛綻。唯一的挑戰似乎是花朵開得太過繁盛：必須適度疏花，只留下約百分之八十的花朵。安迪特別擔心還未長出枒杈分枝的嫩枝——它們的樹幹和樹枝都還很年輕，結太多果實會帶走許多養分和能量，造成樹幹和樹枝生長減緩，長期下來果實產量也會減少。五月十四日夜裡，安迪在反覆思索計算中沉沉睡去：四萬棵嫩枝，每棵八十朵花……一週內共要摘除約三百萬朵花。

隔天早上，安迪檢視每棵果樹，但他要找的是還有救的果實，不是要剔除的果實。再往山坡上走，經過幾排果樹，他又摘下一朵花並用刀劃開，這次也發現了同樣已壞死的組織。他繼續向上坡走，腳步比先前更快了，從一棵又一棵果樹上摘下花朵施行微型手術。他將其中一份樣本拍照傳給他父親，並打字傳訊：「這兒溫度降到二十六，很多花凍死。」他爸爸當時正在往南二十英里的另一座果園，也目睹了類似的災害。到了中午，安迪已經解剖了超過兩百棵蘋果樹上的花朵。花朵裡的組織全都凍死了。佛格森父子直到數週後，才會明白這一波寒流帶給果樹的衝擊究竟有多大——五月時出現氣溫低於冰點的四個鐘頭，造成約六百萬顆蘋果「胎死腹中」。他們的三座果園總計少了四分之三的總產量，損失的作物價值超過一百萬美金。

霜害之後幾天，安迪只要睡醒一睜眼，大部分時間都在採花朵樣本進行檢測。只要能找到一點點的果實組織，他就會用長得有點像剝線鉗的小型金屬裝置測微器測量組織大小。他記錄所有數據，繪製成試算表和圖表，希望能更清楚掌握到三座果園受到的損害程度。這份差事就像薛西弗斯推巨石一般徒勞無功：「可能每五十或一百朵花裡會有一朵花裡頭的組織還活著。

我可能週二的時候量到四・五公釐，兩天後回來發現它長到六・五公釐。我會想說：噢，那很好。接著我會發現另一朵花裡頭的組織原本活下來，長到四・五公釐，但又不再生長，然後壞死。」安迪回憶道。「於是我知道整個過程都是在做白工，因為會結出蘋果的花芽就是會結出蘋果，壞死的就是會壞死。到了這個地步，已經無法扭轉命運。再做些什麼，也只是讓自己覺得好像拿回一點控制權罷了。」

安迪很快開始拜訪同一地區的其他果園，幫忙損失更加慘重的果農評估農損。他在一年前獲選威斯康辛州蘋果產銷協會（Wisconsin Apple Growers Association）理事長，很快就會以此身分出面向州長辦公室請願，希望州長宣布進入「災害狀態」，並協助未投保農產保險的果農吸收成本損失。安迪也開始潛心研究，要如何在暖冬和晚春霜害時保護他的蘋果。二〇一六年的霜害與四年前造成果園產量銳減的提早開花和異常霜害之間，有著古怪的呼應。如果這種極端情況已經成為新時代的常態，他和所有果農同行必須採取新的應變計畫，才能保護這個地區的蘋果樹平安生長。

＊＊＊

農業科學家馴化了許多野生果樹，但僅有極少數的幾種像蘋果一樣，經過人為大幅改造，與古代先祖早已大不相同。現代蘋果與蘋果的老祖先之間的相似程度，差不多就像無人機與萊特飛行器之間的相似程度。大約在西元前一千年，原生於今哈薩克東南部的蘋果樹種子經由絲路商隊傳播至世界各地[2]。數千種原生野生蘋果品種最後在俄羅斯和歐洲各地廣為生長，甚至飄洋過海在美國落地生根，但是現今專門栽種並銷往世界各地市場的蘋果，卻僅限於寥寥十數種品種的果實。

野生蘋果樹可以長到一百英尺高，樹齡可達百年。現今馴化的蘋果樹品種經過矮化，刻意控制在大約十英尺的高度，以求增加採收的速度和便利性，而它們的產果年限也不過二十年到三十年。很多果樹的樹幹甚至無法獨自立起。安迪・佛格森的果園裡的Zestar和Pazazz蘋果樹就要繫綁固定在格架上，修剪得看來更像是葡萄藤或矮樹籬。野生蘋果的大小、顏色和口味各有不同，差異可能極大。有些嘗起來「鮮活且風味獨具」，梭羅寫道，有些「酸得能讓松鼠齜牙」[3]——和我們大多數人現在買來吃的味甜溫和的紅或綠色球形水果可說南轅北轍。

現代蘋果和它們的祖先之間最大的差異，在於產生果實的方式。蘋果是異型合子（heterozygous）[4]，意思是每顆果實裡種子的基因型和果實本身不同。任何一顆野生蘋果的生物特徵（physical features）可能和它的父株和母株完全不同，而果實本身的種子所產生的子代可能具有完全混合之後截然不同的基因。從演化的觀點來看，異型接合性（heterozygosity）有其優點，但想要獲得可靠且可複製產品的話就不怎麼理想，這就是為什麼現代超市貨架上的蘋果，全都是果園利用純系複製選殖（cloning）方法生產的特定品種果實。果農將親株的枝條嫁接到一段嫁接枝（或接穗）或砧木上[5]，在果園裡培育出整片全是特定品種的相同基因複製株。

對於我這個希望一年四季都有蘋果可吃，熱愛清脆口感、嗜甜如命的貪吃鬼來說，現代果園的產品真是深得我心。但同時，那些對蘋果樹虎視眈眈的昆蟲、真菌和疫病，也會非常滿意複製選殖出來的可靠結果。長久下來，舉凡蘋果蠹蛾、潛葉蟲，甚至引起蘋果黑星病或火燒病的病原，各種各樣的病蟲害致病因子發展出了更加巧妙刁鑽的方法，在蘋果生長的各個階段侵襲蘋果樹和果實。目前為止，農民和農業科學家幾乎針對每一種環境壓力都想出辦法加以緩解——通常是利用某種科技手段，而且大多是化學藥劑。於是蘋果園裡施用的殺蟲劑和殺真菌劑有增無減[6]，遠超過種植其他水果的果園。果農和自然之間的對峙，也不再限於採收期間，而是長期處於雙方瀕臨戰爭邊緣的險惡情勢。

現今美國市面上販售的一般蘋果，在上架前的儲藏時間是六到十二個月[7]。蘋果樹每兩年結一次果，也就是每隔一年到了秋天才能採收——但是消費者一年四季都有需求。「氣調貯藏」技術在數十年前問世之後，經銷商就能做到全年供應蘋果。這種貯藏方法是調控貯藏設施中的溫度、溼度，以及空氣中的氧氣和氮氣含量，藉此控制蘋果果皮上細小孔隙的「呼吸」能力。蘋果成熟的速度在這種貯藏條件之下會減緩，即使是在倉庫裡存放超過一年，嘗起來還是很新鮮。

值得注意的是，數個研究團隊發現蘋果的抗氧化性在貯藏時期幾乎或完全沒有消退[8]。另一篇刊於《營養學期刊》（*Journal of Nutrition*）的論文則指出，蘋果所含的抗氧化物質在六個月內衰減了百分之四十[9]，推測可能是在無法達到最佳貯藏條件之下發生。無論如何，託現代育種和長期貯藏技術發達之福，消費者可說隨時都能買到蘋果。美國大多數家庭直到一九五〇年代，才得以每天都買得到、也買得起蘋果，而「一日一蘋果」的箴言此時才真正實現。蘋果如今在美國是市場規模達四十億美金的產業[10]，現在全球的蘋果供應量有超過一半來自中國[11]。這些堆成一座座完美金字塔的光亮綠色和紅色水果，是美國超級市場的主力商品，也見於世界各地的店鋪攤商。在我走訪過的每個地方，從遙遠的挪威城鎮到肯亞的村落市集，蘋果無所不在。不管在哪裡看到的蘋果，都是幾乎一模一樣的產品，就像用同樣堅固的展示貨架組合起來的許多香甜彩色積木。全球的蘋果供應似乎無窮無盡，甚至勢不可當。很難想像這些無所不在的水果依舊是由自然孕育，而能否長成也依舊取決於自然——但這一點卻毋庸置疑。

＊＊＊

五月霜害的兩個月後，我在晴朗無雲的七月某一日抵達安迪．佛格森在清水鎮的果園，在我這個未經訓練的外行人眼裡，果園看起來健康良好。一排排整齊劃一的果樹枝葉扶疏，綠葉片片滑亮，成排果樹之間的地面則長滿濃密青草。先前整個春季，我都在研究氣候變遷對於農業的影響，主要是比較顯眼可見的影響——真菌引發的咖啡銹病侵襲巴西多個咖啡莊園；衣索比亞的玉蜀黍田因乾旱缺水而枯萎。威斯康辛州這裡的災害看起來比較隱而不顯，但我很快就會明白，嚴重程度並不亞於其他地方。

從綠灣（Green Bay）開車駛往清水鎮途中，會經過連綿不斷的大片玉米田，廣闊田間一英尺高的玉米在夏日陽光下閃閃發光，彷彿一汪又一汪的水澤。威斯康辛州堪稱「美國酪農業專區」（America's Dairyland）。此地生產的乳酪和奶油產量占全國四分之一，也是全國第二大牛乳供應地。威斯康辛州的農地大部分都用來畜養娟珊牛和荷蘭牛，以及種植當成牛飼料用的玉米。一成不變的玉米田景緻終於出現變化，在佛格森的農場入口處掛著一塊迎賓的木頭招牌：「佛格森果園：摘蘋果，採南瓜，田間樂無窮。」從入口一進去，就可以看見無窮樂趣所在，安迪在穀倉旁邊修建了一座巨大的木造爬格子遊戲設施，還用圍欄圈出一區讓訪客和動物近距離接觸的小動物園。

安迪從小就是個很特別的孩子，願意為了許久之後才能得到的獎賞努力工作。他做的第一門生意是開一家草坪保養公司，旗下有三台手推式割草機和一名員工，當時他十三歲。靠著割草，他賺得購買一輛一九八四年吉姆西（GMC Jimmy）所需的四千美金。在他的年齡達到可以取得學習駕照之前，這輛載貨休旅車一直停在車道上。安迪在上十年級之後轉而將心力投注在果園，他週末和暑假都去果園工作，學習嫁接技術、簿記等蘋果產銷這一行各個層面需知的事。「我很早就想通，只有某種人會熱愛這種工作，你得眼光長遠、有耐心，還要皮粗肉厚，」安迪告訴我，「我知道我是這種人。」

安迪自法學院畢業時以優異成績登上院長榮譽榜（Dean's List），美國中西部兩家公司和一家由《財富》雜誌評選為全球五百大企業的公司皆向他提供工作機會，並開出六位數年薪。他全都婉拒，反而以父親為榜樣回家種蘋果，安迪的父親從前在3M擔任工廠經理，後來離開美國企業界改行務農，在一百英畝的土地上開闢家族的第一座果園。安迪活脫脫是刻板印象中蘋果農的「真人」版：高大魁梧，雙頰如蘋果般紅潤，兩隻手大到可以一手拿起六顆蜜脆蘋果。他看起來就像是新興一代中西部農夫的模範人物。三十二歲的他在這一行相對來說還很稚嫩，在邁向老化的美國糧食生產者中算是異數。

農場面積在過去半世紀呈指數成長，同時美國農人的人數卻從一九一〇年的六百萬[12]減少至現今的兩百萬[13]。湯瑪斯・傑佛遜（Thomas Jefferson）曾推崇農村生活體現了美國理想——「在土地上勞動忙活的人是神選上的人……神特別揀選他們的胸臆，存入殷實真摯的美德」[14]——然而時代變遷，農村人口嚴重流失，特別是有大批年輕人出走。美國農人的平均年齡是五十七歲[15]，為數不少的農人已年過七十。農場主人在全美國人口中只占不到百分之一[16]，但他們要負責照管全國百分之四十的土地[17]。農人能夠照顧土地的時間很短暫，但這些土地卻會在農人結束終身任期後繼續存在許久，並且和其他因素一起決定之後的世世代代能否存活並發展蓬勃。

安迪跟紐曼夫婦克里斯和安妮一樣，認為農業處在老派方法和先進方法之間的十字路口，散發無窮的魅力。「在所有產業中，農人和自然最為接近，」他如此評論，「傳統觀念認為天象氣候不是我們能控制的，但是我們必須主動出擊。我們不能對抗大自然，畢竟她是所有作物的源頭，但我們可以幫大自然重新定向。」安迪的蘋果產銷生意近年來飽受極端氣候影響，遇過冰雹風暴、提早開花、嚴重的春季寒害和夏季缺水等等情況，但他並不認為這些狀況就是氣候變遷：「我不怎麼關注全球暖化的議題，正反兩方都太過極端。」他告訴我。對於氣候變遷，美國中部農民普遍來說並未太過擔憂——總之不把氣候變遷視為政治議題。我追問安迪對於國際上對氣候科學的共識有何看法，他仍不願正面回答：「那不在我的思考參考架構之內。我是利用農業科技的農夫，不是種植農作的科學家。」

但他鬆口表示，種植農作物的條件愈來愈不固定且難以預測，「至少在我自己的果園和我所在的地區是這樣」。他決心面對新的現實，找到應對方法，也很樂觀地認為自己能夠找到。「植物會去適應環境，」安迪說，「我們也會。我們人類大概就是這一點做得比其他任何物種都好——創造工具跟適應環境。」

從他的觀點來看，他的果園就是證明：他在種的新栽培品種味道濃郁甜美，可以滿足口味多變的消費者；移除一棵棵的果樹，改成密度高的「果樹牆」以增加產量，滿足更大的消費需求；記取二〇一五年下冰雹造成損失慘重的教訓，在大片種有價值最高作物的區域上方設置防雹網；裝設新一代「費洛蒙誘蟲器」，利用合成性費洛蒙誘捕害蟲後，再用無毒溶液消滅害蟲。安迪計畫在果園裡全面改採不同的害蟲防治方法，停用絕大多數的殺蟲劑。他對於採蘋果機器人抱著很大的期望，希望利用機器人能夠降低採收成本。他也樂見基改蘋果的出現，希望利用基改技術能培育出天生具有抗蟲和抗旱特性的果樹品種。但他說就算真有可能培育出「智

由空中俯瞰，安迪果園裡的棚架牆不像成排蘋果樹，反而更像成排農作物。

慧」果樹，研發也需要很長的時間——至少數十年。

＊＊＊

安迪邀請我亦步亦趨跟他走一趟每週的例行巡查——也就是開貨車加步行巡視果園，檢視果樹有無任何受傷的跡象，留意任何可能爆發的蟲害或病害，並想辦法對症下藥。他身穿T恤和藍色牛仔褲，戴著上面有「佛格森果園」標誌的棒球帽和全罩式太陽眼鏡，難得摘下太陽眼鏡時會露出眼眶周圍的鮮明曬痕。安迪走過不同的林分（stand），指出果樹遭遇不同生長逆境的跡象，有些和五月的凍害有關，有些則是固定會發生的環境壓力。在數小時的巡查中，蒼翠扶疏的果園在我眼裡搖身一變，成了植物版的急診室檢傷分類組，裡頭的病患苦於斷肢、腫脹、皮膚灼傷或心跳停止等各種傷病。

到了清水鎮果園時，我們行經一處種滿年輕Pazazz果樹的林分。這個新栽培品種是蜜脆蘋果的變種，是由威斯康辛州一名私人蘋果育種家培育而成。Pazazz跟蜜脆蘋果一樣，果肉組織所含的細胞比較大，安迪說，一口咬下去時是「爆開而非裂開」，具有比傳統蘋果更多汁的口感。Pazazz蘋果含有更高的糖分和酸性物質，因此甜味和酸味都更強烈，安迪認為特別濃烈的滋味有助於在市場上贏得消費者青睞。他在兩年前利用高密度棚架種下四萬棵Pazazz，如今樹苗已經開始如葡萄藤般攀著棚架生長，形成一道連續不斷的水果牆。

在五月那次霜害發生之前，安迪還在煩惱要幫它們疏花。當然最後他要煩惱的情況恰恰相反——這片Pazazz蘋果樹幾乎結不出正常果實。我們走過其中一棵Pazazz果樹，上面零零落落長出幾顆大小和臍橙差不多的果實，就一棵年輕果樹而言，在七月中旬結出這麼碩大的果實可說大到有些變態。「看看這傢伙已經長這麼大個頭了——還要再長兩個月呢，」安迪說，邊用手掌托住果實，「到秋天他就會長成龐然大物，活像一顆小南瓜。」這棵年輕果樹在一般情況下，會有足夠精力結出大約二十顆正常大小的蘋果，但在霜害之後，果樹只能將全副精力投注在倖存的寥寥數顆果實。無論何種會結果的植物，生物目的都是將美味果實當成獻禮，引誘動物前來食用，讓動物幫忙它傳播種子。這棵果樹的情況，是必須讓僅剩的幾顆果實長得超大，以期更容易吸引植食性動物。但是這番努力出了差錯，年輕果樹沒辦法重新校準它投注的精力，「果實生長速度太快，很可能還不到採收時間就皮開肉綻。」安迪如此說明。之後幾個月，這番景象不時在我腦海中浮現：一棵纖細果樹為了求生，奮力繁衍出碩大無朋、果皮撐滿欲裂的後代。

我們回到貨車上駛往另一處林分，探視一棵棵長到十八英尺高的蜜脆蘋果——這些七歲的果樹算是青少年，正值生產力最高峰的年紀。安迪指著果樹枝枒較深處，那裡的花朵因為有外層遮蔽而與冰霜隔絕開來，安迪說那些形狀渾圓、正常大小的果實中段處的褐色條紋就是「霜環」（frost rings）——還未長成的年輕果實經歷五月十五日凍害之後的另一波凍害留下的疤痕。安迪又指著自其中一棵果樹脫落的數根斷枝——可能表示果樹的根部受創。他指給我看另一棵蜜脆蘋果樹上小小的畸形果實，一顆顆彷彿緊握的小拳頭，它們經歷霜害後僥倖存活，但由於細胞受傷而扭曲變形。安迪說他們會讓有霜環紋路和扭曲畸形的蘋果留在樹上繼續長，之後可以當成馬匹飼料，或磨碎成蘋果糊。

來到一棵蜜脆蘋果樹旁，安迪瞇眼瞧著樹葉：「看得出來它們有氣無力的樣子嗎？」看不出來——在我看來活得很好。他拔下一片葉子，盯著瞧了一會兒，然後打開掛在工作腰帶上的一個小囊袋。裡頭是一台約六英寸高的顯微鏡，是安迪從網路訂購的高中生物學儀器套組裡的設備。他將葉片滑入顯微鏡下，然後定睛觀察。「蟎蟲。」他喃喃說道，接著給我看證據，並記下果樹位置。

一日將盡，我們來到分布著大約二十歲的成年麥金塔蘋果樹的林分。其中一棵令人為之瞠目：瘦巴巴，看起來病懨懨的，還比其他果樹矮了一截，樹葉大多掉光了，脆弱發黑的枝條上卻纍纍結滿數百顆還未長成的蘋果，讓人大惑不解。「這是將死之樹迴光返照吐出的最後一口氣——每次看到這種光景還是覺得很怪異……她知道自己大限將至，所以努力結出一大堆蘋果，因為她身為生物的生存目的，就是確保血脈能夠存續。」安迪向我解釋。他補充說這棵樹是因為感染病毒而變得虛弱，凍害造成的壓力似乎給了它最後的致命一擊。也因為這棵樹老邁病弱，開花時間有所延遲，反而躲過了霜害。這裡響起了頗不尋常的裝飾音——疾病讓這棵樹得以在壽終前的最後時刻，孤注一擲、送出一計「萬福瑪利亞長傳」，朝世界釋出它的遺傳訊息。即使這條訊息在所有植株皆為複製體的果園中，終將歸於沉寂。怪的是，我在見證果樹的最後一搏後，心中卻充滿希望——臨終一搏證明了這株植物最原始的意志，縱然前方險阻重重，依然堅持不懈。

＊＊＊

蘋果樹可說極具前瞻思維。它們和櫻桃樹、桃樹和其他核果樹一樣，喜歡生長在四季分明的地方，它們全都需要在冬季經歷一陣子寒冷天氣，才能在春季結出果實。依據過往數千年的經驗，果樹知道冬季偶爾會遇到一段暖期或其他變化，於是也發展出巧妙的生物機制，來保護花朵不受損傷。

進入秋季之後，日照時間變短，氣溫逐漸下降，花苞會開始累積激素，這些激素是用來控制冬季休眠期，即使碰到暖期也能抑制生長。而要解除冬季休眠，蘋果樹必須累計一定數量的「低溫單位」（chilling unit），所謂的一低溫單位指的是在略高於冰點的低溫（介於華氏三十二度到四十五度）下，暴露一小時。只有在這個很小的溫度範圍內，激素才會發生變化，果樹也才得以解除休眠，展開新一波的生長。休眠期的運作有點像是保險計畫——付了自付額（deductible）之後，超過的部分才會動用保險給付，而蘋果樹也必須「歷經一番寒徹骨」，滿足低溫需求之後，花苞才會開始萌發。解除休眠之後，果樹要開始累計一定數量的「積熱單位」（heat unit），也就是暴露在較暖熱的溫度範圍下，直到滿足了受刺激開花所需的時數為止。

蘋果樹的低溫需求通常為八百至一千八百低溫單位[18]，依據品種和生長地區的不同而有些差異。在美國南方生產蘋果的幾個州，如喬治亞州和北卡羅萊納州，果樹的低溫需求通常偏低，但即便如此，在近年暖冬頻現的趨勢下，累計的低溫單位還是不足。「低溫不足」（underchilling）導致果樹的授粉過程整個亂了套，可能開花不整齊或完全不開花，導致無法同時授粉，最後便造成了結果量減少。

在北方生產蘋果的幾個州，同樣是遇到暖冬，所受影響卻與一般預期的相反，造成了「超冷現象」（superchilling，或 supercooling）。在威斯康辛州、密西根州和紐約州等幾州，典型的冬季氣溫會長時間保持在冰點以下，而果樹在長期低溫時會「停機」進入深層休眠。碰到暖冬時，果樹處於好比「快速動眼期」的深層休眠時間變短，反而有較長時間處在要累計額外低溫單位的冰點以上溫度範圍。果樹如果經歷「超冷現象」，開花情況反而容易受到影響。正如同有太多糖吃的孩子反而愈加容易大吵大鬧，經歷「超冷現象」的果樹好日子過太久、刺激過頭，積熱單位還未累計到正常數量就會開始生長。

安迪・佛格森的蘋果園在二〇一六年春天時的狀況，很可能就是這種情形。果樹在不夠寒冷的冬天累計了額外的低溫單位，等到四月初進入暖期，雖然為時短暫，但果樹就迫不及待開起花來。它們誤判氣溫變化的訊號，錯以為是春天到來。花瓣在四月初就開始從具有保護功能的萼片向外伸展，比平常早了一週左右，在寒流來襲時也就特別脆弱。

被二〇一六年的古怪天氣搞得暈頭轉向的，不只有美國中西部偏北的果園。在數個月之前新英格蘭的冬季氣溫和劇烈氣溫變化都創下新紀錄，園藝學家於是稱該年二月十四日為「情人節蜜桃大屠殺」（The Valentine's Day Peach Massacre）[19]。那一年新罕布夏、康乃狄克和羅德島三州的桃樹提早開花，不只早了六天，而是比平常早了將近五週。二月十三日時許多果園都已滿樹桃花盛綻，到了隔天情人節，氣溫驟降至零下十四度。三個州的果園「全軍覆沒」——該年的桃子產量損失高達十成。美國第四大桃子產區紐澤西州損失約四成的產量，紐約州哈德遜河谷產區則損失九成。整個區域的桃子農損總計達兩億兩千兩百萬美金。

「看到近年的水果類作物農損，你會想說無論是規模和頻率，根本都是聞所未聞。」威斯康辛大學麥迪遜分校的果樹園藝學家愛瑪雅・艾圖查（Amaya Atucha）告訴我，「過去數千年來人類都生活在氣候穩定的時期，如今我們親眼見證氣候正在變化。環境條件正在改變，不只對於蘋果而言，對於葡萄、櫻桃、桃子、蔓越莓和藍莓也一樣在改變。不只是發生在某些地方，而是到處都面臨改變——混亂和紛擾無所不在。」美國農業部的傑利・哈菲德（Jerry

Hatfield）的描述則更為嚴峻：「現在不是每隔七或十年會發生一次水果產業全軍覆沒的慘劇，而是很規律地發生——作物慘遭屠戮，而我們滿手血腥。」

讓果樹生長情況大亂的不只是暖冬和花期提早，還有氣溫的劇烈變化。如果氣溫在幾天之內如溜滑梯般，從華氏七十五、六度左右（約攝氏二十四度）一路降到二十五、六度（約攝氏零下三度）（近幾年冬天在田納西州就曾發生過數次），對於開花中的果樹就會形成相當程度的逆境。為了在嚴苛氣候中生存，果樹發展出一種稱為強化（hardening）或馴化（acclimation）的方法。它們的組織會慢慢鍛練耐寒能力，就像是肌肉一層一層逐漸加強力量。隨著氣溫降低、日照變短，樹皮和花苞會生成可以防止結冰和有助禦寒的化學物質。就如同健身的人經過長時間練習能夠舉起四百磅那樣，蘋果樹經由逐步築造出化學物質屏障，就能抵禦冰點以下的低溫。但從練習舉一百磅忽然改成舉四百磅，任何一位舉重者都可能受傷，同理，從溫和天氣陡然轉換成刺骨嚴寒時，果樹一時之間也無法適應。即使在冬天的休眠期，氣溫劇烈起伏可能對冬眠中的花苞造成傷害，開出的花朵可能病懨懨且脆弱易損。

果樹根部的日子也不好過。在氣候正常的冬季，大多數蘋果產區的積雪會像毛毯般覆蓋住土壤，幫根部保暖免於受寒。但是忽高忽低的氣溫會讓降下來的雪融化，等到氣溫陡降時，樹根就比較難抵禦嚴寒。安迪說樹根受傷終究比花苞受傷更令人擔心，這種傷害扼殺的「不只是一季的收成，而是之後二十多年還會不斷結出蘋果的整棵果樹。」

* * *

就在威斯康辛州損失蘋果而新英格蘭損失桃子的同一年，在全美各地甚至全世界，也發生了許多前所未見的氣候相關事件：致命洪水襲捲德州；南極洲冰棚斷裂；印度部分地區最高溫破紀錄高達華氏一百二十八度（約攝氏五十三度）；阿拉斯加林地發生森林大火；紐約市面臨暴雪肆虐，兩日內積雪達二十八吋深。同一年，公開否認氣候變遷相關研究結果[20]的唐納·川普當選美國總統。攤開選舉結果地圖可以看到，除了加州以外的所有農業大州都將票投給川普，包括「搖擺州」威斯康辛州[21]。農業貿易雜誌《農業興旺》（*Successful Farming*）記者吉爾·葛利克森（Gil Gullickson）曾報導氣候變遷對各農業大州的衝擊，他告訴我，「大多數農人都認知到氣候趨勢已經大亂，但很多人還是採取最普遍的保守態度，認為氣候科學全是鬼扯。」

然而各州的農業科學團隊提出的研究結果卻大相逕庭。所有農業公司企業，包括孟山都（Monsanto）、先正達（Syngenta）、嘉吉（Cargill）和強鹿（John Deere），早在二〇一六年之前就採納氣候科學研究結果[22]，更設置專門研究氣候變遷所帶來衝擊的部門，並持續研發相關產品組合。美國各地於農業科學表現傑出的大學，同時也致力於研究氣候變異（climate variability）對於該地區糧食生產的影響，有些研究團隊已有驚人發現。

其中一個來自密西根州立大學的團隊研究櫻桃生產，密西根州是美國的第一大櫻桃產區和第三大蘋果產區。蘋果樹和櫻桃樹的開花行為相似，不過櫻桃樹的樹皮較薄，低溫需求通常較低，因此對於氣溫變化也更加敏感。二〇一二年冬季，密西根州的櫻桃農產遭到重創。該年是暖冬，氣溫曾連續一週維持在華氏七十度（約攝氏二十一度），果樹花芽在三月初開始萌動，但卻在四月遭逢凍害，全州幾乎每一棵櫻桃樹的花朵都結凍壞死。「密西根州的水果產業農損高達五億美金，櫻桃部分的損失特別慘重。」密西根州立大學農業氣象學家傑夫．安德烈森（Jeff Andresen）回憶道。該年蘋果減產將近九成。

果農產業遭受重創，卻可說是學術研究上的福音。在凍害發生之前，安德烈森帶領研究生組成的團隊已花了一年時間，蒐集從一八九五年到二〇一三年間的氣象資料，希望檢視櫻桃樹在一個世紀多以來的花期變動情形。資料來源包括了遍及全州各地的氣象感測裝置，以及保存相關紀錄的政府資料庫。二〇一二年發生凍害之後，安德烈森的研究獲得額外資金，也引來更多人關注。研究團隊加倍努力，將數據資料剖析後分成三個類別：櫻桃樹的花期、春季的寒流事件，以及降雨量高低。在二〇一六年首度揭露的研究結果相當不樂觀：從一八九五到一九四五年的五十年間，三個類別的數據都相當穩定，但二戰之後數十年內，數據的變化趨勢十分明顯。

櫻桃樹花期的資料引起高度關注。「做研究這麼久，會有幾次碰到非常顯眼的數據資料讓人非注意不可，這一次的例子正是如此。」安德烈森告訴我。他的團隊發現，在二戰結束後的七十五年間，也是全球溫室氣體排放量陡升的時期，春季花苞萌動的時間提早了超過十天。一九四五年時，正常的花瓣伸展前「綠色花苞階段」（green bud stage）平均來說落在四月五日。到了二〇一三年，這個日期已經在不知不覺間提早到三月二十六日。

結霜的數據資料也讓安德烈森大吃一驚：在一九四〇年之前，每年春季的寒流事件不過才十次。在一九四〇年之後的數十年間，每年將近發生二十次春季寒流，平均每年增加五次。「並不是說每次寒流都很嚴重或造成災害，但那發生得愈來愈頻繁了。」——安德烈森認為這是變化更趨劇烈的預兆。最後一類降雨量高低的數據對於櫻桃產業至關重要，因為櫻桃果皮很薄，採收前即使只是碰上小雨也可能破皮。安德烈森的團隊發現，一九四五年之後的春季雨量平均每年增加百分之十。

「我聽到不少果農告訴我，春天雨量變多，開花變早，也愈來愈常碰到寒流，」安德烈森說，「但是親眼看到數字說話——看到櫻桃樹的生長呈現出長時間的變化趨勢——在我的領域可說極為罕見。」我向安德烈森請教他蒐集的數據資料所隱含更重大的意

結凍的蘋果花

義，他回答：「總歸一句話，如果你是果農，想要事業成功，得要極大的膽量才行。」

對於在美國東南部種桃子的果農來說，這句話格外真實。佛羅里達大學的園藝學教授荷西・沙帕羅（José Chaparro）指出，氣溫偏高造成佛羅里達各地農場新出現一些有害生物和病原，而暖冬和低溫時數不足，則導致果實偏小且形狀不佳。桃子就和蘋果一樣，低溫不足會造成開花量減少且開花參差不齊，他形容為「農產夢魘」。沙帕羅警告，假如氣候暖化加劇，佛羅里達州、喬治亞州和東南部其他州的桃子產業可能崩盤，而他正在加緊培育可抗熱的新品種的腳步。他的團隊會從「低需冷性」（low-chill）桃樹選取性狀[23]，這種桃樹需要的低溫時數少於大多數商業化種植的桃樹。「基本上我們希望能重新設計桃樹，」沙帕羅表示，「讓果實能在新的常態下生存。」

* * *

果農不只是美國唯一一群與氣候變遷搏鬥的農人。在更向西的地方，美國農業部的傑利・哈菲德主任過去十年來大多時間，都致力專攻與玉米耕作相關的長時間變化趨勢。哈菲德找出愛荷華州中部數十年來的春季降水量資料，從中分出兩段時間範圍來分析。他發現從一九〇〇到一九六〇年間，只有兩年曾出現單日降雨量超過一・二五英寸[24]。而從一九六〇到二〇一七年間，總共有七年有至少八天達到這麼高的單日降雨量門檻。整體而言春季的雨量增加，雜草和有害生物的威脅變大，真菌病原和作物病害也更容易傳播。還有一點也至關緊要，降雨類型偏向較極端的短時強降雨。哈菲德發現在一九八〇到二〇一〇年間，四月到五月中旬的田間可工作日數減少了三．五天——原因是土壤在暴雨天被雨水浸透，根本無法操作重型農機。「下田工作的日數就算只是少了一天，也可能造成重大損失。」哈菲德說。

美國西部和南部地區面臨的，卻是迥異於中西部和東北部的挑戰——既非古怪寒流，也非多雨春季，而是熱浪、森林大火和嚴峻乾旱。當氣溫上升到某個程度，植物就必須呼出更多水分讓自己冷卻降溫[25]，如此一來會消耗光合作用產生的能量，植物的產量也隨之減少。如果沒有足夠的水分來進行降溫，植物會發生日燒現象（heat scald）甚至死亡。「對於大多數美國農民來說，可用水量逐漸成為生產農作時帶來限制的最主要環境因子。」哈特菲表示。二〇一一年德州發生旱災，牲畜、棉花、玉米、小麥和花生的農牧損失總計達五十億美金。大平原區南部在二〇一二年到二〇一四年見證「新塵盆」沙塵暴（New Dust Bowl）[26]；數萬英畝的小麥和玉米在熱浪和乾旱侵襲之下枯死。三年旱災期間的農作物保險理賠金額總計約達三百億美金[27]，大部分金額由美國全體納稅人買單。加州於二〇一五年的乾旱受到重創，農損高達數十億美金，近兩萬人失業。

內政部和農業部於旱災之後發布氣候報告，預測美國西部的平均氣溫到了二十一世紀末將上升華氏五到七度（約攝氏二．七到三．八度）[28]（比我們目前所經歷平均氣溫上升幅度還要多四倍），這在美國西部造成前所未見的超級旱災（megadrought）。報告中也預測，供應美國西部水庫水源的雪蓋層將急劇縮減[29]，而包括科羅拉多河在內、供應需水孔亟的加州南部和另外六州用水的西部主要河川流域，水流量最多將減少百分之二十。

「我們目前真的才剛開始了解事態的嚴重性。」美國農業部氣候變遷主題計畫辦公室（Climate Change Program office）的資深生態學家瑪格芮・渥許（Margaret Walsh）表示[30]。「在不同地區有各種不同的變數要考量——氣溫高低起伏、降水量變化、入侵的有害生物、新病害、海平面上升等等。」渥許強調，最嚴重的衝擊有可能來自全球供應鏈和經銷網絡因故遭到擾亂而中斷。她認為目前尚未充分了解問題的全貌，要提出解決方案還為時尚早。無論如何，解決方案都不會以「由上而下」為主。最有效的新工具和新做法，會由地方上的機構和單位如密西根州立大學和位在安姆斯的愛荷華州立大學，以及由安迪・佛格森這樣的在地農人，在各個地區不斷試誤而產生，而且是因地制宜。為了確保糧食供應和產能提升，人類從萬餘年之前就開始了長長一連串的實驗，如今所有參與者又在其中添增了新的環節。

＊＊＊

加州中部阡陌縱橫，呈棋盤方格形的七百萬英畝農場產出全美過半產量的水果、堅果和蔬菜。此地直到數年前，仍是公認土壤無比肥沃、氣候如此溫和、作物產量極其豐碩，堪稱現代肥沃月彎的地區。全美生產的草莓、杏仁果（扁桃仁）和葡萄，幾乎全部（高達百分之八十至九十五）來自加州中部和北部。此外還有極高比例的核桃、開心果、無花果、檸檬、青花菜、稻米、朝鮮薊、馬鈴薯和番茄，加上四分之三的葉菜類，也全都來自同樣地區。全美的牛乳產量有百分二十，是由加州牧地上嚼草的乳牛供應。《紐約客》雜誌撰稿人戴娜．古德伊（Dana Goodyear）曾形容「金州」（the Golden State）的中段地帶是「美國的水果籃、沙拉碗和乳品箱」[31]。

但是到了二〇一五年，加州乾旱進入第三年，作物枯萎，連續六個月滴雨未降，加州中部原本肥沃的農地大多皆荒蕪乾裂。該地區各個水庫的蓄水量降至五成，公用事業單位限制灌溉用水，有超過五十萬英畝的農地休耕[32]。新聞報導的照片中，可以看到乾枯裸露，還四散著舊沙發和生鏽汽車的湖床，另外也見得到乾旱缺水的果園和堅果園裡，光禿禿的樹木枝幹仿佛高高舉起向天祈雨的雙手。媒體報導揭露許多出人意料之外的罕見損失：由於蜜源作物銳減，加州的養蜂人必須餵蜜蜂吃糖漿和蜜蜂飼料（花粉和油的混合物）[33]。加州北部的葡萄佳釀也受到重創。釀酒葡萄喜歡高溫，但是過熱會引發一種熱休克反應（thermal shock）[34]，導致葡萄風味全失。

或許是有史以來第一次，乾旱和氣候變遷帶給糧食生產的衝擊終於讓美國主流社會為之撼動。雖然大規模種植經濟作物的美國中部農場在過去數年已經感受到細微隱約的變化，但那些很容易遭到忽略——現在，忽然連草莓和夏多內葡萄都岌岌可危了。

在美國以外的地方，還有其他廣受歡迎的作物也大受衝擊。大約在加州旱災肆虐的同一時期，墨西哥的酪梨農場開始面臨極不穩定的天候[35]，情況嚴重到連鎖速食店奇波雷墨西哥燒烤（Chipotle）也發出聲明，他們可能在氣候變遷影響之下，從菜單上刪除酪梨醬（guacamole）。義大利特雷維的橄欖園也受到極端氣候的衝擊[36]。伊朗的開心果享譽國際，高溫卻為果園敲響了喪鐘[37]。就連巧克力也飽受威脅[38]——氣候暖化的趨勢導致黑斑病（frosty pod rot）和可可腫枝病毒（swollen-shoot virus）等熱帶植物病原體引起的病害問題加劇，於非洲西部和中南美洲的可可農場肆虐。

很多美國人或許還可以適應沒有開心果和酪梨可吃的日子，或許甚至願意少吃巧克力，少喝葡萄酒，但是有一項重要進口商品卻幾乎是舉世公認必不可缺之物：爪哇、摩卡、提神聖品，再忙也要跟你喝一杯——咖啡。想到這種「黑金」要是短缺，我們家的工作產能不知道會下降到多低，遑論全國的經濟生產力，我不由得悚然一驚。然而澳洲氣候研究所（Climate Institute）於二〇一六年提出報告，詳細分析位在「咖啡帶」（bean belt）的衣索比亞、巴西、哥倫比亞、墨西哥和薩爾瓦多等重要咖啡生產國，咖啡農莊如何成為氣候暖化趨勢下的重災戶[39]。這些國家的高地農作區氣候乾燥且相對涼爽，最適合咖啡樹生長，但是逐年升高的氣溫讓咖啡樹果實生長減緩且發育不良。高溫炎熱的天氣，也讓害蟲如咖啡果小蠹和一種會引發葉銹病的真菌更加猖獗。僅僅在南美洲，就有數百萬英畝的莊園的咖啡樹因感染葉銹病而乾枯死亡。澳洲氣候研究所的報告預估，依照目前的暖化趨勢，適合種咖啡的農地面積到了二〇五〇年將會減半[40]——除非我們找到因應變化的對策。

世界咖啡研究組織（World Coffee Research）在跨國咖啡企業出資贊助下成立，召集一群科學家投入研究遮蔭管理、敷蓋法等能夠讓咖啡樹根部降溫的對策[41]。野生咖啡樹經歷數千年演化，才適應了構成生長逆境的氣候條件，而為了保存野生咖啡樹的基因多樣性，世界咖啡組織也建置了基因資料庫。該組織的領頭科學家之一伯努瓦・貝特宏（Benoit Bertrand）希望藉由現代技術獲取阿拉比卡種野生祖先種子裡的基因資訊，加以操作之後，培育出能夠適應未來環境壓力的新品種。

＊＊＊

羅伯特・佛洛斯特於一九二〇年的詩作〈再見了，記得保冷〉（Goodbye, and Keep Cold）中向他的蘋果樹請求，在他離開去照顧楓樹期間，不要屈服於晚冬的寒流。詩句提醒我們，自從有果園存在開始，就有讓整園果樹結凍的春霜。現今和從前的差異不在於會有霜害，而是在於霜害的規模變大且頻率增高，因此急需找出解決之道。

約莫兩千年前，大致相當於凱撒活躍的時期，正值葡萄栽培的黃金年代早期，羅馬共和國的釀酒人想出在寒冷的春季夜晚升火幫葡萄保暖避免霜害的點子。他們在葡萄藤棚架之間，用修枝剪掉的枝葉、枯死植物和其他田間廢料升起小火堆。後來歐洲各地和美國的果園主人也紛紛仿效，碰到有結霜之虞的春季夜晚，就在一排排蘋果樹、桃樹和李樹之間升起營火。並無證據顯示這麼做是否真的有效，但可以確知的是這種做法沿襲至今。到了二十世紀，美國果農為了幫作物保暖，會在金屬桶裡放入混了重油的鋸木屑或舊輪胎後點火焚燒，這種裝置後來稱為「抗凍燭火」（frost candle）。果農希望這種「燭火」冒出的油膩煙氣包覆芽苞，形成一層油質薄膜，幫忙阻擋熱氣消散。不過「燭火」並未達到功效，煙氣還造成極大汙染，因此美國政府在一九七〇年明令禁用。

戶外作物加溫設備如今形成利基市場。安迪回憶在二〇一二年霜害發生時，他看到同行在隔壁果園開著曳引機拉動「霜龍機」（Frost Dragon）——以丙烷為燃料並裝上巨大風扇的暖氣機。根據「霜龍機」的網頁說明，拉動這種暖風機每八分鐘行經一排果樹，可以讓果園的氣溫升高幾度。即使作物加溫裝置的生意近年來有所成長，尤其加州的葡萄園主和開心果農很需要這種裝置應對較溫和的結霜情形，但幾乎沒有科學證據證明這種裝置確實有效。

安迪就對這種裝置不屑一顧，認為是在亂砸錢碰運氣，就跟「點蠟燭幫整棟屋子加溫」一樣不可靠。在二〇一六年五月十五日霜害之後，他潛心研究，發現了其他比較可行的選項。密西根州的櫻桃農使用水冷法降溫頗有成效：在暖冬時期，他們會在芽苞灑上水滴極為細小的水霧，沾上芽苞的水霧蒸發時就會有降溫的效果，防止芽苞損失已累計的低溫單位。（櫻桃專家傑夫·安德烈森曾對水冷法進行研究，發現利用這種方法可以讓櫻桃樹花苞萌動的時間延遲一週甚至更久，他告訴我：「要是在二〇一二年冬天用了水冷法，我相信絕大部分的損失都是可以避免的。」）但是裝設高架灑水設備所費不貲又很費時，目前也還未有研究證明這種方法在

安迪・佛格森

多數大規模商業化蘋果園皆能有效施行。

安迪於是選定另一種他覺得最可行的方法：裝設四十英尺高、一百三十四馬力的防霜害風機「抗霜風扇」（frort fan）。夜間氣溫下降時，暖空氣會上升，在位於地面高度的冷空氣上方形成一層氣象學家所謂的逆溫層（inversion layer）。而抗霜風扇的設計，就是要將逆溫層的暖空氣向下吹，和下方的冷空氣混合。安迪讀了康乃爾大學的一份研究結果，科學家發現利用這種風機可以確實讓一定範圍農地的氣溫升高三到四度，而使用一台風機的有效範圍大約是十到十五英畝。「氣溫降到非常低的時候就沒用了，」安迪說，「但是像五月十五日那樣，當夜間氣溫降到華氏二十六度（約攝氏零下三度），而你想要氣溫保持在華氏三十度（約攝氏零下一度），要是使用風機，結果可能就很不一樣。」安迪發現從二〇一四到二〇一六年，密西根州和紐約州果園防霜風扇總量增加了十倍之多——從每州大約五十台躍升到約五百台[42]。安迪被說服了。

二〇一六年八月，佛格森父子訂購三台防霜風扇，每台三萬五千美元。風扇在九月十七日送抵清水鎮蘋果園。在風扇到貨前數天，安迪開著小挖土機進入Pazazz林分，選了三個不同地點挖起三十棵果樹。他挖出三個長寬各八英尺、深三英尺的洞，在洞裡分別填入三萬三千磅的混凝土。風扇製造商Orchard Rite果園風機公司的技師帶來起重設備，將龐大的風扇立起、接上電線並以螺栓固定。裝設風扇的滋味苦甜參半，安迪說道。「加裝調控措施感覺很好，但是我寧可投注資金來提升作物產量。我已經習慣出錢讓果園增值，但還不習慣出錢避免損失。」安迪也試行一些低成本的防護措施，像是冬季種植覆蓋作物，在沒有積雪時就能形成隔絕層幫土壤保暖，或是在樹皮上塗抹特殊漆料，盡量避免讓樹皮在寒流時凍傷龜裂。

研究訪查進行到此，我已經迫不及待想確認哪些對策能確保安迪家的蘋果平安長大，但是裝設防霜風扇……呃，感覺有點像是唐吉訶德持長矛單挑風車。在戶外開放空間開風扇，似乎並不比在戶外點抗凍燭火保暖的做法更務實可行或有效率。在整個地球大氣層已經紊亂失常的時候，果農卻還得耗費電力去混合不同空氣層，我實在不敢再往下想。但在安迪看來，這種想法太過短視。他並不打算將防霜風扇視為理想完善的對策，那只是在尚未研發出更周全永續的方法時，充作過渡期的因應措施。其實同時還有不少其他因應方案，比起防霜風扇更具有唐吉訶德式異想天開的精神。例如密西根州有些大型蘋果園的主人，在寒流時雇用直升機隊飛過果樹上空，將逆溫層空氣往下推。每架直升機可以照顧四十英畝的果園，但費用卻是天文數字，雇用直升機的鐘點費是每架每小時約一千六百美金。「當你看到值錢的作物可能一夜之間損失慘重，」安迪說，「不管解決辦法再怎麼昂貴，你也願意砸錢。」

＊＊＊

拜訪過蘋果園之後，我和安迪保持聯繫。我們會互寄電子信件，轉傳關於氣候變遷帶給水果產業衝擊的文章，以及關於這個領域新科技的文章連結——有些效果讓人半信半疑，有些則讓人頗為看好。

我讀到一些介紹稀奇古怪新發明的消息：例如「低溫保護劑」（cryo-protectant）[43]，基本上是在南極洲的昆蟲、魚類和兩棲類等生物身上發現的抗凍化合物，這種化合物讓牠們能夠耐受極低的溫度——或許也有助於在寒流來襲時保護蘋果花嬌弱的組織，但還沒有研究證實有效。我也讀到華盛頓州立大學的科學家測試可包覆保護果芽避免春季霜害的「奈米晶體」（nanocrystals）成效頗佳的消息，還有密西根州的科學家調配出仿芽苞內激素的「生長調節物質」配方[44]，噴在果樹上可以加長累計低溫單位的時間，並延緩開花時間。然而，對於這些化合物的安全性、效力和成本，都得打個問號。

「採蘋果機器人來了。」有一次我將一家豐收機器人公司（Abundant Robotics）網站的連結寄給安迪。這家公司研發出有多隻真空軟管狀手臂的機器人，機器人可以透過攝影鏡頭「看見」蘋果，並判斷哪些蘋果已經成熟，接著迅速撲向成熟蘋果，以輕柔吸取、握抓的方式從樹上摘下蘋果。我致電訪問該公司執行長丹．史蒂瑞（Dan Steere），他告訴我採蘋果機器人將在「數年內」上市開賣，而且「採收任何你想得到的農作物的機器人，基本上都會在十年內成真」。安迪很高興得知這個消息，因為他一直苦於人力短缺的問題。「我們付給最優秀的摘蘋果工人時薪二十五美元，但是實在太累了，願意做這種工的人不多，」他說，「我最煩惱的兩大問題就是天氣和勞力：也許機器人能解決其中一個問題，那我就能專心應付另一個。」

二〇一八年夏天，安迪與父親和兄弟合資買下明尼蘇達州一座占地廣大的蘋果園，持有土地變成原本的兩倍大。這是應對策略的一環，他說：「為了因應極端氣候事件，他們要讓家族果園分處不同地方，以分散風險。」這位三十二歲的果農如今在兩州持有的果園面積達到三百英畝，果樹數量超過二十五萬棵。

「妳一直問我是什麼樣的動力讓我保持樂觀正向，我覺得我始終想不到一個很好的答案。」後來我致電安迪問候最新情況時，他這麼告訴我。「妳八成想聽到一句深刻的座右銘之類的，但妳要是真想知道是什麼激勵我勇往直前，我想是這個——我用訊息傳給妳。」螢幕上跳出的連結是許久以前，在二〇一四年超級盃期間播送的一則道奇公羊貨卡車（Dodge Ram）廣告。廣告以「於是神造出一名農夫」為主題，出自保守派廣播節目主持人保羅．哈維（Paul Harvey）於一九七八年發表的演講詞。我將和安迪的通話轉成擴音，然後點選播放廣告，這部Youtube影片的觀看次數已經超過兩千三百萬。講者的話聲伴隨著老式廣播沙沙作響的雜音：

「到第八日，神向下看著祂計畫好的樂園說：『我需要一名照顧者』，於是神造出一名農夫。我需要有人願意徹夜不眠守著一隻新生的小馬駒，看著牠死去，然後擦乾眼淚說：『明年再試試。』我需要有人能將柿樹枝條削成斧柄，幫馬兒釘上車輪胎做的蹄鐵，用捆乾草用的鐵絲、飼料袋和舊鞋製作馬匹輓具……需要有人會開割草機割草，到一半暫停工作，花一個小時幫斷腳的草地鷚急救並裝上夾板。這個人必須在犁地時犁得既深且直，不投機偷工。這個人要會用板犁；會開碟犁；會播種；會除草；會施肥；會餵牛羊飼料；會擠榨牛奶；會紮捆羊毛……會以有福共享的精神建立柔軟堅韌的家族連結；會在兒子說出以後的人生『想跟老爸做同樣的事』之時，開懷大笑後嘆息，然後用帶著笑意的眼神回答：『於是神造出一名農夫』。」

譯註：

1. Robert Frost, "Good-bye, and Keep Cold," in *The Poetry of Robert Frost*, ed. Edward Connery Lathem (New York: Holt Paperbacks, 1979).
2. Naibin Duan, Yang Bai et al., "Genome Re-sequencing Reveals the History of Apple and Supports a Two-Stage Model for Fruit Enlargement," *Nature Communications* 8 (Aug. 15, 2017): 249. 麥可・波倫在著作《植物的欲望》（*The Botany of*

Desire: A Plant's Eye View of the World〔New York: Random House, 2002〕）中關於蘋果樹馴化歷史的敘述相當鮮活生動。

3. H. D. Thoreau, "Wild Apples," *The Atlantic Monthly* 10 (Nov. 1862), https://tinyurl.com/y8oavrpu.
4. Rebecca Rupp, "The History of the 'Forbidden' Fruit," *National Geographic*, July 2014.
5. Ed Yowell, "Our Disappearing Apples,"*The Atlantic*, Nov. 22, 2010.
6. "2017 Agricultural Chemical Use: Fruit Crops," Agricultural Chemical Use Program of USDA's National Agricultural Statistics Service (July 2018).
7. "Just How Old Are the 'Fresh' Fruit and Vegetables We Eat?" *Guardian*, July 13, 2003.
8. Addie A. van der Sluis et al., "Polyphenolic Antioxidants in Apples. Effect of Storage Conditions on Four Cultivars," *Acta horticulturae* 600 (Mar. 2003).
9. Andrea Tarozzi, Alessandra Marchesi, Giorgio Cantelli-Forti, and Patrizia Hrelia, "Cold-Storage Affects Antioxidant Properties of Apples in Caco-2 Cells," *Journal of Nutrition* 134, no. 5 (May 1, 2004): 1105-1109.
10. "Apple Industry at-a-Glance," U.S. Apple Association, https://tinyurl.com/ya7x5tnh.
11. "Crops (2016): Apple Quantity Production by Country," FAO database, https://tinyurl.com/l345lur.
12. E. Dana Durand and William. J. Harris, "Chapter 1: Farms and Farm Property," in *Agriculture 1909 and 1910*, Department of Commerce, Bureau of the Census, https://tinyurl.com/ycrp4q94.
13. "2012 Census Volume 1, Chapter 1: U.S. National Level Data," USDA, 2012, https://tinyurl.com/jm2u4xe.
14. Thomas Jefferson, *Notes on the State of Virginia* (London: John Stockdale, 1787), 208.
15. USDA, 2012.
16. "Employment by Major Industry Sector," Bureau of Labor Statistics, 2016, https://tinyurl.com/ycecorbf.

17. “2012 Census of Agriculture: Farms and Farm land,” USDA, 2014, https://tinyurl.com/y97c58f3.

18. 我非常感謝威斯康辛大學麥迪遜分校的果樹園藝學家愛瑪雅・艾圖查，謝謝她引導我探究美國中西部北部果樹的生命週期、低溫需求、開花時期趨勢等層面的科學。如要查詢對於果樹花芽萌動階段至關緊要的氣溫數據，威斯康辛大學果樹計畫（UW Fruit Program：https://fruit.wisc.edu/）網站提供了很棒的資源。也謝謝密西根州立大學的園藝學教授葛瑞格・朗恩（Greg Lang）和明尼蘇達大學的園藝學教授詹姆斯・盧庇（James Luby）詳加解釋氣候變遷對於美國中西部北部果樹產量的衝擊，我受惠甚多。

19. Patrick Farrell, “Yes, We Have No Peaches,” *New York Times*, Aug. 1, 2016.

20. Oliver Milman, “Donald Trump Would Be World’s Only National Leader to Reject Climate Science,” *Guardian*, July 12, 2016.

21. Presidential Election Results: Donald J. Trump Wins,” *New York Times*, Aug. 9, 2017, https://tinyurl.com/kvkqlfq.

22. Jeff Andresen, “Climate Change in the Great Lakes Region,” Great Lakes Integrated Sciences Assessments, July 2014, https://tinyurl.com/y5elw7bn.

23. 荷西・沙帕羅教授的桃子育種研究詳情，可參見佛羅里達大學園藝學系網站：https://tinyurl.com/y94qfl3t.24.

24. 哈菲德博士引導我深入了解他所做的研究，讀者如需概覽相關資訊，可參考此連結https://tinyurl.com/y74qnqd8。在明尼蘇達大學一場題為「影響農業的氣候變遷」（Climate Change Affecting Agriculture）的演講（https://tinyurl.com/ya4x8urc）中，他進一步闡釋了自己的研究發現。

25. Anthony W. King, Carla A. Gunderson, Wilfred M. Post, David J. Weston, and Stan D. Wullschleger, “Plant Respiration in a Warmer World,” *Science* 312 (Apr. 28, 2006): 536-537.

26. Laura Parker, “Parched: A New Dust Bowl Forms in the Heartland,” *National Geographic*, May 2014.

27. “EWG’s Farm Subsidy Database: Crop Insurance,” *Environmental Working Group*, https://tinyurl. com/y776kyao.

28. “Interior Department Releases Report Underscoring Impacts of Climate Change on Western Water Resources,” U.S.

Department of the Interior, Mar. 22, 2016.
29. 同前註。
30. 瑪格芮・渥許研究糧食生產受氣候暖化趨勢衝擊的成果領先世界，研究涵蓋層面也最為廣泛；參見 "The Effects of Climate Change on Agriculture, Land Resources, Water Resources, and Biodiversity in the United States," U.S. Climate Change Science Program Assessment Product 4.3 (May 2008).
31. Matt Black, "The Dry Land," *The New Yorker*, Sept. 22, 2014.
32. Phillip Reese, "Study: California Farmers to Fallow 560,000 Acres of Crops This Year," *Sacramento Bee*, July 2, 2015. 另見黛安娜・馬坎（Diana Marcum）獲頒普立茲獎的加州乾旱相關報導："Scenes from California's Dust Bowl," Los Angeles Times, Dec. 10, 2014.
33. Ezra David Romero, "Drought Is Driving Beekeepers and Their Hives from California," *The Salt*, NPR, Sept. 29, 2015.
34. 美國農業部葡萄遺傳學研究小組（Grape Genetics Research Unit）的科學家傑森・隆多（Jason Londo）解釋果園和葡萄園如何受到氣候變遷的衝擊。另見Jason Londo, "Characterization of Wild North American Grapevine Cold Hardiness Using Differential Thermal Analysis," *American Journal of Enology and Viticulture* 68, no. 2 (2017): 203–212.
35. Ruth Tam, "Guacamole at Chipotle Could Be Climate Change's Next Casualty," *PBS News Hour*, Mar. 4, 2014.
36. Somini Sengupta, "How Climate Change Is Playing Havoc with Olive Oil (and Farmers)," *New York Times*, Oct. 24, 2017.
37. Eric Randolph, "Iran's Pistachio Farms Are Dying of Thirst," Phys.org, Sept. 4, 2016, https://tinyurl.com/y8rzp9pb.
38. Michon Scott, "Climate and Chocolate," National Oceanic and Atmospheric Administration, Feb. 10, 2016.
39. Corey Watts, "A Brewing Storm: The Climate Change Risks to Coffee," Climate Institute, 2016.
40. 同前註，6.
41. "Annual Report 2017: Creating the Future of Coffee," World Coffee Research, 2017.

42. Ross Courtney, "Arctic Armor: Methods of Combating Frost," *Good Fruit Grower*, Sept. 6, 2017.
43. Alabama Extension System, "Methods of Freeze Protection for Fruit Crops," Alabama A&M and Auburn Universities, 2000.
44. Amy Irish-Brown and Phil Schwallier, "Setting Apples with Plant Growth Regulators," Michigan State University Extension, May 9, 2017.

第三章　抗旱種子

世上的真理皆是在痛苦和磨難中誕生，每一項新揭露的真理都是大眾在不情不願之下接受。期待世人接受一項新的真理，或甚至是一項老的真理，而不去質疑，無異於尋求不會發生的奇蹟。

——亞爾佛德．羅素．華萊士（Alfred Russel Wallace）*

我們可以頗有把握地假設，保羅．哈維在想像神所造的完美農夫時，絕對沒想到那會是七十二歲的肯亞老婦人。然而，露絲．歐倪昂（Ruth Oniang'o）不僅符合他的描述，在幾個重要的層面上，甚至有過之而無不及。露絲．歐倪昂具有溫柔寬容的胸襟和頑強不屈的韌性，是我生平遇過的所有農人身上都不曾見到的，而她住在與美國中部相隔甚遠的地方——她的家園距離美國中部約有一萬四千英里。

露絲在肯亞西部一個名為艾姆雷切（Emuleche）的小村落長大。她家有一座兩英畝大的農場，就位在土壤貧瘠且礫石也多的小山坡上。從露絲學會走路開始，她就開始幫忙母親種玉蜀黍、龍爪稷（finger millet）、地瓜、高粱、矮菜豆（bush beans）、豇豆、花生、斑巴拉豆（Bambara nuts）和香蕉。她們下田時能用的只有雙手，和一種狀似鶴嘴鋤的工具「jembe」——沒有犁，也沒有曳引機。露絲和村落裡其他小孩閒暇時大多會去野外採水果。村落周圍的森林長滿各種果實，有番石榴和類似黑李子的原生非洲黃莿果實。在附近河畔也有野生葉菜可以採摘，它們在露絲的印象中是「沼澤蔬菜——沒有名稱，只是森林裡的食物，我們想吃多少就採多少。」

肯亞西部是雨量豐沛的農業區，也是該國主要的玉蜀黍產地，但在露絲十歲時陷入饑荒。肯亞生產的玉蜀黍（也就是美國的「玉米」）＊主要用途並非當成牛隻飼料或製成玉米糖漿，而是供人直接食用。全國人民攝取的熱量超過一半皆來自玉蜀黍[1]，一般人三餐常吃濃稠如黏土的「ugali」，也就是將玉米粒磨碎煮沸而成的玉米粥。在露絲童年時期，肯亞西部鮮少發生旱災，即使發生頻律也相當規律，大約每十到十四年一次。旱災一旦來襲則毫不留情，一九五五年那一場旱災中，肯亞全國的玉蜀黍收成幾乎掛零。饑荒於是在肯亞得名「杯糧饑荒」（Hunger of the Cup），因為作物收成極其稀少，家家戶戶分配到的玉蜀黍粒只能以杯計算，不用幾袋或幾蒲式耳。露絲的父親任職警察，因此她們家是極少數除了糧食配給之外，還有薪水可以補貼的家庭。她一直記得自己目睹堂表兄弟姊妹因營養不良而出現「瓜西奧科兒症」（kwashiokor，或「紅孩兒症」）的明顯病癥——腹部腫脹、掉髮、皮膚脫皮。她回憶起村落裡兩個家破人亡的年長男性，每當吃飯時間都會捧著餐盤到她們家門口。「母親會說：『我們家的大門永遠敞開。』我們家從來不讓任何一個鄰居餓肚子。我很年輕時就明白，飢餓會偷走人的尊嚴。」

巴瓦家（「歐倪昂」是她夫家的姓）在饑荒中倖免，但仍遇上躲不掉的災厄：露絲有十個兄弟姊妹，其中五個年幼時就染上瘧疾而夭折。她也同樣染上瘧疾，但剛好碰上德國的拜耳藥廠研發出抗瘧藥氯奎，有極少數幸運兒獲得救災人員發送抗瘧藥物，她正是其中之一。露絲痊癒之後，向母親許諾三件事：「我長大以後要救更多的人。我以後要在艾姆雷切蓋一間醫院。我要生二十個小孩，補回她失去的那些孩子。」成年後的露絲育有五名子女，還沒生到二十個——「我還希望再生幾個。」已經當祖母，也有七個孫子女的她打趣道——但她實現了前兩個諾言，接著又做到了其他一些事。

露絲唸高中時表現優異，以全班第一名成績獲得獎學金，前往華盛頓州立大學就讀。大學畢業後她留在美國唸研究所，取得生物化學和營養學碩士學位，在七〇年代回到肯亞，到奈洛比的肯雅塔大學擔任營養學暨公共衛生學講師。她很快就受到肯亞政府延攬，開始協助政府制定國家糧食安全政策。之後她進入國會，擔任了五年國會議員。她也擔任聯合國顧問以及《非洲農糧營養發展期刊》（*African Journal of Food, Agriculture, Nutrition and Development*）總編輯。在這段期間，她成立了「非洲鄉村拓展協會」（Rural Outreach Program of Africa，縮寫為ROP），如今這個草根團體致力於協助肯亞西部數千名小農提升作物產量和改善家計。

非洲鄉村拓展協會的目標有二：提升非洲的農業生產力，同時保護小農的利益。這兩個目標看似相互扞格，若考量露絲為了達到目標而選擇的合作伙伴，又更顯得矛盾。她的合作伙伴包括非洲農業技術基金會（African Agricultural Technology Foundation），這個非營利組織與孟山都合作，而即使是在二〇一八年遭拜耳（即生產抗瘧藥物救了露絲一命的企業）併購後，孟山都仍普遍被視為小農的頭號公敵。協會也接受來自比爾暨梅琳達．蓋茲基金會的資金贊助，而這個慈善團體遭批評是在強迫相對脆弱的群體接受西方科技。「我要提倡的不是從前那種工業化——那種美國在上個世紀實行老派過時的重汙染農業。」露絲在我們最初談話時這麼告訴我。「我們談的是利用科技為人類謀福利，利用現代的種子、現代的方法，幫助小農擺脫過去辛勞賣力做苦工的那種方式，生產出乾淨無汙染、豐足有餘，且符合氣候智慧（climate-smart）的糧食。我們一方面要讓糧食生產工業化，另一方面也要保有我們的核心精神。」

露絲邀我前去會面並一同拜訪幾位她透過非洲鄉村拓展協會合作的農民，我接受了邀請，心裡卻仍忐忑不安。我很懷疑西方農企業的工具技術——尤其是孟山都的種子——是否符合這些農村社群的利益。但在後來的旅程中我了解到，自己對於工業化農業抱持的美國觀點，竟是如此狹隘。我得知在美國以外的地區，特別是在發展中的經濟體，科技和農業（包括基因改造生物）相關論戰的重點，不在於玉米脆片包裝上的標示是否要再改進，甚至不在於大企業對於糧食體系的操控，而在於進步，甚至攸關生死存亡。

＊＊＊

露絲．歐倪昂

在七月某個天氣溫和、微風徐徐的早晨，正值肯亞西部乾燥無雨的冬季，我乘著一輛避震器壞掉的日產（Nissan）Pathfinder休旅車，沿著赤道以南數英里，某條沙塵滾滾的道路顛簸行進。我和來自奈洛比的非洲鄉村拓展協會工作人員同行，大夥在往納瓦霍羅村（Navakholo）途中迷了路。這一帶沒有路標，但幾乎人手一台手機，而我們頭戴牛仔帽的司機肯雅塔就靠著手機通話蒐集情資。「你剛剛是說，往左邊找一棵歪斜的香蕉樹嗎？」他以蓋過引擎咆哮聲的音量，用斯瓦希里語對著掀蓋手機大吼，努力想找到從主要道路岔出去的正確路口。休旅車拐進一條只比車身寬幾英寸的小路，路面還留有轍痕，肯雅塔喃喃自語：「Ndiyo」（對了）。新路徑看起來很有希望。

我窩在後座上，從一旁打開的車窗撲鼻而來的，是燒玉蜀黍苞葉、犁過的土地、動物排泄物、柴油車廢氣和尤加利樹的氣味。倒也古怪，種種氣味結合起來，聞了卻讓人精神一振。上一次吃正餐是三天前，那碗燉羊肉讓我的第一世界消化系統天翻地覆。我胃口全失，但也不再焦躁難安。我將iPhone收進行囊，不再試圖拍下形形色色的人事物：頂著一籃香蕉或一個方形汽油桶的水走過、看起來派頭十足的婦女；牛車上搬動引火用柴枝、枯葉的小孩；金合歡樹上盤據的猴群，和森林邊緣爬來晃去的狒狒；掛著「星球電腦中心」（Planet Computer Center）招牌的小泥屋；以及漆著「皇宮大飯店」字樣，看起來孤單寂寥的無窗棚舍。

我們開車行經的這個地區或許可以說是肯亞的愛荷華州，但看起來當然跟美國的「玉米帶」截然不同。我們經過的所有玉蜀黍農場，都只有約一英畝大，有些旁有毗連的菜園，周圍零星有幾隻家禽和家畜。農田之間栽種的圓柱狀仙人掌形成圍籬，也劃分出界線。大部分田區裡的玉蜀黍都生病了，黃褐色的葉子因乾旱缺水而捲曲，被害蟲大肆啃嚼，因罹病而斑痕累累，或是遭到猖獗的寄生雜草「獨腳金」（striga，也譯「巫婆草」）絞纏扼殺。但車子行進間，窗外三不五時會忽然冒出一座農場，裡頭的植株莖梗蔥翠欲滴。

最後我們來到預定要拜訪的農場：希尤卡夫婦邁可和亞瑪妮的家園。這座農場占地超過兩英畝，比大多數農場的規模都大。在中庭另一端，有五、六名穿著劃一的白色T恤的人員正在為今天的活動做準備，還可以看到一片冒出金褐色雄花穗的翡翠綠玉蜀黍，植株看起來足足有十英尺高。他們告訴我，這片玉蜀黍田每年產量比鄰近大多數農場多出三分之一，即使最近遭逢旱災也不例外，希尤卡夫婦也因此成為當地的名人。他們用賣玉蜀黍賺來的錢蓋了一棟有兩間房間的屋子，是這一帶最大的一棟，也是唯一一棟磚造房屋，鄰居稱他們家為「擋格皇宮」（Tego Palace）。邁可聽到這句美稱之後露出微笑，而沉靜寡言、戴著小十字架項鍊的亞瑪妮則露出謙卑害羞的表情。

希尤卡夫婦在三年前加入非洲鄉村拓展協會與其所合作的「非洲節水玉蜀黍計畫」（Water Efficient Maize for Africa，縮寫為WEMA），這個計畫會協助像希尤卡夫婦這樣的肯亞和鄰近國家數千名小農取得高科技研發的玉蜀黍種子。他們獲得的是「擋格乾旱種子」（DroughtTego seeds；「Tego」源自拉丁文，有「抵擋、保護」之意），是由孟山都研發的基因改造種子。拜耳公司在併購孟山都之後，仍是非洲節水玉蜀黍計畫的重要成員。比爾暨梅琳達．蓋茲基金會於二〇一八年同意，投入兩千七百萬美金至非洲節水玉蜀黍計畫，以用作下一階段預計沿續至二〇二三年的研究和推廣資金。非洲節水玉蜀黍計畫的其他資金來源，還包括霍華德．巴菲特基金會（Howard G. Buffett Foundation）以及美國國際開發署（US Agency for International Development，縮寫USAID），WEMA在總部位於奈洛比的非洲農業技術基金會監管之下，生產孟山都的基改種子後，會進行測試並供應給當地經銷商。希尤卡夫婦答應出借農場讓非洲鄉村拓展協會和非洲節水玉蜀黍計畫主辦「田間觀摩日」，展示基改種子的卓著成果，並幫助當地農民進一步了解現代農法。

「你來啦！」露絲在我們乘坐的Pathfinder休旅車駛近時大喊。她穿著亮色波卡圓點裙子，頭上纏著紫紅色的「kitambaa」頭巾，腳上穿著紫色雨鞋。她剛剛在中庭入口掛上的橫幅布條寫著：「非洲鄉村拓展協會：以農業根絕貧窮。」「Jamba，歐倪昂博士！」我大喊回去，我隱約意識到這句問候語發音好像不太標準，但不確定自己為什麼忽然成了附近一群小朋友的笑柄。（我後來才知道，jambo的意思是「哈囉，歡迎你」，而jamba的意思是「放屁」。）我和這位致力於社會運動的可敬學者長久的來往互動就從這裡開始。

露絲和藹可帶領我們四處參觀，樂師的演奏讓整個中庭洋溢著富節慶氣氛的坎巴（kamba）音樂節奏。約有兩百名農人湧入開幕式，陸續在白色大帳篷下方的折疊椅上就座。椅子以舞台為中心擺放，稍後會有當地領袖和團體上台致詞並帶來表演，主題是農業經濟面臨的挑戰和獲致的成功。其中一個由十三名女孩組成的團體來自附近一所學校，非洲鄉村拓展協會的人員會去該校教授農業技法，她們以在觀眾席外圍仿效軍隊踏步繞行的表演開場，每次踏步都上下抬動膝蓋和拉高手臂。她們在歐倪昂博士前方列隊排成兩排，博士就坐在觀眾席第一排的貴賓座位。

「我們是蒙福學院的學生，來到您面前為您朗誦我們的詩作〈Mkulima Bora si Bora Mkulima〉——〈不只是農人，還是好農人〉。」團體裡年紀最大的女孩開口宣布，她說英文和斯瓦希里語。女孩的年紀從六歲到十四歲都有，她們全都身穿學校制服：酒紅色套頭毛衣搭配有領結的藍色女襯衫。女孩們的頭髮梳綁成髮辮，舉手投足的姿態媲美奧運體操選手。

「Wali Mkulima! Mbona munateseka, munateseka!」她們開始齊聲吟誦，一名工作人員跟著低聲唸出英文翻譯：

「農民啊！你們受著苦，你們受著苦！
許多的農場，收成卻不足，
全國的人民，為貧窮所苦。
公民在哭泣，你們為何受苦？
老師在哭泣，警察在哭泣，醫生在哭泣。
我們向農民提出這問題：
為什麼明明有農地，
我們卻仍飢餓受苦？」

觀眾此時出聲表達贊同——「Naelewa!（我懂！）」台下一人喊道；「Kweli。（確實如此。）」又一句附和聲響起——同時女孩繼續吟誦。

「問題不在於貧窮，問題在於農民。
現在爸爸媽媽用了好玉蜀黍種子，

獻給露絲的香蕉

讓所有孩子獲救，因為有非洲鄉村拓展協會。
讓農民歡欣鼓舞，因為你們找到了好玉蜀黍。
你們戰勝了貧窮，你們將滿載豐收。」

觀眾開始鼓掌，女孩們上前簇擁著歐倪昂博士。年紀最小的女孩為博士戴上一個金色和紅色的金箔裝飾花環，個子最高的女孩向她獻上很大一串香蕉。露絲站起來，向女孩們道謝並擁抱她們。「我把希望全放在孩子身上，」她後來這麼告訴我，「在我們進行的工作中，從學校教育介入的效率最高。將來推動農業革新的人會是年輕一輩。」他們也會是將來面臨氣候變遷最嚴重衝擊的一群人[2]，露絲補充說氣候變遷是「我們最新的挑戰」。

* * *

露絲列舉了近年來她所見證氣候變遷衝擊下環

境蒙受的後果——其中之一是流貫艾姆雷切、露絲兒時曾在水畔採野菜的那條河，現在已經完全乾涸。從二〇〇〇年開始，非洲之角（Horn of Africa）經歷了有紀錄以來最嚴重的旱災。大約在我走訪納瓦霍羅的同時，在衣索比亞、肯亞和索馬利亞約有一千兩百萬人因為接連發生旱災而陷入饑荒[3]。有一千萬人接受緊急糧食援助[4]，索馬利亞和衣索比亞兩國都是在六年內第二度面臨大規模饑荒威脅。肯亞的旱災災情比起鄰近國家稍輕微一些，但在二〇一六年，也就是我走訪該國那一年，肯亞的玉蜀黍產量也因為旱災和蟲害減少了約百分之十。當時我們並不知道，旱災災情到了隔年會轉趨嚴重，而在二〇一八年五月，聯合國宣布肯亞全國處於糧食不安全（food-insecure）狀態的人數達到兩百四十萬人[5]。

肯亞的處境正是非洲大陸上大部分地區所處困境的縮影。肯亞過去十五年來，年平均氣溫變化與全球氣溫變化趨勢一致——達到史上最高溫。害蟲族群成長；農作物疫病疫情擴散；乾旱發生時間更長且頻率增高；雨季時間變短，降雨強度增大，雨量更加集中，降雨模式愈來愈難預測。肯亞最高峰肯亞峰（Mount Kenya）上的冰河持續縮小，百年前存在的十六條冰河至今還完整者不到半數，僅剩的幾條冰河預估會在三十年內完全消失[6]。缺水對於肯亞畜牧業的衝擊特別大，全國牲口數量自二〇〇〇年便急劇減少。農人開始出售牛隻，改養比較能耐熱、耐旱的駱駝。目前在肯亞總共約有三百萬頭駱駝，比起十年前超出三倍[7]。

氣候變遷也成為一股動力，驅使鄉村地區農民積極學習新知識和新工具。「有愈來愈多的農民出席我們的田間觀摩日以獲取資訊。作物生長條件變得更嚴苛時，他們就必須尋找更好的做法。」露絲告訴我。在希尤卡家農場舉辦田間觀摩日那天，出席的農民以十五到二十人為一組，輪流參與由非洲鄉村拓展協會和非洲節水玉蜀黍計畫人員主持的工作坊。工作坊傳授的內容涵蓋舊農法和新農法，除了指導堆肥科學、輪作以及原生種蔬菜照料方法，另外也介紹運用高科技的貯存用材料和「擋格乾旱種子」。我和露絲加入擋格乾旱工作坊，參與的十七位農民裡有十二位是婦女。「在座各位大多都經歷過季節氣候異常，」一名非洲節水玉蜀黍計畫的田間觀摩講師以斯瓦希里語告訴工作坊成員，「該下雨的時候不下雨——大家等了又等。終於等到下雨時又下得太大，把什麼都沖光。大家變得不知道什麼時候該播種、什麼時候該除草，也不知道什麼時候玉蜀黍會長成。」群眾紛紛點頭並出聲表示贊同。講師接著改講英文：「白人稱呼這種情況為氣候變遷。」他請所有成員跟他一起複誦英文專有名詞。「氣—候—變—遷。」大家異口同聲緩緩複誦，唸出來的字詞乍聽像是某個冷僻物種的拉丁文學名。「不管是乾旱缺水，或是豪雨成災，這些作物都能活下來，不受氣候變遷影響。」講師接著解釋他在講的這種玉蜀黍經過專門研發，更能耐受環境壓力，而且生長速度更快（一般需要四個月，但這種玉蜀黍只需約三個月就能長成），在收穫時節可以更快乾燥，在難以預測何時會下雨時，這是一大優勢。

此時露絲出聲附和。「氣候變遷——乍聽之下是很古怪的概念，」她告訴工作坊成員，「但是好幾季以來，其實大家都活在氣候變遷帶來的衝擊之下。現在大家都看得見嘗試改用新種子的結果。眼見為憑。」露絲告訴我，舉辦田間觀摩日真正的目的，是幫助農民適應新觀念和新工具：「他們想要種父母親以前種過的作物，因為那才是他們認識的東西。」

非洲節水玉蜀黍計畫的成立宗旨，是鼓勵鄉村地區自給自足的農民（subsistence farmers）邁向現代化，不僅對農民本身意義重大，而對孟山都和母公司拜耳而言，也無可避免具有重大意義。「非洲對於提升作物產量的需求非常龐大。肯亞甚至於整個非洲大陸上多數農民用的種子，都是美國農民自從一九二〇、一九三〇年代以後就不曾再用的。」羅伯・弗瑞利（Robb Fraley）在我展開肯亞之旅的幾週前告訴我[8]。弗瑞利當時是孟山都的技術長，被譽為催生基改種子的推手，也是最熱切的基改種子支持者（拜耳在二〇一八年併購案之後，聘他為顧問）。他補充說孟山都無償貢獻「公司最先進的育種科技和最優良遺傳學科技」，旨在協助非洲節水玉蜀黍計畫的科學家針對當地土壤和氣候，研發最適合的種子，他也強調孟山都並未從中獲利。「基本上我們打造出了全世界最大規模的『氣候智慧』玉米公共育種計畫。」

位在約翰尼斯堡的非洲生物多樣性中心（African Centre for Biodiversity）主任梅莉安・瑪耶（Mariam Mayet）則對弗瑞利的說法大為光火。瑪耶認為非洲節水玉蜀黍計畫和孟山都的行為是「假慈善真牟利」，而她任職的中心基於這個理由，正向非洲節水玉蜀黍計畫提起法律訴訟。

非洲節水玉蜀黍計畫觸及的對象不只是納瓦霍羅的農民，而是遍及非洲中部和東部共六個國家約二十萬名鄉村小農，但由於一些緣故，多年來爭議不斷，主要爭議點就在於該計畫是在鋪路，要讓這些農村社群成為基改種子的銷售市場。「擋格乾旱種子」的基因經過改變

（gene-altered），但嚴格來說並非基因改造種子（GMOs）（後文將探討兩者的差異）。非洲節水玉蜀黍計畫也在納瓦霍羅附近幾處研究站測試「基因改造版」的「擋格乾旱種子」——「DroughtTela」，以期進一步改良作物的抗旱和抗蟲特性[9]。

基改作物於農業中扮演的角色在肯亞引發熱議。肯亞政府於二〇一二年禁止進口或商業化栽種基改作物，理由是基改作物有可能對自然環境和人體健康造成不良影響[10]。非洲大陸上五十四個國家裡，只有南非、埃及、奈及利亞和衣索比亞等，共七個國家開放基改作物的商業化種植，大多是種植用作紡織原料的棉花[11]。然而相關規定也遭到猛烈抨擊：有愈來愈多的歐美和非洲科學家和政治人物反對禁止基改作物的法規，他們主張經過基因工程編輯改造的種子能夠幫助非洲國家在農業上達到自給自足，並且有助於緩解高溫、乾旱和外來入侵害蟲所致愈趨嚴苛的逆境[12]。最初抵達肯亞時，我和不信任基改作物的懷疑論者站在同一陣線。我和很多歐美人士一樣，一聽到基改作物和孟山都就大為反感，儘管我的看法並沒有什麼科學證據。對我來說，基改作物代表的是美國工業化農業最惡劣的一面，但我也會揣想，在氣候變動劇烈、人口飛速成長的時代，基改種子有沒有可能造福非洲鄉村的農場和農民。在壓力逐漸升高的情況下，使用有爭議的工具技術也許才比較有道理。

＊＊＊

羅伯．弗瑞利坐在辦公椅上，手裡捧著一個玻璃盒。我沒想到他身為孟山都的高級主管，辦公室卻相當樸實低調——低矮的天花板，螢光燈，歪斜的百葉窗，室內擺滿了林林總總的小玩意。辦公桌上堆了數十本書籍和DVD，其中有一本《改造的基因，扭曲的真相》（*Altered Genes, Twisted Truth*）和一張《基改？天老爺！》（*GMO-OMG!*）DVD光碟。（他告訴我：「我看遍所有我能找到對於基因改造工程的批評攻訐。」弗瑞利的辦公室牆面和書架上陳列了數十幀他的妻子和三名兒女的相片，還有他的導師諾曼．布勞格的照片和信件。在一張閱讀椅上，放了一個謎樣的金屬色豌豆莢填充玩偶。旁邊的桌子上擺著一面美國國家技術獎章（National Medal of Technology），當年是由比爾．柯林頓頒發給弗瑞利的。弗瑞利也曾獲頒世界糧食獎（World Food Prize），並在二〇一七年偕同另外兩位得獎者：非洲開發銀行總裁阿德西納（Akinwumi Adesina）和佛羅里達大學糧食與農業科學研究所土壤科學家佩德羅．桑契斯（Pedro Sanchez），一起呼籲全球同心協力利用抗蟲基改種子，對抗逐漸加劇的蟲害以「拯救非洲農作」。入侵非洲的害蟲幼蟲俗稱秋行軍蟲（fall armyworm），會在肯亞將數萬英畝的玉蜀黍啃食殆盡，噴灑農藥完全無法抑制。於二〇一七年獲頒非洲糧食獎（Africa Food Prize）的露絲也發聲表達支持。

「這是遺傳學的威力。」弗瑞利一邊輕敲玻璃盒蓋，一邊跟我說道。盒子裡左邊的標本很細小，看起來像是石化變成褐色的扭扭糖（Twizzler）；右邊是一根已去皮、長十二英寸的黃色抗蟲玉米（Bt-corn）。「縮起來的東西是大芻草（teosinte），這種古代野草是玉蜀黍的前身，或者說玉蜀黍的祖先，」他說，「令人驚奇的是，大芻草和現代玉蜀黍品系之間的差異，其實只是大約五到六個基因改變所造成的。經過數千年來的五、六次基因突變，就能帶我們從這邊到達那邊。」他說，同時將手指從左向右劃。

弗瑞利即興開講，幫我上了一堂植物育種史。他告訴我數千年來，植物的基因體就在人類或有意或無心介入之下有所變動：在人類開始務農之前，番茄小顆又味苦，胡蘿蔔短小而且顏色偏淡，葡萄的顆粒跟豌豆差不多大且一串串零星分散，而葉菜「酸到讓你扭唇歪嘴」。弗瑞利解釋，正如糧食生產對我們的影響根深柢固——推動了人類文明茁壯發展；而人類造成的影響之於糧食也根深柢固。

穀類的基因體會有所變動，初期的大多數情況可能純屬意外。賈德・戴蒙（Jared Diamond）在發表於《自然》期刊的論文〈植物與動物馴化的演化、結果和未來〉（Evolution, Consequences and Future of Plant and Animal Domestication）中闡述小麥和大麥早期是如何演化，它們的種子最初是長在莖稈頂端，而且會忽然脫粒（shatter），因此人類很難採集[13]。接著發生了一次隨機的單一基因突變，種子不再忽然脫粒：戴蒙稱這次突變「在野外足以致命（因為種子不再落在地面上），但集中的種子卻讓人類得以方便採集。一旦人類開始採收這些野生穀物的種子，將它們帶回營地，途中又不小心掉落幾粒，最後再種下帶回的種子，不知不覺間反而選出了不脫粒突變植株的種子，而不是淘汰掉突變種。」於是數千年來農民一次又一次選出偏好的突變種，種出更柔軟大顆的穀粒、味道較不苦澀的蔬菜，以及更肥碩甜美的水果。

玉蜀黍的演化故事一直以來令人費解，這種植物的遺傳學起源之謎直到一九三〇年代才解開。無論在地球上任何地方，都找不到野生的現代玉蜀黍。科學家原本假設玉蜀黍的祖先已經滅絕，直到一九三四年，遺傳學家、後來獲頒諾貝爾獎的喬治・畢多（George Beadle）發現大芻草在相對較短的時間內發生了激烈突變，演變成堪稱現代農業「高熱量巨人」的玉米[14]。只是數次關鍵性的突變，玉米籽粒內製造出的澱粉類型和量就大大改良，連帶穗粒的大小、形狀和顏色，以及穗長和穗上籽粒行數都更為理想。突變後的玉米能夠在不同的土壤類型和氣候條件下生長，抵抗特定幾種害蟲的能力也更強。

早期的玉蜀黍有一項優勢，就是繁殖能力非常強。「玉米喜歡多子多孫，」弗瑞利告訴我，「由於它天生多產，因此無論熱帶或溫帶，乾燥或多雨，涼爽或溫暖，從以前到現在幾乎所有人類適應得了的氣候，玉米都能夠適應。」這也就表示科學家在研發培育新品種時，有大量的基因庫材料可供選用。這也就是為什麼傳統——即雜交或非基改——玉蜀黍育種如此成功。雜交育種技術由孟德爾、達爾文，和之後的布勞格首開先河，此後的科學家便得以從世界各地許多不同種類的玉米之中，更有效地辨認出偏好的突變種並加以控制，選育出產量更高的品種。

弗瑞利指出，在肯亞種植的玉蜀黍和在美國種植的玉米之間，有幾處重要的差異。美國的玉米是大規模生產，用於製造乙醇等多種非供直接取食的用途，而非洲的玉蜀黍普遍受到農民喜愛，自有其道理——「玉米簡直就是熱量發電機。」弗瑞利說。《華盛頓郵報》專欄作家塔瑪・哈斯佩（Tamar Haspel）在〈為玉米辯護〉（In Defense of Corn）中，比較了數種主要作物每英畝收成產生的熱量，文中指出：「與地球上其他作物相比，玉米每英畝產生的熱量更高，生長所需的土地面積更小。」種植現代玉米每英畝產生的熱量大約是一千五百萬大卡[15]。馬鈴薯每英畝產生的熱量很接近這個數字，稻米則是每英畝產生約一千一百萬大卡。大豆的每英畝產生熱量為六百萬大卡，小麥則約四百萬。「玉米在供應熱量上的優勢，」哈斯佩寫道，「對於自給自足的農民來說至關緊要。」

＊＊＊

傳統育種能夠做到的有其侷限。利用現代遺傳學技術，科學家就能加快玉蜀黍新品種的育種過程，而今日所用的工具連孟德爾和達爾文也難以想像。例如「擋格乾旱種子」，是採用分子標誌輔助選種（marker-assisted）培育而成，雖然是一般視為傳統的育種方法，科技上的立足點卻絕對稱不上平凡傳統。這種方法可以精確地改變種子的基因體，包括新插入同一物種控制優良性狀的編碼基因。這種方法的可貴之處在於速度快，可以大大節省培育新品種所需時間——在作物需要快速適應入侵種害蟲等生長環境變動時，這種做法極具優勢。

基改作物和傳統育種的關鍵差異在於：傳統作物的性狀來自同一物種或相近的植物物種，而基改作物的新性狀可能來自完全不同的生物。以目前仍在實驗室進行的研究為例，插入大鼠的基因讓萵苣能夠生成維生素C，或是植入蠶蛾的基因讓蘋果樹對火燒病產生抗性[16]。

基改版「擋格乾旱種子」DroughtTela就植入了兩個外來基因，一個來自枯草桿菌（*Bacillus subtilis*），這種細菌常見於土壤和人體腸胃道，實驗發現它能幫助植物在生長過程中更有效地調節水分[17]。第二個基因則來自另一種土壤裡常見的細菌蘇力菌（*Bacillus thuringiensis*，縮寫Bt），讓植物能在體內自行生成有機殺蟲劑。不太令人意外的是，這些基改作物在美國也有相似的版本：DroughtTela是DroughtGard的變化版，由孟山都研發的DroughtGard種子在美國的栽種面積已達三百萬英畝。美國栽種的玉米有至少九成（約八百萬英畝）是帶有Bt基因的基改玉米[18]——對美國玉米產業的批評中經常會引用此項事實，而敵視Bt玉米者則稱它為「玉米大王」（King Corn）。

弗瑞利則主張，基改玉米具備耐旱和抗蟲的特性，能造福乾旱最劇烈地區生活最窮困的人民。奈洛比的非洲節水玉蜀黍計畫科學總監席維斯特．歐伊克（Sylvester Oikeh）也支持弗瑞利的主張，表示孟山都和母公司拜耳近期內都不可能從基改玉米獲利。「孟山都是將育種技術捐贈給非洲節水玉蜀黍計畫，並未收取權利金，也義務訓練本計畫的科學家如何在當地自行培育種子，」歐伊克說[19]，「推動基改玉米的目的不是營利。」目前確實如此，但孟山都最終還是會因為開闢了銷售自家種子的新市場而受益。非洲節水玉蜀黍計畫科學家研發出上百個適合不同類型土壤和區域的品種，全都掛上「擋格乾旱種子」品牌販售。「看到Tego的品牌有點像是看到產品標示『使用英特爾晶片（Intel Inside）』，」拜耳公司的馬克．艾吉（Mark Edge）

納瓦霍羅宴會餐桌中上堆成小丘狀的烏伽黎（ugali）*

告訴我，「慢慢地，農夫看到這個品牌就會聯想到高產量和高韌性。」目前孟山都並未收取附加費用——小農只要付「和當地種子相同的市價，就能買到用先進科技培育出的種子」——但等到種子市場成熟，孟山都就會開始以利潤較高的價格販售種子。

非洲生物多樣性中心的梅莉安．瑪耶指出，孟山都的做法是一種狡詐的農業帝國主義——表面上強調短期的人道關懷，但實質上是放長線釣大魚，企圖攫取和控制新市場。非洲節水玉蜀黍計畫在她看來「其實是一場世紀騙局」，「他們推動一套由科技驅動、一體適用，著重在單一耕作和基改種子的糧食生產方法，敗筆就在並未利用當地農民所擁有的傳統知識和技能。」

在肯亞，關於基改作物的爭議如今進入白熱化階段。上百個非洲環保團體——其中有許多是歐美環保組織如地球之友組織（Friends of the Earth）及綠色和平（Greenpeace）的分支——發起示威，支持政府立法禁用基改作物，並且引發大眾對基改作物的恐懼。他們害怕基改作物會對人體有害，並汙染肯亞的在地原生農作物。肯亞政府官員多年來也附和環保團體的訴求，但在二〇一九年一月，肯亞的國家環境管理局（類似美國的環保署）核准在國內土地種植商業化基改作物。

＊＊＊

美國開始種植第一批基改玉米那年我十九歲，很可能在那不久後，我就在不知情之下第一次吃下一包基改玉米製成的菲力多滋（Fritos）玉米脆片。現在我的身體系統裡累積了超過二十年份的基改作物。你吃進肚子裡的基改食物，很有可能遠比你自己以為的還要多。舉凡披薩、洋芋片、甜餅乾、冰淇淋、沙拉醬、玉米糖漿和發粉——七成的美國加工食品中，至少有一項原料是用基改作物製成[20]。確實，自從一九九〇年代中葉開始，兩億多美國人民就開始食用基改作物，而我們多數人渾然不覺。這一點讓大家反射性地氣惱、反彈，即便並無內部或外部證據可以證明：含基改成分的食物對我們的健康造成了負面影響。

目前在全世界十三個國家，包括阿根廷、巴西、加拿大、中國、澳洲、德國和西班牙等國，總計有超過四億英畝的農地種植的是基改作物——大多是種玉米、棉花、大豆或油菜[21]。其中美國農地占的比例最高——總計一億八千萬英畝——超過其他十二個國家的加總[22]。批評者認為種植基改作物太過魯莽草率而且危險。「製造商利用基改食材製造食品，讓我們全都成為現代史上大規模不受控制的實驗白老鼠。」小兒神經科醫師暨公共衛生倡議者瑪莎・赫伯特（Martha Herbert）斷言[23]。

然而包括國家級的美國國家科學院（National Academy of Sciences）和世界衛生組織等科學機構所下的結論，都是市面上的基改作物不會對人體健康帶來任何威脅。反基改的一方將基改作物與過敏甚至癌症等健康問題相互連結，但是「這些說法都沒有科學證據」，在加州大學戴維斯分校帶領大型實驗團隊的植物遺傳學家潘蜜拉・羅納德（Pamela Ronald）如此說道。目前唯一一項探討基改作物與癌症之間關聯的重要研究結果，是由法國學者塞拉里尼（Gilles-Eric Serralini）及其團隊，指出食用基改作物與大鼠長出腫瘤有關[24]，但最初刊登該篇論文的《食品與化學毒理學》（*Food and Chemical Toxicology*）期刊以部分研究數據無法得出定論為由撤稿。

「大家只是因為講到基因相關的議題就嚇壞了，人們內心有種深沉的恐懼，認為我們是在隨便擺弄生命的本質，認為我們逆天而行。」羅納德說。基因改造作物剛問世時，還沒有太多證據證明其安全無虞，但目前情況有所轉變。「基因改造技術最早是在一九七〇年代商業化，到現在還沒有發生過任何對人體健康或自然環境造成傷害的例子，」羅納德說，「二十多年來，經過成千上萬名獨立科學家的審慎研究和嚴謹的同儕審查，全世界**所有**科學機構的結論都得出：食用目前市面上的基改作物安全無害。」

即使是幾位最勇於直言批判基改科技的評論家，包括飲食作家麥可・波倫，都說基改工程對健康的威脅，未必更甚於其他的植物育種方法。「我還未讀到任何資料能說服我基改科技**本身**就有問題，我想大部分的問題肇因於我們選擇應用科技的方式。」波倫這麼告訴我。

英國的馬克・林納斯（Mark Lynas）早年曾是基改作物擁護者，但他後來變得極度痛恨操弄植物基因體的想法，甚至在半夜搗毀了數英畝的基改玉米田。然而他又在二〇一八年出版《科學的種子：為何我們全都誤會了基改作物》（*Seeds of Science: Why We Got It So Wrong on GMOs*）直承自己的過錯，表示證明基改作物安全性的科學證據，就和氣候變遷的科學證據一樣強而有力[25]。書中寫道：「我沒辦法一邊否認科學界就基改作物所達到的共識，一邊堅持擁護科學界對於氣候變遷的共識，同時又自稱是科普作家。」《華盛頓郵報》的哈斯佩也贊成大眾對於基改作物的看法應有所改變。「反基改的論調從來不是真的在討論基改作物本身，」她說，「實際上是在討論由企業宰制的工業化糧食體系，而基改作物只是某種代表。」[26]

基因改造工程技術最早是應用在醫學領域。科學家於一九七二年開始利用酵母和細菌進行基因改造，製造出胰島素等藥物，之後也用於製造抗癌藥物[27]。直到現今，治療糖尿病用的胰島素仍是利用基改生物製成。到了一九九〇年代中葉，農業科學界開始將基改技術應用於供民生消費用的農作物。基改作物在一九九四年問世之後，很快就廣為農民接受。「種植基改作物的農田面積，在十年內從五十萬英畝增長至五千萬英畝，」弗瑞利告訴我，「那是農業史上最快搏得普遍肯定的新發明。」

在科學界新近發明出CRISPR基因編輯工具之後，要修改植物或動物的基因體，最終可能幾乎有如用Photoshop影像處理軟體編輯影像檔一樣簡單。「基因改造工程技術成本很高，但CRISPR基因編輯技術成本很低，低到你花一百五十九美金就能買一個CRISPR試劑組，回家自己進行細菌的基因編輯。根據生技產業預估，一種基改作物從研發到上市需要的成本是一億三千萬美金。」哈斯佩寫道。由於CRISPR基因編輯技術成本很低，因此無論學術研究或企業巨頭研發上都能利用。二〇一七年，科學家利用CRISPR基因編輯工具成功移除實驗動物體內的人類免疫缺陷病毒（HIV）[28]，還成功從幼小豬隻的細胞DNA除去了一種致命病毒的基因序列，藉此提高養殖豬隻以供人類器官移植的安全性[29]。這些醫學領域的成就贏得大眾推崇，但近年來將CRISPR基因編輯工具應用於農糧領域的進展，卻未獲同樣待遇。例如科學家研發出基因編輯菇類和馬鈴薯，傷口接觸氧氣後不會變褐色，因此不易導致浪費——這樣的作物卻引發大眾的疑慮。

而此類疑慮其來有自：基因工程在農業的大部分主流應用上都有重大缺失。波倫指出這類作物有助於「增加工業化農業的生產力，提升除草劑銷售量，鞏固只種單一作物的農法」，目的是讓企業受益而非嘉惠消費者。

孟山都的Roundup Ready種子（抗嘉磷塞轉基因種子）幾乎已成為基改作物的同義詞，這個品牌的種子帶有特殊的「耐嘉磷塞」轉殖基因，能夠耐受噴灑下去幾乎可將田地中所有植物趕盡殺絕的廣效型除草劑。現今在美國種植的玉米、棉花和大豆，高達九成皆是這種可耐受除草劑的作物。許多產品已經釀成惡果。使用Roundup Ready種子和其他耐除草劑種子的農民發現，農田裡出現什麼除草劑都不怕的「超級雜草」，只好噴灑更多、藥效更強的農藥。除此之外，世界衛生組織其中一個附屬研究機構近日公布，年年春的主要成分嘉磷塞（glyphosate，或譯「草甘膦」）可能對人體健康有害。上述種種讓社會大眾更是難以信任基改作物。

「重要的基改作物面臨失敗。」波倫告訴我。許多不是那麼重要的基改作物也未獲成功：例如一九九四年推出的基改作物「佳味」（FlavrSavr）番茄具有較慢熟軟、不易腐壞、風味鮮明大膽等特質，但在一九九七年停產，僅上市三年就因為生產成本高但需求低而遭淘汰。「黃金米」（Golden Rice）徹底失敗的過程更加苦痛，部分原因在於研發計畫起初前景大好。在許多面臨糧食不安全的國家，兒童由於嚴重缺乏維生素A而失明，遺傳學家認為研發出帶有高含量β-胡蘿蔔素的基改稻米有助於解決這樣的困境。經過十年研發，雖然稻米中的β-胡蘿蔔素已調整至足以緩解兒童失明問題那麼高的含量，但由於反基改作物團體的持續反對，仍然無法上市。近年獲大力推廣的熱門基改作物，是二〇一七年於美國超市上架的北極蘋果（Arctic apple）——同樣引發批評。遺傳學家藉由「關閉」金冠蘋果（Golden Delicious）其中一個基因序列，讓果肉在切開後暴露於氧氣中時不會褐化。發明者希望研發出抗褐化的蘋果，好讓孩童更願意吃便當盒裡切好的蘋果，減少食物浪費。但儘管在美國超市上架的基改作物品項持續增加，如台爾蒙公司（DelMonte）所研發具有粉紅果肉的「玫瑰鳳梨」（Rosé）就已取得美國食品藥物管理局核准可上市販售，但基改作物和食品到目前為止，仍未贏得廣大消費者的信任或青睞。

＊＊＊

目前市面上的基改產品或宣告失敗，或輕率欠妥，也難怪標註「非基因改造」的食品產值從二〇一五年的八十億美金，一舉上漲至二〇一八年的兩百六十億美金。美國智庫皮尤（Pew）研究中心的民調結果顯示，美國民眾無論黨派，有四成的人相信基改食品對健康的害處甚於非基改食品，即使沒有科學證據能夠佐證[30]。許多店家保證不使用或販售任何含基改成分的商品，其中包括喬氏連鎖有機超市（Trader Joe's）和奇波雷墨西哥燒烤，此外食品大廠達能（Dannon）和蘇打餅乾品牌Triscuit也加入此行列。「生產『非基因改造』品牌商品的公司因為違背理性而良心不安」，另一位《華盛頓郵報》專欄作家麥可．葛森（Michael Gerson）如此分析，他號召大眾「『反』反基改」——反過來抵制對於基改食品的聯合抵制[31]。標註「非基因改造」的風潮勢不可當，已經演變到連食鹽、蠟燭，甚至貓砂等材料成分裡根本沒有可進行改造之基因體的商品，也都要標上「非基改」的地步。

潘蜜拉・羅納德和其他多位學者咸認，大眾對於基改食品強烈反感，卻忽略了基改科技獲致的幾項重大成就。以植入蘇力菌基因的Bt棉花為例，全球每年因此得以節省數百萬磅重的農用殺蟲劑。世界各地的有機食物生產者也會使用噴劑形式的蘇力菌（DroughtTela產品裡也植入了蘇力菌的基因），其毒性對於人類和動物而言與食鹽相差無幾。美國農業部的報告指出，由於採用具有Bt性狀的基改作物，殺蟲劑用量減少至原本的十分之一[32]。

羅納德也舉出其他例子：抗輪點病毒的基改木瓜挽救了夏威夷的木瓜產業[33]，還有她和同事合作利用分子標誌輔助選種培育而成，即使田地遭洪水淹沒也能生長的耐洪澇稻米品系「潛稻」（scuba rice）[34]。二〇一七年在孟加拉和印度，有六百多萬名自給自足的農民在洪氾區種植這種稻米。「只因為抗嘉磷塞轉基因種子，就將此科技一概妖魔化，真的很令人遺憾。」

羅納德稱這種反應為「與基改食品有關的大眾妄想」，認為這種妄想呼應了十九世紀晚期大眾對於雜交育種技術發展的觀感。「很多德高望重的人士反對培育雜交種，理由是如此是對大自然法則的干擾和不敬。」英國分類暨植物學家麥威爾・馬斯特斯（Maxwell Masters）於一八九九年寫道。數十載光陰過去，大眾終於默許這樣的科技……而詹姆斯・華生（James Watson）、法蘭西斯・克里克（Francis Crick）和羅莎琳・富蘭克林（Rosalind Frankling）也剛好在一九五三年發現去氧核醣核酸（DNA）是構成所有生物的分子基礎，從此推開基因體科學的大門。「能夠將基因解碼並重新排序、能夠搬移不同生物的基因，是非常了不起的力量，」羅納德告訴我，「有一些層面是很可怕，當然了——但這也給了我們機會讓一切變得更好。」環保網站Grist.org專欄作家納薩尼爾・強森（Nathanael Johnson）曾花數個月研究基改作物，也傾向支持的立場：「嘗試新事物可能有風險。不嘗試新事物——只因循常軌——的風險卻更大。」

奈及利亞農業與鄉村發展部長哈山・亞達穆（Hassan Adamu）提出警告，認為對基改作物的恐懼可能導致氣候變遷影響下最為脆弱的非洲人民受害，得不償失。「歐美團體建議非洲人民對農業生技小心提防，出發點是良善的，做法卻錯得離譜，結果或許就是——好心可能害死人，這一點千真萬確，」他說，「要是我們將他們危言聳聽的警告全都銘記在心，那麼會有成百上千萬的非洲人受苦，甚至可能喪命。」一位辛巴威科學家投書《華爾街日報》，批評辛巴威政府在全國普遍遭逢饑荒之際，仍拒絕開放基改作物，這也呼應了亞達穆的想法：「我國政府寧可讓人民挨餓，也不肯讓他們吃基改食物。拒絕基改食物援助的做法違反人道精神，令人憤慨——無異於天災再加上人禍。」[35]

談到對孟山都和基改作物的看法，露絲・歐倪昂字字小心斟酌。「這不是良善或邪惡的問題，」她說，「我讀過的所有研究資料都顯示，基改作物帶來的益處遠遠超過風險，而風險是可以控管的。」她指出拒用孟山都產品的人是「購買食物時，有能力多出一點錢的人」，那些人同時也不去認清往昔的農耕方式已經無法負荷未來的環境和人口壓力，反而對舊日的農業懷抱浪漫想像。「我們在肯亞沒有這種餘裕。我們正在從乞食者轉換身分，成為出口糧食給別人的人。人如果連自己都養不活，何來進步可言？」

露絲支持紐曼夫婦的主張，贊成跳脫美國農業大企業和永續農業倡議人士二元對立的思維，而是要找出農業的第三條路。她心目中的非洲糧食生產願景，融合了過去和現在的方法策略。「討論美國的農業時，妳說得好像只有兩條路——不是舊世界的生態農業，就是高科技的農企業，」她解釋，「這兩種方式為什麼不能共存？它們必須共存。我們的人口在接下來三十年內預估將會翻倍，我們需要的農業是能夠對抗壓力的產業，而不是持續落後的產業。我們需要原生種蔬菜，也需要現代種子，需要多元化的營養來源，也需要高產量的穀物。」

＊＊＊

在納瓦霍羅北方的基塔列（Kitale），有一座類似小型大學校園的研究站。數座低矮的水泥建築物裡設有實驗室、辦公室和宿舍，四周零星分布的草地長滿多刺毛的黃草。研究站園區一隅有一塊大約半個足球場大的田地，周圍的鐵絲網柵欄頂端還設置了螺旋形的帶刺鐵絲網。在柵欄內側，數千株玉蜀黍巍然聳立，莖稈排成整齊的長方形網格，襯著周遭一片灰褐色，顯得特別鮮綠亮眼。其中約有半數是極具爭議的孟山都基改作物Bt玉米的變種。狄克生．里亞戈（Dickson Liyago）博士為非洲節水玉蜀黍計畫主持玉蜀黍的育種研發，他帶了研究團隊中的四名科學家一同前來為進行中的研究蒐集資料。Bt玉米原本是為了抗歐洲玉米螟（European stem borer）蟲害而研發的，而科學家目前則在測試它能否有效對抗歐洲玉米螟的邪惡親戚：

與里亞戈博士（中間）及其研究團隊於基改作物試驗田區合照

玉米秸稈螟（African stem borer，或譯「蛀褐夜蛾」），以及肆虐整個非洲大陸、摧毀無數玉蜀黍田的秋行軍蟲。他們將Bt玉米種子與市面上具備最佳抗蟲特性的傳統玉米種子互相比較，測試Bt玉米種子的抗蟲效果優劣。在測試完Bt玉米種子之後，里亞戈會進入研究的第二階段：將試驗田裡原本的玉米植株移走，改種具抗蟲和耐旱「多重性狀」（stacked traits）的DroughtTela玉米。

里亞戈將鎖住鐵絲網柵欄前門的鎖鏈上兩個掛鎖打開，再將柵門推開。我們進入試驗田區，走過標示著「生物危害」（BIOHAZARD）和「未經許可禁止進入」的牌示，步入一間小棚舍，所有人都穿上深濃黃綠色的實驗衣（實驗衣上若沾到試驗作物的花粉，花粉在黃綠底色上就會很顯眼，更方便清除）。我們輪流踩進一個盛了殺菌液的淺盤消毒鞋底，確保不會把鞋子在外頭沾上的花粉帶進研究區。

里亞戈領著我們走進如迷宮般的玉蜀黍田。成排的玉蜀黍彷彿構成了沉靜無聲的隧道，翠綠而健康的細瘦莖稈看來幾乎可說閃閃發光。挺拔高聳的玉米也幾近將我們頭頂的天空完全遮蔽。我一下子覺得像是在叢林裡披荊斬棘開路前行，一下子又覺得像是穿行於圖書館的書架之間。每一塊田區、每一排的玉米植株都排列得井然有序，間隔分毫不差，每一株都有編號，上面掛著標示基因譜系的牌子。在試驗區域最外圍有五排玉蜀黍植株是所謂「邊界作物」，功用是攔阻隨風向外或向內傳播的花粉。試驗區域內有六塊相連的長方形田區，每一區都種著不同品種、帶Bt性狀的基改玉蜀黍種子。在一排排的基改玉米之間，還穿插種植了幾排品種相同但不帶Bt性狀的玉米，以及目前市面上首屈一指的玉蜀黍品種。研究人員稱這些植株為「商業對照組」（commercial checks）。

「亞曼達，我要出題考考妳！」里亞戈博士大聲說。七十多歲的他矮而瘦，戴著金邊眼鏡，大笑時會露出連最後排臼齒都齊整有序的一嘴牙。「請妳告訴我們，裡頭哪些是基改玉米？」他問。我遲疑了，還沒從叢林和書架裡回過神來。「沿這排走過去，仔細觀察。」里亞戈出聲敦促。我發現每隔三排就出現布滿錯綜的細小鋸齒狀孔洞的玉米葉，像是被榴霰彈炸過的布料一樣。而隔壁三排玉米的葉片上卻找不到一點孔洞。「是這些嗎？」我鼓起勇氣，指著葉片完好無孔的植株。「Nzuri!」*里亞戈說，「妳說對了。看看它們長得多健壯——生長特性優良，而且很有活力。但是隔壁鄰居卻受蟲害所苦。葉片被啃得坑坑巴巴像瑞士乳酪，很明顯是遭到害蟲侵襲！」

里亞戈的同事歐瑪．歐東戈（Omar Odongo）博士將一株Bt玉米上的果穗苞葉撕開，撥開穗絲露出一排排完美如珍珠的玉米粒。接著他剝開另一株非Bt玉米的果穗苞葉，可以看到裡頭的玉米粒缺損或變形；在一小塊黏糊的褐斑上停著一隻灰色的肥毛蟲，再過幾天牠就會長大成蛾。「植物帶有的Bt基因對於害蟲來說就像一個開關，」歐東戈說，「幼蟲咬幾口葉片就會死去。」秋行軍蟲原生於美洲，於二〇一六年進入肯亞，現今已在超過三十個非洲國家肆虐，而且散播得極快。自二〇一七年年初開始，秋行軍蟲幼蟲在非洲大陸造成的玉蜀黍、高粱和其他主食作物損失累計達數十億美金——對於已經在掙扎求生的農民來說不啻為一記重擊。

傳統的除蟲方法大多不再管用。買得起芬殺松（fenthion）等殺蟲劑的農民就噴藥，但使用這種有機磷農藥若意外中毒，神經系統會受到損害。噴灑以蘇力菌為主要成分的農藥會比較理想，但這種農藥對小農來說又太過昂貴。如果使用比較便宜的農藥如芬殺松，就必須使用很高的劑量，才能噴灑到葉片和莖稈的最內層凹處。就玉米螟的情況而言，雌蛾每次產下約兩百顆卵，會將卵塊產在玉米葉片基部深處，也就是玉蜀黍果穗長成之處。幼蟲在數天內就會孵化，開始啃食葉片，接著鑽進莖稈和果穗裡長大化蛹。買不起農藥的農民往往會以人工方式，徒手撥開每株年輕玉米呈螺旋狀的葉片基部——一英畝田地就有數萬片的葉片要撥——朝裡頭灑上一撮灰燼或沙子，希望如此可以製造出障壁殺死幼蟲，不讓牠們鑽進莖稈。過程辛勞費力，但罕有成效。

「試驗結果目前看來很不錯，」里亞戈告訴我，「Bt玉米的產量比非Bt玉米多出約百分之四十。」[36]他補充說這個例子顯示利用基改作物能夠獲致傳統作物無法達到的效果。里亞戈說小農有了基因轉殖種子，就能省下金錢和時間、節省農藥用量，增加作物產量和農家收入，也能提升糧食安全保障。我向他請教Bt玉米花粉對於蝴蝶等益蟲可能的負面影響，以及遺傳漂變可能造成的威脅，他擺了擺手說十五年的實驗結果顯示，基改玉米中並不含有足以傷害益蟲的毒素。《自然》期刊上的報導進一步證實了里亞戈的說法。憂思科學家聯盟（Union of Concerned Scientists）的科學家珍．瑞瑟勒（Jane Rissler）告訴《自然》期刊：「我們很慶幸，看來基因轉殖的玉米花粉不會造成傷害。」[37]

儘管里亞戈認為Bt玉米會為肯亞帶來「經濟和環境上的雙贏」，但他對孟山都種子耐旱性狀可能的效益則抱持比較戒慎的態度。如果在家照顧過花花草草，可能會注意到，有些植物比較能夠忍耐你忘記澆水——例如蕨類、常春藤和多肉植物，只要補澆點水就能重新振作——但有些植物就沒辦法。植物面臨缺水困境時韌性是強或弱，其成因難以確知。企業和研究機構從一九七〇年代開始投入數十億美金的經費，探究植物的水分利用效率和耐旱性，歷經數十年研究後唯一能達到的確切共識只有一點：「真的非常複雜。」拜耳的馬克．艾吉如此告訴我。

非政府組織農藥行動網（Pesticide Action Network）資深科學家瑪希亞．石井—艾特曼（Marcia Ishii-Eiteman）大力批判基改作物，她認為目前幾乎沒有證據可證明利用基改技術能改良植物耐旱性，但一些人卻仍推動用基改作物當作乾旱解方，相當令人髮指：「根本毫無誠信。」她引用普渡大學分子遺傳學家朱健康的看法：「植物生物學中乾旱逆境研究的複雜和困難程度，就如同哺乳動物生物學中的癌症研究。」

植物應對乾旱逆境的方法並非由單一基由調控，而是「有整套複雜的調控機制，而且每種植物都不一樣」，艾吉如此解說。他坦承孟山都的DroughtGard種子（美國版的DroughtTela）田間試驗結果好壞參半。在美國西北部的幾次乾旱期間，作物的表現優良，但在同樣幾度面臨缺水的中西部農場，結果卻不盡理想。他不確定原因究竟為何。

為了解開植物耐旱性的奧祕，科學家必須研究植物需要最多水分的幾個生長階段。「我們知道如果玉蜀黍植株在進入開花期的兩週內碰到乾旱缺水，可能會造成花粉暫停發育，」里亞戈說，「如果是在進入開花期後的兩週內發生乾旱，可能造成玉米籽粒發育遲緩。過了這些關鍵時期，就算補充水分，大多數植株也無法復原。」科學家也探究了植物從土壤向上吸收水分的機制。根部較長，就能吸取蓄積在更深處的水分；運輸水分的管道如果比較寬，數量也較多，根部到葉片的水分運輸就會更有效率。光合作用也是關鍵因素：植物葉片打開氣孔吸入二氧化碳的同時也會釋出水氣，這是植物本身降溫過程的一部分。潘蜜拉・羅納德認為，了解植物是用什麼方法應對環境壓力維持生存，是植物學家「下一個要開闢的廣闊疆域」。她帶領的研究團隊已經花費五年試圖培育出耐旱作物。這項挑戰十分複雜，而且所費不貲，如果缺乏像拜耳或先正達等大集團的高額研發經費支持，根本難以進行。然而有愈來愈多隸屬大學和政府機關的科學家投入相關研究，成為開路先鋒並互別苗頭。南非開普敦大學（University of Cape Town）的科學家在研究一種學名為*Myrothamnus flabellifolius*的折扇葉屬植物，這種植物是所謂的「復活植物」（resurrection plant），能夠從近乎完全脫水的狀態復甦。這種植物喪失百分之九十五的水分時——所剩水分比一顆種子的水分含量還少——就會進入休眠或冬眠的狀態長達數個月甚至數年之久，等到再度獲得雨水滋潤時又恢復生機[38]。研究團隊希望利用基因改造技術，為非洲一種富含蛋白質的原生穀物畫眉草（teff，也譯為「苔麩」）賦予這種神奇能力。另一方面，以色列理工學院（Technion University）的科學家則已成功培育出具有類似的「復活」基因的煙草[39]。

在地球上的其他地方，阿根廷科學家培育出一種帶有向日葵耐旱基因的大豆，並在最近獲得阿根廷政府核准進行商業化種植[40]。另外在田納西州，橡樹嶺國家實驗室（Oak Ridge National Laboratory）的科學家楊孝漢研究了像龍舌蘭這類植物如何儲存和調控水分，希望能研發出具有這種能力的作物。如果他成功了，就可能讓大片沙漠變成豐饒的農地。

＊＊＊

如同露絲．歐倪昂的看法，新興的這一波研究講述的故事充滿希望，呈現出氣候變遷的環境壓力如何推動初衷良善的科技革新。「世界不會停滯不前，」她告訴我，「我們就是不能故步自封。人類的心智必須持續發展，在醫學、通訊、工程和交通等各個領域都創造了更多可能性——農業領域也一樣。」

瑪麗．馬泰特

在離開奈洛比啟程回家之前，我前去拜訪瑪麗．馬泰特（Mary Matet），她的農場距離露絲家在艾姆雷切的農場約十五英里。四十一歲的瑪麗近年創立了新科技農友團（New Technology Group），和鄰近的婦女定期聚會討論現代農法。瑪麗和六十四歲的丈夫羅伯特膝下共有九名子女，最大的孩子二十二歲，最小的五歲。瑪麗家的農場面積一．五英畝，幾乎所有農事都由瑪麗負責，她現在輪流種「擋格乾旱」玉米和大豆以維持地力。農場上有四分之一英畝的田地則保留，另外種植花生、包心菜、洋蔥、薯蕷和茄屬植物。

瑪麗在連兩季種植甘蔗失敗之後，於二〇一二年加入非洲鄉村拓展協會。協會教她先施肥恢復地力，接著改種Tego玉米。在加入非洲鄉村拓展協會後四年，瑪麗家農場的玉米產量增加至四倍之多，從每年十八蒲式耳增加至七十四蒲式耳。成功的經驗帶來了動力，於是她創立新科技農友團與鄰居合作，和十六位鄰居農友結盟，說服當地供應商提供信用貸款，統一貯存各家餘糧，並結合眾人的購買力，向種子行和其他農業資材供應商洽談團購價。

已有進步——但還不足。瑪麗和羅伯特的農場即使達到年產量七十四蒲式耳，仍只是每年平均收成兩百蒲式耳的愛荷華農場的三分之一。瑪麗二〇一六年的總收入換算下來約為九百九十美金，但她將超過四分之三的收入投入購買下一季要用的種子、肥料和糧食貯存袋。她估算農場整年度淨收入約相當於一百八十美金，而這要用來養活全家十一口。

我抵達馬泰特家農場的數小時後，瑪麗家其中兩個孩子在大約將近正午時回到家，是十三歲的珍．貝絲．艾斯瓦尼（Jane Beth Aswani）和九歲的約拿斯．艾克威諾（Jonas Akweneno），校方因為遲遲未收到學費而拒絕讓他們上學。瑪麗很難過。我問她對於孩子有沒有什麼期望——希望他們回家務農嗎？瑪麗聳了聳肩。未來屬於大規模農場和現代化農業，她告訴我。如此一來小農會獲得解放，可以投入其他新產業。她注意到肯亞和其他許許多多非洲國家一樣，都邁向由科技帶動的經濟發展方向。她還聽說谷歌和微軟公司最近都在奈洛比設立辦公室，奈洛比更自比為「草原矽谷」（Silicon Savannah）。但農業生產仍占肯亞國內生產毛額的三分之一，全國有三千萬人務農。無論孩子日後朝什麼方向發展，繼續務農或不再從農，瑪麗說，教育和對於科技一定程度的了解都是成功不可或缺的要素。

在我們談話的空檔，羅伯特握住我的手說：「求全能的天主透過妳大發慈悲，別的都不用，帶一個就好。」

「帶一個？」

「一個孩子。」他說。

良久，我終於明白過來，羅伯特是在請求我將他們的其中一個孩子帶去美國撫養。我喃喃擠出一句回覆，說我深感榮幸但是「恐怕很難安排」。接著我在背包裡胡亂摸索著想拿錢包。我問他們一學期要交多少錢。我掏出兩千肯亞先令（折合美金約二十元）遞給瑪麗，作為珍和約拿斯一年的學費。瑪麗滿臉困窘，不發一語。羅伯特跪在地上，喃喃向神禱告。

直到稍後去機場途中，我才省悟自己不僅小看了遇到的這些農民，也嚴重低估了他們眼前的危機。我十分內疚——我拿錢給馬泰特家，但其實於事無補。同樣令我慚愧的是，我竟然過了那麼久，才明白我進行採訪報導所根據的前提是如此不妥——首先，我竟然預設美國人應該關心非洲農場採用什麼樣的現代農法。我遇到的農民能夠慎思明辨選擇施行新農業科技，也不是什麼新農業科學的受害者，他們判斷成本和利益的能力比起任何人都毫不遜色。他們之中有比我們更多人的生活與土地更親近，表示他們與生俱來就對環境永續懷有更深的使命感。他們能從科技獲得的益處也比我們更多：面對氣候變遷，他們也許是地球上脆弱而無力抵抗的一群人，但科技能夠賦予他們對抗氣候變遷所致環境壓力的韌性，也讓他們得以擺脫美國農民早在一百多年前，就已擺脫的低產量農法和田間苦勞。「歐美國家的人提出要讓我們回到從前農業時代的做法，說得倒輕鬆，」露絲跟我說，「但是非洲正在努力揚棄從前的做法。要做到這一點，我們需要考慮動用所有可用的工具。」

譯註：

* 譯註：亞爾佛德・羅素・華萊士為十九世紀英國博物學家、地理學家暨社會評論家，與達爾文共同提出「天擇理論」，著有《馬來群島自然考察記》等書。

* 譯註：作者在書中略加區分maize和corn兩種用法，前者偏向指稱主要供直接食用的玉米，後者偏向指稱主要供加工或當成飼料的玉米（但有時並不嚴格區分，可能穿插混用），在本書中分別譯為「玉蜀黍」和「玉米」。

1. Haradhan Kumar Mohajan, "Food and Nutrition Scenario of Kenya," *American Journal of Food and Nutrition* 2 (2014): 28–38.
2. "Ethiopia Crisis," U.S. Agency for International Development, 2017, https://tinyurl.com/yavkfo7w.
3. "U.N. Calls for More Funds to Save Lives Across Horn of Africa," UN News, July 29, 2011.
4. Michael Klaus, "UNICEF Responds to Horn of Africa Food Crisis That Has Left 2 Million Children Malnourished," UNICEF, July 11, 2011.
5. "Country Brief: Kenya," FAO, May 8, 2018, https:// tinyurl.com/y7qq72j8.
6. "Kenya: Atlas of Our Changing Environment," United Nations Environment Programme, 2009. 另見Rupi Managat, "The Vanishing Glaciers of Mt. Kenya," *The East African*, Jan. 14, 2017.
7. Andrea Dijkstra, "Kenyans Turn to Camels to Cope with Climate Change," Deutsche Welle, Apr. 24, 2017.

8. 引自二〇一六年一月與羅伯・弗瑞利的私人通訊。
9. 感謝加州大學戴維斯分校植物科學教授潘蜜拉・羅納德為我詳細說明「基因工程作物」（genetically engineered）與「基因改造作物」（genetically modified）的差異。「擋格」種子是利用基因體分析與分子標誌輔助選種技術研發而成，並非轉殖不同植物或某種動物的基因而得。羅納德在與身為有機農民的丈夫拉烏爾・亞當查克（Raoul Adamchak）合著的《明日餐桌：有機農業、遺傳學與食物未來》（*Tomorrow's Table: Organic Farming, Genetics, and the Future of*

Food）一書中討論了基因工程與基因改造兩種技術的優點。

10. K. Snipes and C. Kamau, "Kenya Bans Genetically Modified Food Imports," USDA Foreign Agricultural Service, Nov. 2012.
11. Steven Cerier, "Led by Nigeria, Africa Opening Door to Genetically Modified Crop Cultivation," Genetic Literacy Project, Mar. 6, 2017, https://tinyurl.com/ycl5cx63.
12. Tamar Haspel, "The Last Thing Africa Needs to Be Debating Is GMOs," *Washington Post,* May 22, 2015, https:// tinyurl.com/yaw9sxo4. 另見MacDonald Dzirutwe, "Africa Takes Fresh Look at GMO Crops as Drought Blights Continent," Reuters, Jan. 7, 2016, https://tinyurl.com/y7sqsswm.
13. Jared Diamond, "Evolution, Consequences and Future of Plant and Animal Domestication," *Nature* 418 (2002): 700–707.
14. Sean B. Carroll, "Tracking the Ancestry of Corn Back 9,000 Years," *New York Times,* May 24, 2010.
15. Tamar Haspel, "In Defense of Corn, the World's Most Important Food Crop," *Washington Post,* July 12, 2015
16. E. E. Borejsza-Wysocka, M. Malnoy, H. S. Aldwinckle, S. V. Beer, J. L. Norelli, and S. H. He, "Strategies for Obtaining Fire Blight Resistance in Apple by rDNA Technology," *Acta horticulturae* 738 (2007): 283–285.
17. 引自與弗瑞利的私人通訊。
18. "Recent Trends in GE Adoption," U.S. Department of Agriculture, 2018.
19. 引自與歐伊克的私人通訊。

* 譯註：非洲常見的主食，是玉米粉加水煮熟而成的糕狀物。

20. Alison Moodie, "GMO Food Labels Are Coming to More US Grocery Shelves—Are Consumers Ready?" *Guardian*, Mar. 24, 2016.
21. "Global Status of Commercialized Biotech/GM Crops: 2017," International Service for the Acquisition of Agribiotech Applications (ISAAA), 2018.

22. 同前註，6.

23. Martha R. Herbert, "Feasting on the Unknown," *Chicago Tribune,* Sept. 3, 2000.

24. Gilles-Eric Séralini, Emilie Clair, Robin Mesnage, Steeve Gress, Nicolas Defarge, Manuela Malatesta, Didier Hennequin, and Joël Spirouxde Vendômois, "Long Term Toxicity of a Roundup Herbicide and a Roundup-Tolerant Genetically Modified Maize," *Food and Chemical Toxicology* 50 (2012): 4221–4231.

25. Mark Lynas, *Seeds of Science: Why We Got It So Wrong on GMOs* (New York: Bloomsbury Sigma, 2018).

26. Tamar Haspel, "The Public Doesn't Trust GMOs: Will It Trust CRISPR?" *Vox,* July 26, 2018.

27. 辛達塔・穆克吉（Siddhartha Mukherjee）所著《基因：人類最親密的歷史》（*The Gene: An Intimate History*，時報出版）講述基因編輯的歷史深入淺出，趣味十足。若想更深入了解相關科學知識，參見Susan Aldridge, *The Thread of Life: The Story of Genes and Genetic Engineering* (Cambridge: Cambridge University Press, 1996).

28. Alice Park, "HIV Genes Have Been Cut Out of Live Animals Using CRISPR," *Time,* May 19, 2016.

29. Kelly Servick, "Gene-Editing Method Revives Hopes for Transplanting Pig Organs into People," *Science,* Oct. 11, 2015

30. Carrie Funk and Brian Kennedy, "The New Food Fights: U.S. Public Divides over Food Science," Pew Research Center, Dec. 1. 2016.

31. Michael Gerson, "Are You Anti-GMO? Then You're Anti-science, Too," *Washington Post,* May 3, 2018.

32. Jorge Fernandez-Cornejo, Seth Wechsler, Mike Livingston, and Lorraine Mitchell, "Genetically Engineered Crops in the United States," U.S. Department of Agriculture, Feb. 2014.

33. Carol Kaesuk Yoon, "Stalked by Deadly Virus, Papaya Lives to Breed Again," *New York Times,* July 20, 1999.

34. Drake Baer, "Bill Gates Is Betting on a Strain of Rice That Can Survive Floods," *Business Insider,* Sept. 2, 2015.

35. Nyasha Mudukuti, "We May Starve, but at Least We'll Be GMO-Free," *Wall Street Journal,* Mar. 10, 2016.

* 譯註：斯瓦希里語，意為「很好」、「很棒」。

36. 引自二〇一六年七月與狄克生・里亞戈的私人通訊。

37. Tom Clarke, "Monarchs Safe from Bt," *Nature,* Sept. 12, 2001.

38. J. M. Farrant, K. Cooper, A. Hilgart, K .O. Abdalla, J. Bentley, J. A. Thomson, H .J. Dace, N. Peton, S. G. Mundree, and M. S. Rafudeen, "A Molecular Physiological Review of Vegetative Desiccation Tolerance in the Resurrection Plant *Xerophyta viscosa,*" *Planta* 242 (2015): 407–426.

39. David Shamah, "'Hibernating' Crops May Be Science's Cure for Drought," *Times of Israel,* Aug. 29, 2013.

40. Liliana Samuel, "Drought-Resistant Argentine Soy Raises Hopes, Concerns," Phys.org, Apr. 27, 2012. 另見 Lizzie Wade, "Argentina May Have Figured Out How to Get GMOs Right," *Wired,* Oct. 28, 2015.

第四章　機器農夫

他犯了錯。現在該來排除錯誤。

——狄克．瓊斯（Dick Jones）（電影《機器戰警》〔*RoboCop*〕角色）

肯亞之行帶給我最重要的教訓，是思慮應更加審慎周詳才對。我開始明白自己對於現代糧食生產所懷抱的恐懼，其中至少有一些雖不至於不理性，但卻有失偏頗，而且並無可靠的科學證據支持。也許我們之中很多人都處於同樣的情況。我們害怕基改作物對人體健康造成負面影響，即使所有重要科學研究機構都下了結論，指出基改工程技術本身隱藏的危險性，並不比其他作物育種方法更高。舉凡過度仰賴單一作物；肥胖症愈漸普遍；藻華現象影響生態；可耕地逐漸減少——由大公司主宰的工業化農企業釀下無數禍害，而我們假設基改作物與上述種種有著密不可分的關係。但是老實說，我們之中大多數人並不知道該從哪裡開始釐清問題背後牽涉的科學知識，或是如何權衡事情的輕重緩急。

露絲．歐倪昂告訴我，雖然她認為基改作物和先進育種技術帶來了希望，但對於肯亞糧食體系中開始用到愈來愈大量的工業製造肥料和殺蟲劑，她也憂心忡忡。肯亞農民最近開始利用西斯納（Cessna）小型飛機，在廣闊的工業化農地或國有田地上方噴灑呈霧狀的農藥。肯亞湖泊和沿海的藻華現象頻傳。露絲害怕這些農藥將會對土壤品質、純淨水源和人體健康造成危害。聽了她的憂慮，我也心有戚戚，因為我也同樣擔心農藥的使用——坦白說這一點也最令我擔心（可能僅次於我對咖啡供應恐難維繫的擔憂）。

最初會意識到殺蟲劑帶來的風險，一定是因為我讀了瑞秋・卡森（Rachel Carson）的《寂靜的春天》（*Silent Spring*）的關係。這部作品自一九六二年出版後，銷量高達數百萬，書中以犀利筆法和精確詳細的科學資料，揭露美國農民在二十世紀廣為使用的滴滴涕殺蟲劑對環境殺傷力之大。現代環保運動在該書的推波助瀾之下萌芽茁壯，美國政府也於一九七〇年設置了環保署，並於一九七二年宣布禁用滴滴涕。儘管《寂靜的春天》極具影響力，帶動之後數十年的環保運動，但此後人類仍陸續研發和使用多種強效農藥——其中一些更帶來可怕後果。

在卡森的著作出版數年後，美國於一九六七年在越南的叢林灑下五百萬加侖橙劑（Agent Orange），這種含有劇毒戴奧辛的除草劑會讓樹葉落光，敵軍也就無處躲藏。在戰事中使用化學武器對於生態和人體的危害極其嚴重，更帶來無窮後患。一九八四年，美國聯合碳化物公司（Union Carbide）設在印度博帕爾（Bhopal）的工廠發生毒氣事故，工廠裡用於製造殺蟲劑的有毒成分異氰酸甲酯（methyl isocyanate）外洩，中毒者不計其數，約有一萬五千人因此喪命[1]。還有一種除草劑「草脫淨」（atrazine）也引起極大爭議，在農民使用數十年後，才於二〇一〇年遭發現會造成雄蛙雌性化並開始產卵[2]。

大規模農業的農藥使用出了種種差錯，有些問題所幸還能懸崖勒馬、緩解危機，但整體情況依舊令人憂心。墨西哥灣（Gulf of Mexico）內因為逕流挾帶化學肥料流入而形成「生物死區」（dead zone），其面積已經擴增至超過八千平方英里[3]。化學肥料也可能蒸發散逸至空氣中形成一氧化二氮，這種溫室氣體的暖化效應是二氧化碳的三百倍[4]。在愛荷華州，「藍嬰症」問題甚至比農業逕流造成的汙染更為嚴重，這種症狀肇因於土壤受到過量肥料汙染，導致自來水的硝酸鹽殘餘量過高，而硝酸鹽進入嬰兒體內會降低血液輸送氧氣的能力，嬰兒就會因缺氧而皮膚呈現藍紫色[5]。類尼古丁類農藥（neonicotinoid，也譯新菸鹼類農藥）則與蜜蜂大量死亡的蜂群衰竭失調症（colony collapse disorder）有關，這種常見的殺蟲劑成分是以類似尼古丁的化學物質製成，會損害蜜蜂的繁殖能力。最近也有一些針對農業園藝常用之有機磷殺蟲劑的研究，有人發現懷孕期間接觸到高劑量的有機磷農藥，可能造成胎兒發育異常[6]。

在此必須釐清一點，農民暴露於農藥下所承受的風險高於一般消費者。根據現有大多數的毒理學研究結果，我們吃進肚裡的食物（包括一般蔬果農產）的農藥殘留量非常低[7]。就連長年監督殺蟲劑使用的美國環境工作組織（Environmental Working Group）也曾表示，食用非有機蔬果對於身體健康的益處遠大於吃進殘留農業的害處。但是想到特定農藥對於生態系統和公共衛生**日積月累**造成的影響，尤其是考慮到糧食需求增加，蟲害日趨嚴重，再加上可耕地的質和量逐漸衰退——是的，還是令人頗為憂心。

因此我出發尋訪，希望能夠找到人來幫忙回答以下問題：在接下來的數十年，我們要如何用相當少量的農藥，生產出足以養活數十億人口、價格又不至於高不可攀的糧食？最後，我找到一位在秘魯出生的矽谷工程師，他打造的機器人部隊正是為這個目的而設計出來的。

＊＊＊

霍爾赫．艾勞德站在加州的一處萵苣田裡，他快被逼瘋了。二〇一四年四月的這一天和暖無雲，他彷彿置身祕密山谷沙拉醬（Hidden Valley Ranch）的電視廣告中，眼前只見一望無際的薩利納斯谷（Salinas Valley），谷地上有一排又一排翠綠的萵苣菜葉自黑色土壤竄冒出頭。艾勞德前來測試「洋芋」機器人，它在農業領域的地位類似一九七七年前後推出的Apple-1原型機。如果研發成功，這個機器人將決定未來萵苣生產，甚至整個農業生產的樣貌，再無疑義。就如同露絲．歐倪昂期望達到新舊農業模式一加一大於二的協同效應，艾勞德同樣具備類似的「走出第三條路」思維，而「洋芋」機器人就是佐證。他相信智慧型機器裝置與永續糧食生產之間並無矛盾，前者反而是達成後者的手段。

艾勞德在旁看著「洋芋」試圖進行一項看似簡單的任務：為幼小的萵苣疏苗，讓比較健壯的苗株有更多成長空間。或許你跟我之前一樣，在腦中會想像一個類似《星際大戰》裡C-3PO的機器人移動雙腳走進田間，伸出夾鉗般的雙手摘除苗株的場景，不過「洋芋」不是人形機器

霍爾赫・艾勞德

人。它看起來像是橫躺於架設在曳引機背側支架上，一台巨大的金屬製貝思（Pez）長條狀給糖盒。機器人透過裝設在支架上的攝影鏡頭，可以「看見」萵苣苗株。它會在數毫秒之內辨認出最強壯的苗株，再從細小噴管和噴嘴噴射出濃縮肥料，殺死瘦弱苗株。

理論上要這樣才對，但是艾勞德的原型機無法正常運作。機器人喜歡一切受到管控的環境，而受到戶外的熱氣和塵土或曳引機振動的影響，「洋芋」的精密設備有點反應不良。電子組件發生短路，噴嘴失效，降溫風扇卡滿塵土，電腦不夠穩定。一整天下來，「洋芋」的螢幕大約每半小時就會出現一次藍色當機畫面。

隨著當機次數增加，艾勞德也益發苦惱。他的團隊數個月以來測試了許多台「洋芋」的Beta版，每一台都依據某種生菜沙拉名稱取了暱稱：「凱撒」、「科布」（Cobb）、「雞肉」、「楔塊」（Wedge）、「果凍」（Jell-O）。它們全都是正式名稱為「萵苣機器人」（LettuceBot）的商品的早期版本，雖然技術尚未成熟，但艾勞德已經開始將機器人租借給農民使用。兩天後，艾勞德必須在董事會上面對所有金主。他們在他的新創事業投資了一千三百萬美金，想要聽到一切進展順利的好消息。

四十五歲的艾勞德習慣將壓力內化。他最近皮膚開始長痱子，此外還嚴重失眠，而且受俗稱「火燒心」的胃灼熱所苦。萵苣機器人甚至和他最初給他們的提案差了十萬八千里。他原本的想法是要設計一台能夠完成更複雜任務的除草機器人，大大減低全世界的農藥用量。這種機器裝置一旦上市，首先會擾亂由先正達、拜耳、陶氏杜邦（DowDuPont）和孟山都主宰的除草劑產業。使用除草機器人有助於保留肥沃的表土，為符合氣候智慧的農法如不整地栽培（no-till farming，或稱「免耕栽培」）提供輔助，避免傷害無數水生和兩棲物種，減少由於食物中有農藥殘留導致的公共衛生危害，也降低全世界的河川汙染。艾勞德懷著遠大抱負，將新公司命名為藍河科技（Blue River Technology）。

艾勞德向董事會坦承他的田間試驗失敗時，董事們並未如他所憂懼的投票開除他，而是要求他愈挫愈勇、扭轉乾坤。接下來數個月裡，他和二十名工程師組成的團隊不眠不休進行故障排除，他們稱這番拚搏為「最後衝刺」。團隊成員輪流睡在矽谷辦公室儲藏間裡的摺疊床，他們各自叫來丈夫或妻子幫忙擰轉扳手和擰緊夾管。他們重新設計風扇、裝設托架、更換材料、調整化學藥劑配方。艾勞德吃中和胃酸用的坦適錠（Tums）時，是一次抓整把放嘴裡的。二〇一五年下半年，他們打造出不受天候影響的零故障萵苣機器人。他們與薩利納斯和亞利桑納州尤馬（Yuma）的農民展延合約，生產了更多台機器人。及至二〇一七年初，全美有五分之一的萵苣都是由萵苣機器人疏苗。[8]

這次成功讓艾勞德和投資人士氣大振，但還有其他令他們振奮的好消息。晶片大廠輝達（Nvidia）開發了一種為自動駕駛汽車導航設計、具備超強運算處理能力的平台，而這種平台或許也適用於艾勞德一直以來理想中的農業用機器人，相較於目前的萵苣疏苗機器人，能夠處理更大量攜帶式攝影機捕捉的影像數據資料。這表示艾勞德的團隊終於能夠打造出他心目中的除草機器人。然而在團隊勉力開始打造第一台夢幻機器人時，艾勞德作夢也想不到的是，強鹿公司會在二〇一七年九月以三億零五百萬美金併購藍河科技。強鹿這家老字號農機公司於一八三七年創立，主力商品為綠色車身黃色輪圈的曳引機，如今該公司也準備參與實現艾勞德的願景——不僅是要讓全世界的農藥用量大幅減少，也要讓糧食生產從此大為不同。

＊＊＊

藍河科技的總部位在加州陽光谷（Sunnyvale），所在的建築物外觀低調，僅有一層樓，同一條街上還有雅虎公司（Yahoo!）、瞻博網路公司（Juniper Networks）和洛克希德馬汀太空系統公司（Lockheed Martin Space Systems）。「歡迎來到農業二・〇。」艾勞德故作嚴肅，抬手朝向他鋪了灰色方塊地毯、制式辦公室隔屏林立的工作空間比畫示意。七十二名員工中，只有艾勞德、共同創辦人李・雷登（Lee Redden）和少數幾人有真正下田務農的經驗，其他人全都是自哈佛、史丹福、牛津或加州理工學院畢業的軟體工程師和機械工程師。只有極少的線索透露出這是一家農機公司，其中之一是艾勞德的IBM ThinkPad筆記型電腦上的「我♥泥土」（I ♥ SOIL）貼紙，另一個線索是一張裱框掛起來的噴農藥用黃色西斯納小型飛機照片，就像是露絲・歐倪昂曾見過在肯亞的工業化農場上空盤旋的那些小飛機。照片裡的小飛機正在廣闊的愛荷華州玉米田上空噴灑嘉磷塞（即「年年春」）。艾勞德有一雙深邃的藍綠色眼瞳，一派沉著淡然，他告訴我之所以把照片掛在那裡，是要「提醒大家我們想要擺脫的是什麼。」

艾勞德在秘魯的利馬（Lima）長大，父親是電機工程師，母親是小學老師，他是家中獨子。他很喜歡數學，五歲時就會在閒暇時把電話簿裡一欄欄號碼的六位數字相加。雙親幫他在一間由英國教師授課的國際學校註冊。他會在週末和平日下午跟著父親，一起去父親任職的Digita工廠自動化設備公司。暑假則是到祖父母位在利馬北部的農場度過，他們家種了兩百英畝的番茄和稻米。

艾勞德喜歡農場生活有趣的部分——駕駛曳引機或貨卡車、突襲果園採摘甜甜的芒果、到雞籠撿雞蛋，還有品嘗祖母烤的蛋糕和派。但是辛勞的農事在他眼中顯得愚蠢無謂。在農場他得早上五點半起床，六點鐘就和堂表兄弟姊妹一起下田拔雜草。「我很早就明白，農場不管再怎麼小，基本上就是一座大型戶外工廠。我們總共幾十個小孩子下到田裡，彎腰拔草，再彎腰拔草。我應該是在七歲時第一次想通，這種不斷重複的工作應該讓機器來做才對。」

艾勞德在校成績優異，十四歲時就協助父親設計軟體。他進入為南美洲培育許多數學家的秘魯羅馬天主教大學（Universidad Catolica of Peru）後半工半讀，負責主持一項雞飼料工廠自動化專案，建立分類、秤重、混合和包裝原料的製程。很快史丹福大學就提供獎學金，將他招攬至電機工程碩士班就讀。艾勞德一畢業，旋即獲得最早開始研發全球衛星定位系統（GPS）相關技術的天寶導航公司（Trimble）聘任。他也領先谷歌X實驗室（Google-X）和特斯拉（Tesla），在九〇年代中葉就帶領團隊設計出第一台自動轉向曳引機。「新發明在科技展首次亮相時，想試試看的人排隊排了一英里長——我那時才恍然領悟，我們根本是開闢了一條康莊大道。」艾勞德說，現今全世界的糧食有超過一半在生產過程中利用了自動轉向曳引機，而他們的發明也為自動駕駛汽車的問世預先鋪路。

艾勞德接下天寶導航的併購總監一職，收購製造精密播種機、土壤溼度數位感測器等設備的公司，但後來他發現自己其實想自立門戶。他離開天寶導航，回到史丹佛取得高階經營管理碩士學位，在大學校園內部網路發布一則標題為「一起來解決農業的最大問題」的貼文。來自內布拉斯加州、就讀機器人學博士班的李·雷登回覆他的貼文。二十四歲的雷登小時候會在暑假去親戚家六千英畝大的玉米農場打工，十五歲時已經是專業的汽車技師。他的副業是改造和修理重型機車、沙灘車（ATV）和卡丁車（go-cart），生意也相當興旺。他在史丹福巧手打造了幾十台機器人，有的會陪練乒乓球，有的會幫嬰兒施行心肺復甦術。「但是它們全都待在實驗室架子上積灰塵，」他說，「我想要做點什麼，希望我做的事能在世界上長久流傳下去。」

艾勞德研究農業遭逢的各種災難：海水含氧量過低形成的生物死區；蜂群衰竭失調；食物中殘留的農藥導致人體健康出問題；以及表土流失。「所有問題都與過度使用農藥有關。」艾勞德說。他和雷登想到可以訓練機器區分作物和雜草，然後以機械物理性的方式，或瞄準後噴灑無毒物質，用這類辦法來除去雜草。

至於對付雜草的武器，他們一開始考慮了熱燙泡沫、雷射光、電流和沸水。他們計畫將有機農人當作除草機器的目標客群，因為有機農人採用的無農藥除草法以及機械整地，不僅成本高昂、消耗大量燃料，而且對土壤有害。但在試驗數個月之後，他們發現現實情況令人大失所望：根本無法避免使用除草劑。「原來用電流或滾水除草所花費的時間和精力，會大大超過用農藥——而且還不保證有效。」艾勞德說。這些方法可以除去雜草看得見的部分，卻沒辦法斬草除根。而對機器人來說，用機械夾鉗拔起雜草所需耗費的時間遠遠超過噴灑微量農藥。艾勞德和雷登專心於一個策略上：「我們只要想如何做到這一點：極度精準地施放農藥。」

挑戰當然不只如此。這是一場少年大衛與巨人歌利亞（David vs. Goliath）之間實力懸殊的對決：兩個理想化的呆瓜企圖顛覆兩百八十億美金的除草劑產業，以及背後高達兩千五百億美金的農化產業。如果決心投入研發，兩人也有個人的風險要承擔：雷登得放棄博士班學業，更會喪失好不容易贏得的獎學金。艾勞德家裡尚有稚齡兒女要養，而他不但要放棄天寶導航為他保留的高階主管職位，而且將會有好幾年沒有穩定薪水可領。「剛開始我們心中唯一確知的事，」他說，「就是如果不去研究要怎麼解決這個問題，我們倆都會消沉萎靡。」

＊＊＊

在創立藍河科技之初，艾勞德就明了與其閃避對手，倒不如加入他們。他向孟山都和先正達投資部門毛遂自薦推銷自己的公司，這兩家企業正是他計畫以除草機器人消滅，或至少削弱的除草劑產業龍頭。他希望能接觸兩家產業龍頭的化學和植物學研究人員，並透過與兩家公司建立關係來搏取主流農戶的信任，吸引到願意讓他測試原型機的農戶。

兩家公司一開始顯得興趣缺缺。「我們對於霍爾赫過去在天寶導航的資歷很中意，他很聰明，但是一臉夢幻，太理想化了。」先正達投資總監加百列．威莫斯（Gabriel Wilmoth）說，他決定不加入第一輪募資，但是持續追蹤藍河科技的動態。在得知萵苣機器人大獲成功，又聽說輝達推出新晶片的消息之後，他表態有意加入。孟山都成長創投公司（Monsanto Growth Ventures）的投資總監琪思頓．史戴德（Kiersten Stead）也決定投入一些資金。就這些農企業龍頭的標準而言，僅僅數百萬美金的資金挹注僅是名義上表達支持，某方面來說也意在持續觀察後起的競爭對手。而大公司的投資，也可以說是承認自家的挫敗。「眼前的現實讓除草劑產業慚愧不已，他們的化學家的腦袋輸給了雜草。」艾勞德公司的元老級員工、電機工程師威利．佩爾（Willy Pell）說。

雜草往往是植物界中受到輕賤的對象，但它們其實是風度翩翩的大師，具有超強的適應力和繁殖能力[9]。以蒲公英為例，一株蒲公英可以產生大約一百七十顆種子，每顆種子都比原文書上英文字母i的點還小，卻配備了一頂絨毛降落傘，讓種子能夠飄到數英里外落地生根。蒲公英利用這種方法，歷經三千萬年的傳播，終於遍布全世界七大洲中的六大洲。鳳仙花（Jewelweed）採用的傳播策略同樣十分巧妙。它將自己的遺傳訊息儲存在一個「彈射式種莢」，讓種子在最成熟的時候爆開彈射出去。魔鬼爪（devil's claw）的種子，就跟牛蒡或蒼耳屬植物（cocklebur）的種子一樣，具有可以勾住動物腳蹄皮毛的倒鈎或堅硬刺毛，以此方式搭著順風車傳播到四處。稗草利用擬態讓自己看起來跟水稻一模一樣——它的外表和生長特徵和水稻無比相像，甚至能騙過經驗豐富的農人。

但還有所謂「雜草中的成吉思汗」——不屈不撓想要令整片大地臣服的長芒莧（pigweed或palmer amaranth）[10]。這種草可以長到十英尺高，整株形如美國西部黃松，草莖可以長到跟玉米穗軸一樣粗。一株長芒莧可以產生一百萬顆種子，而一片長芒莧叢生的田地噴出的種子多達幾億顆，這也大幅提高長芒莧發生突變後不受除草劑毒性影響的可能性。「對農民來說，長芒莧就像是打什麼抗生素都無效的葡萄球菌感染，」艾勞德告訴我，「在農業發展上可說是前所未見。」

數十年來，孟山都和先正達的化學家都努力想研發出分子層級上具有「選擇性」的產品，意思是會殺死雜草，但不會殺死作物的農藥。最早的一批基改作物，包括具有抗嘉磷塞轉基因的棉花、玉米和大豆，都是經過基因工程改造能夠耐受除草劑的作物，如此一來農人噴灑農藥時就無須顧忌。這種解決方法一度有效，但卻導致農民過度使用幾種特定農藥，進而出現了對除草劑產生抗藥性的超級雜草。二〇〇六年在阿肯色州，一名棉花農注意到他明明在田裡噴灑了孟山都的年年春，卻沒辦法像以前一樣成功殺死田裡的長芒莧[11]。兩年後，美國有一千萬英畝田地遭到能夠抵抗年年春的長芒莧盤據，淪陷的農田面積到了二〇一二年更增加至三千萬英畝。時至今日，已有七千萬英畝的田地上長滿對除草劑有抗藥性的雜草[12]。農藥公司的應對策略是一方面調高應施加的農藥劑量，另一方面調整幾種以前的強效農藥如麥草畏（dicamba）和2,4-D除草劑（「二，四—地」或「2,4-二氯苯氧乙酸」）的配方，但這種方式本身也遺害匪淺。施用麥草畏時飄散的藥劑，會危及鄰近數百萬英畝田地的作物[13]。農民之間為了隔壁農場的麥草畏飄散問題而發生了無數糾紛，最嚴重的一場紛爭最後還鬧出人命[14]。與此同時，長芒莧依舊在全美各處農地上散布帶有自身遺傳資訊、如炸彈般的細小種子。

如果利用機器人能讓作物完全不會接觸到除草劑，那就表示先前美國政府核准上市、但被認為對作物傷害過大的十八種殺蟲劑忽然變得能用了。「我們一方面要逐步減少農藥須施用的劑量，另一方面也在擴增可用農藥的種類。」艾勞德說。換言之，藍河科技的發明可能是除草劑產業的最大威脅，卻也可能推動更多新產品問世。

＊＊＊

「嘶—嘶嘶—嘶—嘶嘶嘶—嘶——」一百二十八個細小噴嘴如狙擊槍發射般噴著除草劑，灑在八排棉花植株上。落在叢叢雜草上的一灘灘深藍色水漬呈現完美的長方形，有些大如影印紙，有些小如指甲蓋。

時值溽暑仲夏，我們深入了棉花之鄉的中心。艾勞德正在棉花田裡測試他的第一台除草機器人「停看噴」（See & Spray），棉花田的主人納森．里德（Nathan Reed）是第三代農家子弟，三十七歲的他在阿肯色州馬里安納（Marianna）種了六千五百英畝的棉花、玉米、稻米和大豆。艾勞德從棉花田開始測試，因為棉花是最早種下的，通常雜草問題也最嚴重。等到「停看噴」機器人在棉花田裡闖出名堂，就會朝種植糧食的田地邁進。

馬里安納看起來與密西西比河三角洲的許多小鎮無異——鎮民四千人，收入中位數為兩萬四千美金，鎮上農民由於作物收購價格創新低而苦不堪言。市中心有多幢「彩繪仕女」（painted-lady）風格維多利亞式房屋曾經美侖美奐，如今已然廢棄，門廊塌陷，破窗周圍葛藤蔓生，充分證明如今在這座小鎮最豐富充裕的資源唯有一種：野草。這裡是全世界野草叢生最嚴重的區域之一，但也成為艾勞德證明他們的新發明實力的絕佳地點。

連接在曳引機背側的「停看噴」機器人，以時速十二英里轟隆隆駛入里德的棉花田——標準的曳引機時速。在曳引機背側有一頂狀似裙撐的突出巨大白色布質篷罩，用來幫機器人擋塵遮雨。在篷罩下方側向堆疊設置了八台電腦，而在篷罩遮覆的機器人上方設有三個大水槽，裡頭注滿了染成亮藍色的墨水，這是測試用的偽

「停看噴」機器人首航

除草劑。

一名軟體工程師坐在曳引機駕駛室內盯著眼前的ThinkPad筆記型電腦，螢幕上顯示的是機器人下方地面的鳥瞰圖，是由電腦配備的二十四台攝影機拍攝後合成的即時影像。影像中可看到大約三英寸高的棉花苗從龜裂的褐色土地冒了出來，還有各種各樣的雜草，後者在我這個外行人眼裡與棉花苗毫無二致。機器人會幫我們區分：螢幕上的棉花苗以圓形圈起，而雜草則以方框標記——可以看到數十個部分重疊的方框。

艾勞德解釋說「停看噴」機器人正在掃描植株，在三十毫秒之內，大約是你眨一次眼十分之一的時間，它就分辨出是棉花或是雜草，判定出要在何處噴灑多少劑量，然後移往下一排。「這裡有一處失誤——有可能誤殺了我的棉花。」里德指著一株被噴了藍墨水的種苗開玩笑道。

「這就是為什麼我們不用紅色墨水，」艾勞德回應，「看起來太怵目驚心。」

他不是在開玩笑——早期的萵苣機器人確實曾殺死數片田地上的萵苣。機器人的噴嘴突然滲漏，在一英畝又英畝的種苗上滴下高濃度肥料。向來以謙遜嚴謹著稱的艾勞德，立刻搭飛機前往尤馬和薩利納斯，與當地受影響的農民共商彌補之道。他的團隊為噴嘴加上超過五秒即自動中止噴施藥劑的功能，解決了噴嘴滲漏的問題，並免費為農民的一百英畝田地疏苗。

在里德的棉花田裡，我們注意到有許多株棉花被噴了藍墨水，旁邊的雜草卻安然無事。「停看噴」機器人搞混了，因為有些棉花種苗看起來矮小乾枯——不符合程式原先設定要辨認出的健康棉花苗外觀。雷登訓練機器人辨認植株的方法，很類似我們訓練幼兒認識比如湯匙，以及湯匙和叉子之間差異的方法。首先讓幼兒看一根湯匙，告訴她這是湯匙，接下來陸續給孩子看更多種湯匙：橢圓的、圓的、大的、小的、塑膠製、金屬製、彎曲的……最後孩子就能分辨，這麼多種不同組合方式的東西都可以歸類為湯匙，而且與叉子和其他餐具不同。同理，訓練機器人時，也必須先輸入數百張棉花圖像，接著數千張，最後增加至數百萬張，讓機器人學習分辨棉花的多種不同形態，了解棉花的葉片形狀和質地會有哪些變化，植株在各個生長階段罹病時和健康時的外觀又是如何，而所有的元素組合在一起才是「棉花」。機器人自圖像庫擷取資料進行區辨和判斷的能力，就稱為「深度學習」（deep learning）。

為了幫「停看噴」機器人建立資料庫，藍河科技團隊遠赴澳洲一座棉花農場，在購物車上裝設好攝影機，花了三個月的時間推著購物車走遍不同的棉花田，上傳了大約十萬筆棉花圖像的資料。但是種植在阿肯色州的棉花必須在溼冷的春季奮力求生，外觀與澳洲棉花比對之下無法百分之百相符。整整兩週，艾勞德的團隊每天新拍下數千張棉花圖像，而機器人辨識棉花的準確率也一天比一天更高。一年後，到了二〇一八年中，這些機器人的辨識能力將達到百分之九十五的準確度，可說是一夜之間脫胎換骨，從幼兒長成大人。

然而目前，當我們緩緩走在田間，「停看噴」機器人仍犯下了許多稚拙錯誤。艾勞德忽然拍了一下大腿。「搞定了！」他大喊，一時間不見他素來冷靜沉穩的態度。他低頭看著一株陷入可恨雜草包圍的棉花。機器人在周圍的雜草上噴出一圈藍色墨水，饒過正中央掙扎求生的棉花種苗。艾勞德伸出食指撥弄了一下棉花苗的葉片。「把它假想成一株玉米幼苗或大豆——這就是糧食體系擺脫農藥後的樣貌。」當下我才意會到，艾勞德的新發明既復古懷舊，也前衛新潮——新發明的目的是重新應對過去數十、數百年來，那些用著還不夠有智慧的科技處理的問題。

艾勞德著眼於減少農藥用量，納森・里德則著眼於節省成本。購買除草劑的開銷在里德的營運成本裡占四成——一年超過五十萬美金。他在每英畝棉花田通常會施用約二十五加侖以孟山都年年春調製的除草劑溶液；在棉花田試用「停看噴」機器人兩週後，可將除草劑溶液使用量減少至每英畝不到兩加侖。有了除草機器人，里德也不用再購買對除草劑有抵抗力的基改種子，購買種子的成本於是減少了四分之三。但是里德和

藍河科技機器人避開種苗，僅鎖定雜草噴灑藍色墨水。

大多數農民一樣收入不豐，很勉強才能打平開銷，而不論對於阿肯色州的農民，或是肯亞新興的工業化農場來說，要考慮採用艾勞德新發明的除草機器人，前提就是它的價格必須很有競爭力。

＊＊＊

最近數十年，由於機械整地造成的土壤侵蝕和工業合成農藥的遺害，全世界可耕地已損失了三分之一[15]。全世界每年的殺蟲劑用量為五十六億磅，而美國農民每年的殺蟲劑用量超過十億磅，約莫占了全世界用量的五分之一[16]。

美國最早是在一九四〇年代開始有農民在田間施用除草劑，是化學家於二戰期間研發出的一種稱為「2,4-二氯苯氧乙酸」或「二，四－地」的有毒物質，可施用於草坪和農田，但直到二十年後，也就是在一九六〇年代晚期研發出嘉磷塞，除草劑才真正大行其道。孟山都公司有一位年輕新秀約翰．法蘭茨（John Franz），他在研發阻燃劑之後，被調往農業部門協助研發無毒的除草劑。2,4-二氯苯氧乙酸原本是要研發作為生化武器，而孟山都希望找出較安全的方法來消滅雜草[17]。法蘭茨發現草甘膦（嘉磷塞）能夠抑制一種主要出現在植物體內、在植物生長過程相當關鍵的酵素，對於哺乳類、鳥類、魚類和昆蟲則沒有明顯危害。孟山都將主成分為嘉磷塞的農藥命名為「年年春」，並打著史上最安全除草劑的名號行銷。事實上，確實如此。

「嘉磷塞很可能是有史以來最優良無害的除草劑，但是無論任何產品，用量如此之大，最後終將反噬，」為美國環保署和農業部工作的化學家亞當．戴維斯（Adam David）表示，「如同醫學上那句諺語所說，劑量決定毒性（the dose makes the poison）。」

從一九九六到二〇一六的二十年間，全球的嘉磷塞用量激增至原本的十五倍[18]。同時，美國環保署和美國國家衛生研究院（National Institutes of Health）分析美國人尿液樣本中的嘉磷塞殘留量，發現檢測呈陽性反應的比例增加了百分之五百[19]。直到現今，美國幾乎所有（超過百分之九十五）的作物耕地上仍持續施用嘉磷塞，即便超級雜草日漸猖獗，而對於人體健康造成影響的證據也與日俱增。世界衛生組織於二〇一五年宣布，高含量的嘉磷塞「很可能致癌」（probable carcinogen）——當時在美國嘉磷塞的濫用情形已持續了四十年[20]。近年的研究也發現，高含量的嘉磷塞和其他美國政府核准上市的農藥不僅與癌症相關，與過敏、注意力不足過動症（ＡＤＨＤ）和阿茲海默症也有關聯[21]。

此外也有愈來愈多證據顯示，常見的除草劑可能會破壞土壤中的微生物生態，尤其會影響保持土壤良好通氣和肥沃度的蚯蚓族群活動[22]。化學肥料施加於土壤的用量不僅超過除草劑，也成了一大問題。肥料短期之內能讓土壤中的含氮量大增，但是長久下來，過多的氮會造成土壤中的微生物過度活躍，導致微生物自我毀滅[23]。

農藥固然可能對土壤帶來負面影響，納森．里德表示，但是土壤要保持健全，無論短期或長期，都要面對一項更大的挑戰，而且是看似有益無害的替代方案——機械整地。大多數傳統農場和幾乎所有大規模的有機農場，都會利用曳引機翻土的方法來扼殺雜草，但這種方法會造成土壤侵蝕。目前，美國各地的土壤侵蝕情況嚴重，劣化速度比復原速度快了十倍[24]。翻土整地也會造成土壤水分流失，並且擾亂微生物群落，而土壤水分流失正是一九三〇年代發生「塵盆」沙塵暴災害的關鍵因素。「如果你是微生物或蚯蚓，在一個地方待六個月，每天都可以無限量吃到飽，而為你供應食物的作物根系一夕之間全遭到鏟除，你會待在原地不走嗎？」里德說，「當然會走。」

里德採行「不整地栽培」農法，也就是農人完全不翻土整地，讓殘餘的作物留在田間自然分解，像是幫土壤鋪地毯般留下肥沃養分。「下一次播種時就直接把種子種在作物殘留物裡，」里德說，「不美觀，但有用。」里德在收成作物之後種了裸麥，土壤的氮含量就在裸麥生長的數個月期間自然恢復，接著他就能將裸麥鏟平，開始種植能賣錢的高經濟價值作物。從里德的觀點來看，「停看噴」機器人唯有一項最大優勢，那就是有助於擴大採行不整地栽培的田地，而且還讓他更加輕鬆省力。比起翻土整地的田地，施行不整地栽培的田地生產力上升了百分之十五——每英畝的收穫多出兩百磅棉花或多出約三十蒲式耳的玉米。施行不整地栽培的田地土壤能夠保持溼潤，里德就能節省灌溉成本。種植覆蓋作物則可讓灌溉成本減半，每英畝省下約二十五美金。

施行不整地栽培農法有助於將碳固存在土壤中。在生長並且行光合作用的過程中，農作物會如海綿般從大氣中大量吸收二氧化碳。農作物的一部分由農民採收，剩下的部分如根部和作物殘留物就留在田裡，在分解之後化為土壤。翻土犁耕會將土壤裡的碳釋出，讓碳回到大氣裡，而不整地栽培法卻能讓碳保持固存。「要是全世界的地都施行不整地栽培，就能成功緩解氣候變遷了。」美國農業部的傑利．哈菲德表示。

不整地栽培農法主要的缺點是易生雜草，特別是長芒莧（它的種子喜歡待在土壤表層，但翻土整地後落進土裡就會死去）。「不施行機械翻土的話，大多數農民只能轉而施加更重劑量的化學除草劑。」艾勞德解釋道，也就是說施行不整地栽培多半會搭配使用大量農藥。事實上，正是因為有了除草劑，不整地栽培農法才會在一九七〇到八〇年代逐漸普及[25]。「有機農場目前要實行不整地栽培仍有難度，因為他們不用除草劑。」艾勞德說。

目前全美國的農地僅有約五分之一全年施行不整地栽培法，而全球的農地則還不到百分之十[26]。哈特菲因此十分憂心：「我們就直話直說吧——不整地栽培的田地近年來增加得相當有限，農民還是習慣用老方法，但農民如果想在氣候變遷造成的壓力之下存活，就必須改掉這些習慣。」類似「停看噴」機器人這樣的科技，至少在理論上能讓不整地栽培農法施行起來更省力，也更節省成本。哈特菲認為假如這種做法成為有機農場和慣行農場的主流模式，那可能就表示「將發生一場土壤健康和碳固存的革命」。

但要達到這樣的轉變，也必須對土壤有更深入的了解才行。李奧納多．達文西（Leonardo da Vinci）於一五一〇年前後曾說：「我們對於空中天體運行的知識，超過我們對於腳下土壤的了解。」如今的情況並沒有太大的變化。這一點也千真萬確：一湯匙的健康土壤裡頭，就含有數以十億計的微生物，數量比地球上總人口還多[27]。在這一湯匙的土壤裡，就有一萬到五萬個不同物種，包括大群的線蟲（類似很細小的蚯蚓）、小型節肢動物（在顯微鏡下才看得到）和單細胞原生動物。《大西洋》（*The Atlantic*）雜誌有一篇文章〈土壤微生物健康，人類就健康〉（Healthy Soil Microbes, Healthy People）解說了土壤中多種細菌和真菌如何「扮演植物的『胃腸』」，與植物根部形成共生關係，幫忙『消化』養分，將氮、磷等多種養分轉化為植物細胞能夠吸收的形式並供給植物。」艾勞德對這些土壤科學知識無比著迷，他相信「我們能為未來糧食供應做到最棒的一件事，就是幫忙保持土壤健康。」[28]

＊＊＊

在阿肯色州棉花田待了一整天之後，我們在一棟獵鴨小屋客廳裡的巴卡龍傑（Barcalounger）牛皮沙發坐定，小屋是艾勞德租下供研發團隊於來訪期間暫住的地方。眼前場景感覺就像HBO影集《矽谷群瞎傳》裡的角色誤闖《激流四勇士》電影的布景。獵人小屋裡掛了滿滿的動物標本，設有兩台彈珠台，屋裡堆了一箱箱空啤酒瓶，十二名技術人員住進去，就像過著大學兄弟會聯誼會所那樣的生活。艾勞德就是在小屋裡告訴我他的計畫，他希望能大規模量產價格平易近人的除草機器人。一切端看農業科技龍頭強鹿公司——強鹿即將宣布以數千萬美金的價格收購他創立六年的新創公司[29]。

艾勞德對於放棄公司的獨立性並不在意。「強鹿讓我們更有機會影響全世界，」他說，「如果不和強鹿結盟，我們只是一家很小的公司，可能成功，也可能失敗。我只是個抱著兩台除草機器人原型機的菜鳥。再發生個更嚴重、嚇人一點的事故」——例如萵苣機器人的噴嘴滲漏——「都可能對公司造成致命打擊。」

加入強鹿旗下也意味著藍河科技能獲得強鹿的機械工程師、鐵工廠產線和全球各地萬名經銷商等強大後援，可望在二〇二〇年推出首台「停看噴」機器人，不僅比原先的時程提早數年，也能以大上許多的規模上市。強鹿先進技術總監約翰．提普（John Teeple）費時數月爭取艾勞德及其團隊首肯，終於讓併購交易有所進展，他告訴我：「你可能會想，喂，等一下，有一百八十年歷史的保守老字號，跟矽谷新創公司能有什麼關係？這麼說吧，我們是在幫忙定義農業的新紀元。」他接著說：「近兩、三年來農業相關的數據和數位科技突飛猛進，變化之大遠勝過去數十年的進展。產業的蛻變就在我們眼前發生，在我們看來，艾勞德的團隊顯然在這場蛻變和演進中遙遙領先。」

有了強鹿公司的支持，艾勞德的下一步是為藍河科技機器人開發新功能，從取代除草劑再進步到取代肥料。農民每年花在購買肥料的開銷，通常是購買除草劑的十倍之多——全年總計達到一千五百億美金。但對機器人來說，從會除草到會施肥是很大的一步。機器人必須蒐集各式各樣的圖像訊息，例如植株葉片的顏色、大小和質地，根據這些資料推算出植株的健康情況，以及需要再補充多少養分。「運算能力必須大大強化，但是可以做得到。」艾勞德說。

這串科技鏈的下一個環節，會是某種類似農業版瑞士刀的多功能機器人：能夠將植株視為不同個體來對待，依據個別植株的需求，不只可以施加除草劑，還可以同時施加客製化肥料、殺蟲劑或殺真菌劑。從以前每片田地改成以每個植株為單位分別處理的農法，意味的不只是大幅減少農藥用量。至少在理論上，這種農法能讓單一耕作走入歷史——如今已成新常態的一望無際玉米田和大豆田可能不復見。施行單一耕作的農田面對植物疫病和天災時，都更為脆弱，會將土壤養分消耗殆盡，糧食供應也因此面臨風險。

艾勞德認為農民種植時將不同作物區隔開來，是因為既有的設備無法處理較複雜的情況。有了能夠個別照顧植株的機器人，施行傳統間作（intercropping）如玉米之間種植大豆和其他豆類的農地，也同樣能受惠。如此一來，艾勞德的機器人就能幫忙各家經營方式不同的小農恢復施行永續農法，並且協助解決綠色革命帶來的問題。

提倡永續農業的糧食智庫（Food Tank）執行長丹妮爾．尼倫伯格（Danielle Nierenberg）則仍有疑慮。「這番人工智慧農耕的願景，還是沒辦法讓我很安心，」她說，「有很多問題仍需要提出來，像是這些機器人會施用哪些農藥？哪幾種農場人力會被機器人取而代之？還有即使我們能減少除草劑用量，伴隨工業化農業而來的諸多問題中，有哪些依舊無法解決？」

其中一個問題是大企業可能強制壟斷的威力。在保障「維修權」運動（right-to-repair movement）中，城市和鄉村裡愛好自己修東西的民眾爭取立法，希望政府禁止廠商利用私有軟體和硬體防止個人修理自己購買的裝置或機器，消費者不能自己修理一台五百美金的 iPhone

或許只會氣瘋，但是一台二十萬美金的曳引機故障只能送修，卻可能讓持有者破產——而強鹿公司在這場運動中被描述成大反派[30]。

對尼倫伯格來說，農民的事業成敗取決於是否忠心依附幾家獨占企業，以及由他們取得專利的機器人子孫，面對這樣的農業未來很容易令人感到絕望。這種做法似乎集齊了構成完美科技反烏托邦的要素。強鹿公司能讓農民依賴除草機器人，而且透過特製機器設備的維修保養，使之逐漸加深依賴，這也與農民只能使用孟山都的除草劑和種子的方式有些關聯。另外，即使可能性微乎其微，還是不能排除依賴軟體的糧食系統未來遭到駭客入侵，繼而受到操縱於田間施放毒藥的可能性。

艾勞德傾向不要全心只想著最可怕的科幻片災難場景。「這不是二選一的問題：我們應該選擇科技或農業生態，或是應該選擇永續農業或工業化農業？」他說，「要**兩者兼顧**。我們需要動用所有解決方案。」他再次向我提起，他小時候將農場聯想成工廠的事。「一百年前的工廠是噩夢，不停噴冒黑煙，工作環境惡劣，工傷意外頻傳。很多農企業現在也處於和以前的工業相同的狀態，效率不彰，使用的農藥有害人體，高碳排放量對生態造成衝擊。但是比較一下以前和現代的工廠，現代的自動化工廠更有智慧，對環境和人類都更安全無害，每種工作設計都符合人體工學——他們已經改頭換面了。」艾勞德堅稱這是一種幸福的矛盾：「機器人不需要將我們人類逐出大自然——他們可以幫忙我們重建大自然。」

關於農業能走的第三條路，艾勞德的論點充滿希望。但即使不去考慮機器人科技隱而未顯

農用無人機

或無意中對環境造成的傷害，小的機器人在解決未來糧食危機的方案中也只會扮演小角色。一如艾勞德所研發的這種具有「觀看能力」的機器人，能做到的依舊有限。舉例來說，艾勞德的機器人僅限於分析土壤表面以上的問題，但事實上很多工業化農業的問題都發生在土壤表面下。艾勞德聽了之後也再次強調數位工具的潛能：現在的電子土壤偵測器開始從各個層面分析土壤健康，甚至精細到可偵測微生物活動，再透過無線傳輸將資料傳給分身乏術的農民。艾勞德也帶領團隊研發出裝設紅外線感測器的無人機，可在農田上方巡視，監測作物吸收和反射陽光的情況，藉以評估作物的生長和健康。

不論是無人機、感測器或機器人，都屬於一個由數據蒐集和處理裝置構成、持續增長中的網絡，能將愈來愈詳細的田中作物相關資料傳送給農民。這個數位農耕寰宇泛稱為「精準農業」（precision agriculture），而我第一次有機會深入探索，卻是在一個令人意想不到的地方：上海市中心一棟玻璃帷幕辦公大樓內。我在那裡遇見中國最大的其中一家有機農業公司雇用的軟體工程師和數據分析師，他們透過在iPad螢幕上點滑操控來管理蔬果的生長情況。艾勞德小時候將農場比擬成工廠，而這家公司可說是呈現了變化版——他們的農場更像是電影《一級玩家》（*Ready Player One*）的場景。

譯註：

1. Alan Taylor, "Bhopal: The World's Worst Industrial Disaster, 30 Years Later," *The Atlantic*, Dec. 2, 2014, https://tinyurl.com/y967zce9.
2. Tyrone B. Hayes et al., "Atrazine Induces Complete Feminization and Chemical Castration in Male African Clawed Frogs *(Xenopus laevis)*," *Proceedings of the National Academy of Sciences of the United States of America* 107, no. 10 (Mar. 9, 2010): 4612–4617.
3. "Gulf of Mexico 'Dead Zone' Is the Largest Ever Measured" (media release), National Oceanic and Atmospheric Administration, Aug. 2, 2017, https://bit.ly/2vtOOnF.
4. Ly Truong and Claire Press, "Making Food Crops That Feed Themselves," BBC, June 8, 2018, https://tinyurl.com/yafaelba.
5. Clay Masters, "Iowa's Nasty Water War," *Politico,* Jan. 21, 2016, https://tinyurl.com/y7vcq6mj.
6. Ying Zhang et al., "Prenatal Exposure to Organophosphate Pesticides and Neurobehavioral Development of Neonates: A Birth

Cohort Study in Shenyang, China," *PLOS ONE* (2014). 另見Stephen A. Rauch et al., "Associations of Prenatal Exposure to Organophosphate Pesticide Metabolites with Gestational Age and Birth Weight," *Environmental Health Perspectives* 120 (2012): 1055–1060.

7. "Pesticide Residues in Food," World Health Organization, Feb. 19, 2018. 另見Lois Swirsky Gold et al., "Pesticide Residues in Food and Cancer Risk: A Critical Analysis," in *Handbook of Pesticide Toxicology*, ed. R. Krieger, 2d ed. (San Diego: Academic Press, 2001), 799–843.
8. 引用二〇一八年一月與霍爾赫・艾勞德的私人通訊。
9. Richard Mabey, *Weeds: In Defense of Nature's Most Unloved Plants* (New York: Ecco/HarperCollins, 2011).
10. Travis Legleiter and Bill Johnson, "Palmer Amaranth Biology, Identification, and Management," Purdue Extension, Nov. 2013, https://tinyurl.com/ycqqlncj. 另見Brooke Borel, "Weeds Are Winning the War Against Herbicide Resistance," *Scientific American,* June 18, 2018, https://tinyurl.com/yczrj2t8.
11. 承蒙阿肯色州大學農業學群（University of Arkansas System Division of Agriculture）農藝暨土壤環境科學系（Crop, Soil and Environmental Science Department）的雜草科學教授湯姆・巴柏（Tom Barber）不吝為我解說長芒莧和年年春抗藥性有關的歷史和科學知識。另見Ryan McGeeney, "As Arkansas Growers Struggle with Increasingly Resistant Weeds, State Weighs Labeling," University of Alabama Division of Agriculture Research and Extension, Nov. 21, 2016.
12. Carey Gillam, "EPA Approves Dow's Enlist Herbicide for GMOs," *Scientific American,* 2014, https://tinyurl.com/ycrckvvq.
13. Eric Lipton, "Crops in 25 States Damaged by Unintended Drift of Weed Killer," *New York Times,* Nov. 1, 2017.
14. Marianne McCune, "A Pesticide, a Pigweed and a Farmer's Murder," NPR, June 14, 2017, https://tinyurl.com/y8yvhy7a.
15. "Status of the World's Soil Resources," FAO 2015, https://tinyurl.com/yao7z4ue. 另見F. Nachtergaele, R. Biancalani, and M. Petri, "Land Degradation: SOLAW Background Thematic Report 3," FAO, 2011, https://tinyurl.com/y8ysv43x.

16. Michael C. R. Alvanja, "Pesticides Use and Exposure Extensive Worldwide," *Reviews on Environmental Health* 24, no. 4 (2009): 303–309.

17. Daniel Charles, *Master Mind: The Rise and Fall of Fritz Haber, the Nobel Laureate Who Launched the Age of Chemical Warfare* (New York: Ecco/HarperCollins, 2005). 另參Jad Abumrad與Robert Krulwich二〇一二年於紐約公共廣播電台（WNYC）*Radiolab*節目中以「How Do You Solve a Problem Like Fritz Haber?」為題的一集中關於弗里茨・哈伯是非功過的討論：https://tinyurl.com/y7hq7hyg.

18. "GM Crops Increase Herbicide Use in the United States," *Science in Society* 45 (2010): 44–46.

19. Paul J. Mills, Izabela Kania-Korwel, John Fagan, Linda K. McEvoy, Gail A. Laughlin, and Elizabeth Barrett-Connor, "Excretion of the Herbicide Glyphosate in Older Adults Between 1993 and 2016," *Journal of the American Medical Association* 318, no. 16 (2017): 1610–1611.

20. "Glyphosate Issue Paper: Evaluation of Carcinogenic Potential," Environmental Protection Agency Office of Pesticide Programs, Sept. 12, 2016. 另見L. N. Vandenberg, B. Blumberg, M. N. Antoniou et al., "Is It Time to Reassess Current Safety Standards for Glyphosate-Based Herbicides?" *Journal of Epidemiology and Community Health* 71, no. 6 (2017): 613–618.

21. Dandan Yan, Yunjian Zhang, Liegang Liu, and Hong Yan, "Pesticide Exposure and Risk of Alzheimer's Disease: A Systematic Review and Meta-analysis," *Scientific Reports* 6 (2016). 另見 Jane A. Hoppin et al., "Pesticides Are Associated with Allergic and Non-Allergic Wheeze Among Male Farmers," *Environmental Health Perspectives* 125, no. 4 (Apr. 2017): 535–543; and Marys F. Bouchard et al., "Attention-Deficit/Hyperactivity Disorder and Urinary Metabolites of Organophosphate Pesticides," *Pediatrics* 125, no. 6 (June 2010): 1270–1277.

22. Johann G. Zaller, Florian Heigl, Liliane Ruess, and Andrea Grabmaier, "Glyphosate Herbicide Affects Belowground Interactions Between Earthworms and Symbiotic Mycorrhizal Fungi in a Model Ecosystem," *Scientific Reports* 4 (2014).

23. Christopher Ratzke, Jonas Sebastian Denk, and Jeff Gore, "Ecological Suicide in Microbes," *Nature Ecology and Evolution* 2 (2018): 867–872.

24. S. Lang, " 'Slow, Insidious' Soil Erosion Threatens Human Health and Welfare as Well as the Environment, Cornell Study Asserts," *Cornell Chronicle,* Mar. 20, 2006, https://tinyurl.com/y7j928jr.

25. David R. Huggins and John P. Reganold, "No-Till: The Quiet Revolution," *Scientific American,* July 2008.

26. Elizabeth Creech, "Saving Money, Time and Soil: The Economics of No-Till Agriculture Farming," U.S. Department of Agriculture, Nov. 30, 2017, https://tinyurl.com/yadsfvjn. 另見 A. Kassam, T. Friedrich, R. Derpsch, and J. Kienzle, "Overview of the Worldwide Spread of Conservation Agriculture," *Field Actions Science Reports* 8 (2015), https://tinyurl.com/y8q7oxmk.

27. Elaine R. Ingham, "Soil Bacteria," USDA Natural Resource Conservation Service, https://tinyurl.com/y8u6sk9u. 另見 Mike Amaranthus and Bruce Allyn, "Healthy Soil Microbes, Healthy People," *The Atlantic,* June 11, 2013, https://tinyurl.com/ydgf3oox.

28. 另見 David R. Montgomery, *Dirt: The Erosion of Civilizations* (Berkeley: University of California Press, 2007)一書，作者於書中指出自從人類文明開展以來，土壤管理不當問題是如何一再造成繁榮昌盛的文明式微衰敗。

29. Tom Simonite, "Why John Deere Just Spent $305 Million on a Lettuce Farming Robot," *Wired,* Sept. 6, 2017, https://tinyurl.com/ycnko3r2.

30. "A 'Right to Repair' Movement Tools Up," *The Economist,* Sept. 30, 2017.

第五章　理性感測器

科技是個好用的僕人，卻是危險的主人。

——克里斯提安・勞斯・朗格（Christian Lous Lange）*

投資新科技——先不論期望可能落空——一定有賠錢的風險。在飲食和農糧領域尤其如此，過去數世紀以來，科學家提出無數解決問題的科技方案，最近數十年更是推陳出新，但這些方法不僅欠缺人道考量，更不具實用功效。其中一個惡名昭彰的例子是矽谷新創公司Juicero，融資一億兩千萬美金後推出價格高昂的智慧榨汁機，號稱可榨出客製化冷壓果汁且可連上無線網路。消費者不用多久就發現，根本不需機器也不用連網路，就能將果汁材料包榨成果汁，該公司隨後也破產倒閉。「『食物的未來得要靠高科技』這種說法，幾乎跟我們究竟是以何種價值觀為後代子孫打造未來的糧食體系沒什麼關係。」進步主義代表刊物《國家》（*The Nation*）雜誌所刊載、標題為〈食物的未來〉（The Future of Food）的文章提出警告。

對於農業上任何帶有過度工程化或過度設計（overengineering）意味的主張，我們無疑應該感到憂慮，而任何科技能否成功，終究取決於應用的方式。利用新的基因編輯工具如CRISPR，可以改造出更營養且面對逆境韌性更佳的作物，但也可能反而讓工業化農業造成的既有問題惡化。人工智慧機器人的設計研發，能夠支援更多元的糧食生產體系，生態農業的發展可能因此受惠，但也有可能反而受到威脅。「科技應為人性服務，而非人性為科技服務。」蘋果公司（Apple）執行長提姆．庫克（Tim Cook）曾出此言[1]。然而，情況往往並非如此。

談到科技與農業的交會之處，面臨最多重大危機但也可能獲致龐大效益者，或許莫過於全世界最大的糧食生產國：中國。中國是有史以來以最快速度晉升至全球超級強權地位的國家，在全球國民生產毛額（GDP）中的占比之高也名列前茅[2]。儘管如此，或者說正因如此，想要餵飽中國十四億人口，也就成了不可思議的艱鉅挑戰。可耕地有限，淡水嚴重短缺，霧霾令人難以呼吸，種種現況都與各地城市中產階級對於糧食陡增的需求相互扞格。「如果想知道在一個人口愈來愈多、環境壓力加劇的後工業化世界生產糧食是什麼樣子，去中國的農場看看。」在北京創立公司的瑪努艾拉．佐尼珊（Manuela Zoninsein）告訴我，她和另外幾位朋友都鼓勵我去。「中國的糧食生產系統竟然能餵飽這麼多人，真的非常神奇。」來自加州的布萊恩．海伯格（Brian Heimberg）說，他受雇於上海一家專門投資潔淨科技（clean-tech）的創投公司。「你得親自到現場一探究竟。」

我是在讀到中國財經雜誌《財新周刊》的一篇文章之後才下定決心的，該篇文章介紹一位張同貴（Tony Zhang）矢志在北京和上海外圍郊區開闢數千英畝的有機農田[3]。我和張先生討論造訪事宜時得知，他的計畫是打造「中國版的全食超市」，張先生也保證會讓我看到「目前最精實、最有智慧、自動化程度最高的有機農耕系統」。張先生的提案雖然略嫌熱情過頭，但也令我滿心好奇。受到吸引的我於是走入一則關於中國糧食生產的故事中，故事複雜且頗具警世之效，其中包含許多古怪難解的細節，包括在包心菜噴灑甲醛，以及出動軍隊清理、整治土壤。一些情節轉折更是曲折離奇得驚人——例如故事最後，張先生神祕失蹤。

＊＊＊

中國國土的陸地面積與美國大小相若，但是農地所產糧食需要餵飽的人口卻是美國的三倍之多。中國的西半部山嶺遍布，東北部寒冷乾燥，東南部則氣候溫和，自古便土壤肥沃，而中國東南部也因為城市快速發展而愈加地狹人稠難以負荷。過去二十年來，由於城市持續擴張，造成中國寶貴的農地流失[4]。中國每人平均可耕地面積為〇・二英畝（在美國則大約是該數字的五倍），而田地大多受到汙染毒害。

美國的糧食生產地位在鄉村區域，中國的農場則主要位在大城市周圍的綠帶。儘管中國具備工程專業資源，國內的公路系統和倉儲設施卻仍在發展中，長途配送糧食仍然相當困難且所費不貲。北京和上海市民的食物有超過一半來自當地農場[5]。這一點就環保而言似乎頗具優勢，可以節省運輸燃油成本，降低當地糧食生產系統的碳排放量，但是中國的都市區域卻充斥著各種汙染源。北京市長於二〇一五年指出，人口達兩千四百萬的首都北京在霧霾籠罩下，已經「不是宜居之都」[6]；北京的空氣品質在他發表報告後有所改善，但汙染程度仍比世界衛生組織訂定的安全上限超出許多[7]。每逢暴雨，空氣中的毒素便隨著雨水落在地上，進入土壤含水層。數十年來，還有工廠違法將化學廢棄物排入中國的江河溪流。如今中國全國四分之一的湖泊和河川被視為不適合作為水資源供人類利用[8]，為中國發展最快速的三十大城市供應用水的集水區中，有四分之三受到「中度到高度」汙染[9]。

中國政府於二〇一四年發布的全國土壤調查報告指出，全國農地約有百分之二十（大約等同荷蘭全國的面積）受到農藥和重金屬汙染[10]。有毒土壤不僅讓生產出的食物也受到汙染，引發嚴肅的公共衛生議題，其生產力也遜於健康土壤，表示所耕農地受汙染的農民必須使用更多農藥來提高產量。中國農民的肥料和殺蟲劑用量，平均而言是美國農民用量的四倍。中國農民與肯亞及其他地方的農民一樣，也採用了西方施用高劑量農藥的農法，但是手段更加激烈，規模也大上許多。中國的畜牧業者也面臨急增的肉品需求，逐漸朝向集中飼養管理的營運模式，有些甚至以山寨假貨魚目混珠。

所有中國糧食生產者面臨必須大幅提高產量的龐大壓力，有些生產者甚至鋌而走險犯下重罪，政府不得不組成特別公安部隊專門阻遏種種亂象[11]。近年來，食品衛生檢驗單位查出各種問題農產及食品：含砷的蘋果汁[12]、含三聚氰胺的毒奶粉、遭汙染田地種出的鎘米、病死豬肉當成新鮮豬肉販售、以鼠肉冒充的羔羊肉，以及西瓜因加入過量會膨大增甜的生長激素而在瓜田中炸開。過去十年間，有兩人因犯下與食品相關罪行遭有關單位判處死刑，另外還有數千人遭判有期徒刑[13]。食物變質腐敗的情況在中國也相當普遍。「中國每年有兩千萬人因吃下遭細菌感染的食物而中毒。」中國國家食品安全風險評估中心總顧問陳君石表示[14]。

食品衛生安全面臨重大危機之下，有人致力於緩解危機，也有人試圖從中謀利。「中國消費者對於食品安全的擔憂與日俱增——再加上其他種種因素，於是造就進口有機食品潛在的龐大商機。」總部位在威斯康辛州的乳品合作社「有機谷家庭農場合作有限公司」（Organic Valley）業務總監艾瑞克・紐曼（Eric Newman）告訴我。中國投資人於海外食品公司投資數十億美元，其中包括全世界最大、總部位於維吉尼亞州的豬肉廠史密斯菲爾德食品（Smithfield Foods），以及澳洲最大乳品製造商。

但也有許多人嘗試從內部開始改善中國的糧食生產體系。全中國估計約有兩億家農場；絕大多數的農場面積很小，仍舊採用承襲自數百年前的農法[15]。同時也有新的一群糧食生產者，他們開始重新思考如何以大規模且兼顧永續的方式生產糧食，可能斥資裝設高科技灌溉系統或土壤感測器，抑或購入現代種子，又或者應用機器人學或資料科學知識——張同貴就是先驅之一。

我是在二〇一四年首度拜訪張同貴的公司，公司名稱為多利農莊（Tony's Farm），旗下農田面積超過一萬英畝，分布在中國八個省。當時他的公司顧客人數達到二十萬，而公司會生產

張同貴

一百二十種不同的有機蔬果。張同貴的目標是融合懷舊與未來，結合傳統農業價值與新穎工具技術，來拯救岌岌可危的糧食系統。

＊＊＊

我和張同貴約在他位於上海閘區辦公室外的露臺見面。張同貴身穿白色T恤和訂製牛仔褲，橄欖綠色休閒西裝外套漿得硬挺，穿著打扮一絲不苟，小口啜飲一杯顏色如氪星石的「蜜露」洋香瓜（honeydew）果汁。談話一開始，他以滔滔誇讚自家的香瓜品質起頭。「絕對會是你嘗過最美味的香瓜。」他透過口譯員告訴我。五十一歲的張同貴是土生土長的四川人，當時已向中國和西方投資人籌集四千萬美金，另外還獲得政府補助支付土地清理費用的數百萬美金。居住在中國城市的精英階級人數快速攀升，推動有機產品的市場需求上揚，這群精英就是他的目標客群。

張同貴生性豪奢，他的銀色賓利轎車就停在距我們面前的桌子不到五碼之遙的人行道旁，而他在中國的美食老饕界也占有堂堂一席之地。在創立多利農莊之前，張同貴已經成功經營了連鎖餐廳多利川菜（Tony's Spicy Kitchen），在六年間至三十六個地點展店。張同貴的臉頰平滑、沒有一絲皺紋，天生有一種沉著冷靜的氣質，但有些同事卻稱他為「辣子張」（Spicy Tony）。在訪問行程中，他的助理會送上一碟磨碎的朝天椒（Tien Tsin），也就是宮保雞丁和其他四川菜及湖南菜裡會加的一種特別辣的中國紅辣椒，他不僅會把碎辣椒撒在飯菜上，甚至會拌在時不時要來一杯的黑咖啡裡。

張同貴計畫像先前廣開餐廳分店一樣，大幅擴張農莊版圖。他告訴我：「我以鄉土農場（Earthbound Farm）為模範。」他指的是一九八六年創立、總部在加州的有機農產公司，該公司目前旗下農場面積約達五萬英畝，遍布三大洲。「它花了二十八年發展成這麼大一家公司。我有自信，只要十年，我的公司就能發展到和鄉土農場一樣大的規模。」

事後回想，這句話似乎像是某種警訊；無論何種產業，擴張過快都是新創公司衰敗之始——在農業領域尤然，而在中國又更是如此。「在中國發展有機農業非常花時間；需要用很長的時間進行土壤管理和培育，必須持續有所進展，」北京的「分享收穫」（Shared Harvest）有機農業生產合作社的年輕創始人石嫣解釋，「投入大額資金的金主沒空在那裡慢慢等。」張同貴的計畫要實現，還要解決另一個複雜的問題：他心目中的理想模式並未獲得驗證，既不完全是鄉土農場，也不完全是全食超市，而是兩者的混合形式。張同貴將自己定位為蔬果農兼零

多利農莊產品包裝樓層

售商。產銷兼營是一種優勢，但也要付出成本。例如他身為農場經營者時，為了清理受汙染的土壤和水源，必須支付令人瞠目結舌的高額費用。身為零售商，他還必須斥資建置和維護運送農產品用的物流倉儲系統。

多利農莊在運作上，是專門設計成類似規模龐大的線上社區支持型農業，但沒有實體店面。巔峰時期的會員多達數萬，包括上海和北京的家庭、公司行號、學校、餐廳和市場。會員透過網路下單訂購，農產品會在二十四小時之內宅配到府。大多數會員固定每週訂購主食類如胡蘿蔔、番茄、甜椒和莓果，以及中國的美味食材，如紅莧菜、絲瓜、木耳、長豇豆和紫色食用秋海棠葉，會員也可以在網站上訂購由張同貴的公司向其他供應商進貨的有機肉品、蛋、油、五穀雜糧和各種佐料乾貨。

為了將田間生產的蔬果直接送到消費者手

上，張同貴建置了一套「從農場到廚房」的倉儲物流系統，不惜耗費鉅資建立由數十輛冷凍車組成的自家車隊。張同貴將部分成本轉嫁到消費者身上，多利農莊產品的售價大約是中國一般農產品的三倍（折合美金約每磅二．六五美金，市面上一般蔬果平均每磅〇．八美金）。美國鄉土農場和全食超市採會員制，消費者支付的會員費相對較低，而美國一般農產品的價格也沒有中國那麼低廉。但是張同貴說他相信顧客願意花大錢，只求吃得安心：「敝公司品牌的構成要素就是信任和品質。」

＊＊＊

張同貴之所以創立多利農莊，最主要是出自鄉愁——「單純是渴望再嘗嘗童年嘗過的滋味。」他如是說。就像我常思念母親做的四種乳酪口味千層麵，張同貴成年以後，有很長一段時間很想吃祖母炒的川菜料理：用四季豆、大蒜、辣椒和自家農場養的豬肉製成的乾煸四季豆。張同貴的家在四川省宜賓市市郊一座小農村，附近就是明信片上常見的景緻：青翠山巒，瀑布流瀉，遍布的竹林裡還有大貓熊。張同貴是獨子，空閒時多半會下田幫忙農事，或是在野外漫遊。他從來沒想過，「農民」兩字會是帶有貶意的字詞，近乎「鄉巴佬」或「低端人口」的意思。他說他從小到大都「對農業有股特殊的感情，覺得務農是一種特權。」

張同貴就讀高中時成績優異，於十六歲時進入四川農業大學，十九歲時畢業。他先是在宜賓市的農業局工作，在二十八歲時前往上海替一家外國貿易商工作，該公司販賣各種商品，包括藥品和金屬。張同貴在六年內屢次升職，最後買下這間公司——公司獲利成為他未來開公司的財源。他愈來愈思念家鄉香辣的四川料理，便於一九九七創立多利川菜。

隨著川菜餐廳不斷展店，他開始擔心食材品質。「材料的味道不對勁，」他回想，「味道太淡，口感不佳。」張同貴查出是哪幾家農場為餐廳供應蔬菜，親自前去訪查。他發現菜農的農場有兩塊不同的地——一塊採有機農法，專門種自家吃的菜，另一塊地的收穫專供出售，施用促進作物生長的農藥。他大為光火，沒想到供應商賣給餐廳的，竟然是他們自己都認為不夠安全、不能端上自家餐桌的蔬菜。

張同貴展開深入調查。大約在同一時期，開始出現農民為了防止萵苣和包心菜在儲存和運輸過程中腐爛，於是加入甲醛（吃下肚可能致命的化學物）的新聞報導。科學家開始研究湖南省等區域農田的土壤品質，該省內有許多稻田鄰近礦場和冶煉廠，這些工業場所會釋出大量的鎘，這種有毒的重金屬可能傷害神經系統和致癌。根據中國農業部*提出的一份報告，政府於全國抽檢的稻米中，超過四分之一的鉛含量過高，十分之一的鎘含量過高[16]。張同貴於是明白，土壤汙染是中國農業面臨的極大問題，但也是最受忽略的問題。

二〇〇五年，張同貴將連鎖餐廳轉售，在上海市郊的南匯區租下第一批約兩百九十畝的農地，成立上海多利農業發展股份有限公司（後來更名為「多利農莊」）。他接著進行清理整治汙染土壤的浩大工程，在四年後，即二〇〇九年，開始為第一批上門的顧客宅配有機蔬菜。數個月內，多利農莊的會員就增加至數千人。

在創業初期，張同貴聯絡上在四川農業大學就讀時認識的江洪教授，他後來指派江洪擔任多利農莊的首席科學家。江洪是農業科學專家，他建議張同貴運用智慧感測裝置搭配軟體，藉由科技大幅提升農場的營運效能。「有機農業的成本很高，你必須盡一切所能，以最低的成本讓每英畝田地的產量達到最高。」江洪告訴我。江洪居中牽線，引介中國數所大學的研究團隊與多利農莊合作，其中也包括交通大學（號稱「中國的麻省理工學院」）。他們利用新的軟體和數據網絡工具（data-networking tools），研發出一套智慧農耕系統，除了能管控作物生長情況，還能管理農產的包裝、倉儲、線上銷售、配送和品管等農場營運的各個環節。

我拜訪南匯區的農場時，江洪帶我去看一片種植莧菜（中國一種類似菠菜的紅紫色蔬菜）的菜園，園中每隔幾排的土地裡，豎立著數十個迷你旗桿似的感測器。感測器是細長的金屬桿，頂端裝設的傳送器會蒐集數據後以無線方式傳送出去。江洪和他的團隊在農場各處裝設土壤感測器進行測試，他們監測每種作物的微氣候，蒐集土壤水分含量、溫度、溼度、酸鹼度和光吸收量等數據。在上海鬧區的辦公室裡，江洪團隊裡的五名技師每天像股票操盤手看盤一樣，分析著從各處農場的感測器源源不斷即時傳來的數據。江洪舉例說明，如果感測器偵測到某種馬鈴薯的田地土壤水分含量偏低，系統就會自動啟動灑水器為作物澆水，讓土壤水分含量恢復到作物剛好需要的程度。張同貴說裝設土壤水分感測器之後，節省了大約一半的用水，也有助於節約抽水送至田裡的電費成本。

有鑑於中國面臨乾旱，且取用淡水的成本相當高，這種精準灌溉法可說是相當關鍵的一項優勢。中國本身水資源短缺的問題，也因為環境汙染而變得更加複雜。例如北京位在極度乾燥的區域，居民每人每年可用水量僅一百立方公尺[17]；相較之下，美國人民平均每人每年消耗的水量為兩千八百四十立方公尺[18]。同理，中國許多地方的農業用水也採限量配給，若超量使用可能需支付高額水費。

江洪在設計一種精準農耕系統，希望透過系統就能監測和滿足數十種不同作物的特定需求。江洪手下的技師在上海辦公室裡的iPad平板電腦上輸入指令，就可以控制遠地系統自動朝田中投放肥料、農藥等農業資源：這邊施點肥補充營養；那邊噴一點有機殺蟲劑。張同貴的願景，是一種遠端遙控形式的農業。但是農作物多半會有一些狀況，必須人工實地照顧。在這樣的情況下，上海辦公室會調派農場工人前往田中處理問題。如果溫度感測器發現土壤溫度忽然上升，或微生物活動忽然變得旺盛，可能表示出現某種有害細菌或植物根部生病；如果感測器發現溼度飆高，表示該區的作物可能容易遭到真菌感染。

張同貴指出，利用科技不僅有助於減少用水和農藥用量，也能節約人力成本。多利農莊於全盛時期的員工總數約兩百人，不使用精準農耕工具的話可能是五倍之多，張同貴說：「有機農業比慣行農業需要更大量的勞力，而這就是我們的優勢所在。」

張同貴也希望顧客能以觀察者的身分，從遠端參與耕種作物的過程。他請江洪研發一款利用產品追溯追蹤科技的應用程式，供顧客在收到農產品後用智慧型手機掃描標籤，了解農產品

新疆省農民除草情景

的生產情況、田地的土壤品質和水質，甚至可以觀看田間蔬果的視訊影像（江洪在部分田地和溫室裝設監視攝影機，二十四小時追蹤作物生長）。張同貴分析說他的顧客群很在意食品衛生安全，這麼做可以增加顧客的信賴。

精準農業和監看工具固然對於提升生產效率和贏得顧客信任頗有助益，但也所費不貲。「分享收穫」創始人石嫣就因此極力減少自己的有機農場裡運用的科技：「現代科技解決了一些問題，但是創造了另外一些問題。使用工具和軟體就必須請專人管理，大多數有機農是以中小規模經營，根本難以負擔這些開銷，可能會被人事成本壓垮。」

＊＊＊

另一項成本高昂的艱鉅任務是土壤清理整治。

「我剛投入有機農業的時候，大家覺得我瘋了，」張同貴告訴我，「光是清理土地和水源就要花一大筆錢。」他說創業最初十年在這方面投入的成本就高達數千萬美金。為了加速農地的清理整治，中國農業部和科學技術部提供給農民數兆人民幣的補助金，張同貴因此受惠甚多，但還是必須將很大一部分創業資金用於土壤清理整治。

張同貴投身有機農業時，大眾對於中國土壤遭受汙染的嚴重與危急情況幾乎一無所知。直到二〇一四年，中國政府才揭露全國有五分之一的農地皆受到重金屬汙染[19]——這項資訊在外洩之前一直列為機密。及至二〇一六年爆發常州外國語學校學生抱怨聞到惡臭味之後患病，農地遭殘留化學物質汙染的新聞才傳遍全國[20]。有些學生經診斷發現罹患淋巴癌。調查後發現，該校校區位址旁邊是一家廢棄的化學廢料傾倒場。地方政府買下傾倒場所在土地之後，雇用工班在地面鋪上厚厚一層黏土蓋住化學廢料，但是毒素依舊滲出密封層。

大約同一時期，北京的中國科學院生態環境研究中心呂永龍研究員率領的研究團隊於學術期刊《國際環境》（*Environment International*）發表一篇研究報告，指出農地的工業汙染物與鄰近地區人口的A型肝炎、傷寒及特定數種癌症盛行率有高度關聯[21]。中國政府於二〇一六年年底發布計畫，預計在二〇二〇年前將百分之九十的受汙染農地清理完畢[22]，並在二〇一八年派遣六萬人的部隊在一塊面積約等同愛爾蘭大小的區域種植樹林希望復育土地[23]。

呂永龍告訴我，雖然中國政府「卯足全力清理整治土地」，但是清理過程中耗費了極為大量的時間、人力和財力。土壤整治方法包括挖除汙染土壤換上乾淨土壤，另外更常見的做法則是利用化學物質和細菌等降解劑分解汙染物質。「這些方法不一定有效。」呂永龍說。

即使是植生復育法（phytoremediation，或稱「植物汙染整治」），即利用種植花草（如向日葵和豬草）樹木（如柳樹和白楊）來吸收土壤中的重金屬，也絕非萬無一失。移除這些植物時，它們的根莖會斷裂，汙染物最後往往又回到土壤中。呂永龍主張：「大規模的植生復育很難達到一定的效果。」[24]或許這就是中國為何有一些植物學家嘗試利用基改技術研發根部不會吸收毒素的作物種子[25]——這個解決之道固然頗有潛力，但卻忽視了有機農業的原則。

根據中國環境保護部的土壤生態環境司邱啟文司長所言，清理汙染土壤的成本可能達到每英畝約一萬八千美金[26]，而中國約有二十萬英畝的重度汙染土地[27]，清理成本加總起來將是非常大的一筆錢。更不妙的是，中國的土壤還含有大量肥料和殺蟲劑。《經濟學人》（*The Economist*）於二〇一七年的報導指出中國的殺蟲劑用量自從一九九一年以來增加超過一倍，「中國現今每英畝農田的殺蟲劑用量大約是全球平均用量的兩倍，肥料用量也幾乎達到從前的兩倍。」[28]儘管官方努力要抑制農藥用量，但中國的糧食生產體系含括數億名個體農戶，幾乎不可能一視同仁加以管制。與美國相比，中國由個別農民所擁有農場的總數是美國的五十多倍。

因此，可以合理推斷中國的有機認證標準——說得好聽點——並不一致。「打著有機名號卻造假不實的農產品在中國屢見不鮮。」曾擔任政府職員的王杰（Jay Wang；音譯）表示，他從前的工作與有機認證有關。「很多農民會只在農場裡一小塊地施行有機農法，其他田地照樣灑農藥，還是可以取得有機認證。」在如此各行其是的系統裡難以強制採行衛生安全標準，張同貴說，推行標準化的困難更引起中國消費者的困惑和疑心。

＊＊＊

在我拜訪上海期間，我跟著張同貴前往上海以西四十英里的南匯，參觀他的旗艦級農場的農產包裝樓層。整層樓看起來就像《上空英雌》（*Barbarella*）＊裡的場景：全是壓克力板、亞麻油地氈和不鏽鋼。工作人員全都身穿連身工作服，戴著髮網和手套，他們手持不鏽鋼軟水管朝成堆剛採摘下來、懸掛於半空中的新鮮農產品灑水。他們接著手動擦乾蔬果，放入印著「有機生活，源自多利」（Organic Starts from Tony's Farm）標語的玻璃紙袋。在包裝室另一頭有一間四面皆為玻璃的大實驗室，戴著護目鏡的科學家在檢測取自甫採收農作物的樣本，以檢驗細菌和化學物質殘留量。

張同貴邁出大步向前走，與公司的包裝配送部門主管丁亞平（Abby Ding）寒暄起來。兩人閒聊到一半，張同貴伸手從輸送帶上一把抓起一袋紅蘿蔔。玻璃紙袋裡有十一根圓錐形的紅蘿蔔，另有一根稍微扭曲畸形。張同貴皺眉瞪著不合群的紅蘿蔔，儼然家長對不服管教的孩子怒目相向。他將這根紅蘿蔔從袋子裡取出，扔進遭淘汰的蔬果堆。

「但是紅蘿蔔天生就長這個樣子！」丁亞平出聲抗議。

張同貴告訴她，如果想要有機食品受到中國主流社會的歡迎，紅蘿蔔就必須長得直挺挺的。他回想起過往的一幕，當時一位顧客在發現一顆萵苣上有蝸牛後向他提出客訴。「當然了，有蝸牛很正常，表示土壤很健康，」張同貴說，「但我們的顧客不想要看到蝸牛出現在蔬菜上。」

在創立有機農業公司初期，張同貴希望公司慢慢擴張就好。他說他發現「養殖牲畜或種植作物很費時，但農民不想花那些必須花的時間」，而他為此十分煩惱。「一頭豬傳統上需要養兩年才能宰殺；現在只養到幾個月大，就宰了送進餐廳裡。」張同貴說他想要找回的不只是童年嘗過的滋味，還有家鄉傳統的農村價值觀：「我想要跟著大自然的步調走。」當時他並未預期「跟著大自然的步調走」最後會演變為成本高昂的數據網絡，鉅額土壤清理整治費用，以及像是剔除形狀不完美的紅蘿蔔之類沒有效率的差事。

高昂的成本可能是最後一根稻草，逼得張同貴離開這個產業。在我那次拜訪之後又過了數年，多利農莊究竟是否在種紅蘿蔔，甚至是任何農作物，已經無從探知。二〇一八年時，我從一位投資多利農莊的金主那裡得到消息，說張同貴本人已經悄然離開公司，將大部分的公司股份賣給一家房地產公司和一家保險公司。「生產成本非常高，物流問題更是複雜得讓人難以想像。」這位投資者分析。多利農莊這家公司表面上照舊營運，至少公司網站看起來一切如常，但是我問過的所有在有機食品業界的人都說那只是個幌子。我在上海的友人回報，說他們在自家社區裡不再看到曾經無所不在的多利農莊宅配貨車。「一家標榜提供永續飲食的公司，到頭來卻無法永續。」那位投資者告訴我。

我花了數個月時間試圖聯繫張同貴，想要聽聽他的說法，但卻無法聯絡到他。無論任何一處公司總部都毫無回音；我拜訪該公司時見過的人似乎都離職了。我最後才領悟，多利農莊所帶來的若不是豐足且符合永續精神的食物，那麼就是一則警世故事，或許甚至是首開先例的一番願景。有無數的新創公司企圖快速擴張，但成長太快，規模太大，同時卻扛下還未成熟的科技的高昂成本，多利農莊只是其中一個例子。

趙峰君在有機谷公司負責亞洲銷售業務，他形容張同貴的多利農莊理念超越了他當時的時代。「他的故事很重要，以後一定還會有類似的例子——首開先例的一群人。即使他們沒能成功，卻為未來成本下降時要利用那些科技的人開了路。」

張同貴在賣掉公司之前許久，曾告訴我他認為他的企業至少有一部分，是倡議公共衛生課題和推行做好事救地球的一種方式。他了解推出定價為慣行農法作物三倍的農產品，等同是在販售特斯拉電動車等級的永續食物[29]。但他堅持自己的農產品不應被視為富裕精英階級享用的奢侈品，而是新興中產階級的生活必需品。他認為有機蔬果獲致成功最大的障礙，不是高昂的土壤清理費用和高科技設備的成本，而是消費者教育。他也認定若想成功帶動永續農業的潮流，需要改變的並非產品售價，而是中國消費者的觀念：「問題在於一般蔬果食物在中國太廉價了——同樣產品在美國買要好幾倍的價錢。」一般蔬果的價格並未反映吃下受汙染食物的隱藏成本，而這種成本可能非常高。張同貴主張，中國的中產階級應該將錢花在比較貴但安全的食物上，而非可能有害健康的便宜食物。「消費者應該要抱著一個觀念：我們把錢付給農民，別付給醫院。」

中國國家食品安全風險評估中心的陳君石則提出警告，即使是高級昂貴的蔬菜，就算能夠大規模生產，也絕不是改善公共衛生的萬靈丹。「我們不可能靠有機農業解決十三億人口的食品安全問題。」他說。張同貴持相反意見，他認為藉由高科技施行有機農業的方法，最終將獲主流農業界採納，進而推廣普及「讓所有人受惠」。

就最後一點而言，「辣子張」或許是對的。繼他在二〇〇五年創立多利農莊之後，全球各地掀起使用土壤感測器、智慧數據網絡和其他精準農業科技工具的風潮，而且不限於有機農業，連中國施行慣行農法的大型農場也開始利用這些科技工具。雖然大多數鄉村地區的小農還不具備建置設備所需的技術知識、網路設施和資金，但在未來數十年，情況可能有所改變。有機農張曉嗚在北京市區和外圍擁有五百英畝的農田，他告訴我自

多利農莊工作人員在溫室中照顧種苗。

己的農場「配備充足的數位設備、監視攝影機和駐場技術人員」。他補充說，農場名稱「挪亞農莊」由來是挪亞方舟（Noah's Ark），希望「在憂惶不安的時期，傳達令人安心的訊息。」

＊＊＊

無論張同貴基於什麼緣故放棄他的有機事業，那個時間點卻適逢整個有機農業發展蒸蒸日上之際。中國的有機食品營業額於二〇一八年突破了七十億美金[30]。根據官方的統計資料，中國的有機認證機構在二〇一三到二〇一八年間成長翻倍[31]，不過取得有機認證的成本變高，標準也更加嚴格了。

販售有機產品的電子商務網站「甫田網」（FieldsChina.com）現今的配送範圍涵蓋中國兩百座城市；上海社區美食服務平台「可食可覓」（KateandKimi.com）則主打自產自銷、直送到家的有機農產品，很受千禧世代歡迎。沃爾瑪也已逐步提升中國的有機產品供貨量，並將控管食品衛生安全的成本增加至原本的三倍[32]。美國連鎖超市克羅格最近宣布，即將在中國銷售自有品牌「Simple Truth」有機食品[33]——不是透過實體店面，而是透過電商平台，很有張同貴多利農莊的風格。

張同貴所面對的最大挑戰，或許是來自金主的壓力，迫使他背離最初創業的核心價值與宏圖願景。「我們想看到公司快速成長，」其中一名大股東在公司全盛時期告訴我，「但這門生意需要投入大量資金，又太費時間。」張同貴的股東力勸他販賣有機肉品、蛋、食用油等來自其他供應商的產品——起初他很抗拒。他們接著說服他將標示「大然」但不具有機認證的當季蔬果和產品也在網站上架。面對股東的諸多要求，張同貴屈服了。他也慢慢退出都市區，開始在中國較偏遠的地區租賃土地，包括在四川省他的家鄉附近，新租下一座占地四百五十英畝的農場。比起在城市租地後清理整治受汙染的土壤，利用空運將農產品從鄉村送往城市其實速度更快，成本也更低，但是物流倉儲成本依舊高得驚人。

張同貴公司的投資者中，有些轉而受到另一種形式的農業吸引：完全不需要清理土壤的農法，因為根本沒有土壤。這種新型農業在美國稱為「垂直農場」，在中國和日本稱為「植物工廠」，是利用室內的栽培室種植作物，不需要土壤或陽光，一年四季皆可生產作物。在有如龐大倉庫的全年無休栽培室裡，作物在高強度植物生長燈照耀下生長。垂直農場系統的用水量遠遠少於傳統農場，不需噴灑殺蟲劑或任何傳統農藥，生長速度也比種植在戶外農場的作物快了百分之三十。

垂直農業新創公司「豐盛」（Plenty）於舊金山起家，目標是將公司的農業技術推廣到中國，獲得的鉅額投資中包括亞馬遜公司（Amazon）創始人傑夫·貝佐斯（Jeff Bezos）於二〇一八年投入的兩億美金[34]。「豐盛」公司的年輕執行長麥特·巴納德（Matt Barnard）表示，他們預計於二〇二〇年前，在中國各大城市市區或周邊打造三百座室內農場[35]。

在室內種植蔬菜乍聽之下頗有風險，會造成高碳排量，所費不貲，甚至像是一種世界末日的糧食生產方法。首先，依賴人工光源讓作物生長的農業，勢必會比在戶外種植作物消耗更大量的能源。光在美國就有九億英畝的農地[36]，絕大部分都不可能移至室內。但在都市人口爆炸、水資源逐漸稀缺和可耕地有限的地區，施行這種替代式農業從經濟和環保角落來看，開始變得有道理。相關產業正引來大量資金挹注，而且不只是在中國和日本。全世界其中一家最大的垂直農業公司總部選址相當低調，就設在紐澤西州紐華克，距離曼哈頓島數英哩的一棟老舊建築，該場地前身為室內雷射槍戰場館[37]。總部內部儼然一座工業殿堂，遍布蔬果植物和資料運算設備，是經過專門設計、旨在改變人類農耕方式的未來棲地。

聽起來像是科幻故事場景，某種程度上確實看起來很像，但這些垂直農場的目標是供應更多在地的新鮮蔬果農產，減少食物浪廢，不再需要千里迢迢運送農產品。垂直農場一方面帶我們遠離食物的根源，同時卻也帶我們靠近食物的根源。

譯註：

＊譯註：克里斯提安．勞斯．朗格為挪威歷史學家暨政治科學家，大力提倡國際主義，於一九二一年獲頒諾貝爾和平獎。

1. Quoted in Nanette Byers, "Tim Cook: Technology Should Serve Humanity, Not the Other Way Around," *MIT Technology*

Review, June 9, 2017.

2. "Production Indices: Visualize Data," FAO database, https://tinyurl.com/y725a4vg.
3. Ma Yuan, Zheng Fei, Liu Ran, and Rong Tiankun, "Hedge Funds Bet on Organic Farming in China," *Caixin* online, Mar. 14, 2013, https://tinyurl.com/y8uc5xaq.
4. Kaifang Shi et al., "Urban Expansion and Agricultural Land Loss in China: A Multiscale Perspective," *Sustainability* 8 (2016), https://tinyurl.com/ydytatub.
5. 引自二〇一四年五月與陳君石的私人通訊。
6. Brook Larmer, "How Do You Keep Your Kids Healthy in Smog-Choked China?" *New York Times,* Apr. 16, 2015.
7. Didi Kirsten Tatlow, "Don't Call It 'Smog' in Beijing, Call It a 'Meteorological Disaster,' " *New York Times,* Dec. 15, 2016.
8. "2007 Water Resources of the Yellow River Bulletin," Ministry of Water Resources, Yellow River Conservancy Commission, https://tinyurl.com/ya6hdj28. 另見 David Stanway, "Pollution Makes Quarter of China Water Unusable: Ministry," Reuters, July 26, 2010, https://tinyurl.com/y8ohrfgw.
9. Daniel Shemie, Kari Vigerstol, Mu Quan, and Wang Longzhu, "China's New Opportunity: Water Funds," The Nature Conservancy, 2016, https://tinyurl.com/ya9bbuqa.
10. "The Bad Earth: The Most Neglected Threat to Public Health in China Is Toxic Soil," *The Economist,* June 8, 2017, https://tinyurl.com/ybt976kp.
11. 引自與陳君石的私人通訊。另見 John Balzano, "The Food Police: China Proposes a Plan for a Special Unit for Food and Drug Safety Violations," *Forbes,* Apr. 20, 2014.
12. Karlynn Fronek, "Concerns Surrounding Imported Fruit Juice from China," *Food Quality and Safety,* June 12, 2014, https://tinyurl.com/y77e3fwt.

13. Tania Branigan, "China Executes Two for Tainted Milk Scandal," *Guardian,* Nov. 24, 2009.
14. 引自二〇一四年五月與陳君石的私人通訊。另見 Yanzhong Huang, "China's Worsening Food Safety Crisis," *The Atlantic,* Aug. 28, 2012.
15. Tracy McMillan, "How China Plans to Feed 1.4 Billion Growing Appetites," *National Geographic,* Feb. 2018. 另見 "Employment in Agriculture (% of Total Employment)," World Bank Database, retrieved Sept. 2018, https://tinyurl.com/y7v6y2by.
* 譯註：於二〇一八年改制為農業農村部。
16. "The Bad Earth: The Most Neglected Threat to Public Health," 2017.
17. "Thirsty Beijing to Raise Water Prices in Conservation Push," Reuters, Apr. 29, 2014.
18. Mark Fischetti, "How Much Water Do Nations Consume?" *Scientific American,* May 21, 2012.
19. Scott Neuman, "China Admits That One-Fifth of Its Farmland Is Contaminated," NPR, Apr. 18, 2014.
20. Javier C. Hernandez, "Chinese Parents Outraged After Illnesses at School Are Tied to Pollution," *New York Times,* Apr. 18, 2016.
21. Yonglong Lu, Shuai Song, Ruoshi Wang, Zhaoyang Liu, Jing Meng, Andrew J. Sweetman, Alan Jenkins, Robert C. Ferrier, Hong Li, Wei Luo, and Tieyu Wang, "Impacts of Soil and Water Pollution on Food Safety and Health Risks in China," *Environment International* 77 (April 2015): 5–15.
22. David Stanway, "China to Make More Polluted Land Safer for Agriculture by 2020," Reuters, Feb. 4, 2018, https://tinyurl.com/ycx2g544.
23. Samuel Osborne, "China Reassigns 60,000 Soldiers to Plant Trees in Bid to Fight Pollution," *Independent,* Feb. 13, 2018, https://tinyurl.com/yccddz6d.

24. 引自二〇一八年十月與呂永龍的私人通訊。
25. Haiyang Liu, Miao Ren, Jiao Qu, Yue Feng, Xiangmeng Song, Qian Zhang, Qiao Cong, and Xing Yuan, "A CostEffective Method for Recycling Carbon and Metals in Plants: Synthesizing Nanomaterials," *Environmental Science: Nano* 2 (2017), https://tinyurl.com/yab4pqal. 另見 Hillary Rosner, "Turning Genetically Engineered Trees into Toxic Avengers," *New York Times,* Aug. 3, 2004.
26. "China Needs Patience to Fight Costly War Against Soil Pollution: Government," Reuters, June 22, 2017, https://tinyurl.com/yc94j9v7.
27. "Report Sounds Alarm on Soil Pollution," FAO, May 2, 2018, https://tinyurl.com/ybg9bwxk.
28. 聯合國糧農組織關於中國大陸一九九一—二〇一六年間殺蟲劑用量的資料，參見：https://tinyurl.com/ycstwdre.
* 譯註：《上空英雌》（亦有譯《太空英雌》）是根據同名漫畫改編的一九六八年法國科幻電影。
29. "China, Peoples Republic of: Organics Report," USDA Foreign Agricultural Service, GAIN Report Number 10046, Oct. 26, 2010, https://tinyurl.com/y9uxxx5v. 另見 Michelle Winglee, "China's Organics Market, Beset by Obstacles, Is Still Taking Off," *Foreign Policy,* Sept. 21, 2016, https://tinyurl.com/y8ztalne.
30. 引自二〇一八年十月與王杰的私人通訊，Jay Wang, Oct. 2018.
31. 同前註。
32. Gail Sullivan, "Wal-Mart to Triple Food Safety Spending in China After Donkey Meat Disaster," *Washington Post,* July 17, 2014.
33. Liza Lin and Heather Haddon, "Kroger to Sell Groceries on Alibaba Site in China," *Wall Street Journal,* Aug. 14, 2018.
34. Leanna Garfield, "A Jeff Bezos–Backed Warehouse Farm Startup Is Building 300 Indoor Farms Across China," *Business Insider,* Jan. 23, 2018, https://tinyurl.com/y72nk9zs.

35. 同前註。

36. "Farms and Land in Farms 2017 Summary," U.S. Department of Agriculture, Feb. 2018, https://tinyurl.com/y7vdhu45.

37. Andrew Buncombe, "AeroFarms: Work Starts to Build World's Largest Vertical Urban Farm in Newark," *Independent*, Apr. 28, 2015, https://tinyurl.com/y7fp3dko.

第六章　向上發展

我們不僅必須學著有邏輯地思考，還必須從生物學層面去思考。

——愛德華・艾比（Edward Abbey）*

從外觀看來，喬安布品坊（Jo-Ann Fabrics）和紐約州綺色佳（Ithaca）鬧區帶狀商店街上的任何店家如出一轍，走進店內才知道，竟然色彩繽紛、光線明亮，彷彿置身涼快通風的閣樓裡，店內走道旁是一匹匹印花棉布、喀什米爾羊毛布等布疋。艾德・哈伍德（Ed Harwood）在這些走道中度過二〇〇三年的大半時光，不過他並未和常光顧布店那些愛好手工藝的婆婆媽媽們打成一片。哈伍德看起來就一副心不在焉的古怪科學家模樣——一頭逐漸稀疏的灰髮，戴眼鏡，稍微有點肚子。在常常造訪喬安布品坊那個時候，哈伍德已取得碩士和博士學位，在他家附近的老工廠裡設置了一間研究新發明的臨時實驗室。「大概是在我第四次去布店的時候，店員看我開始露出像看到瘋子一樣的眼神。我會在走道裡晃來晃去，他們會問我要找什麼，我每次都回答我不確定——要看到才知道。」

哈伍德一開始是對毛氈有興趣。他測試了至少十幾種樣本，但發現毛氈太難清洗而且容易變形。接著他改逛擺放家飾用布品的走道，買了堅韌聚酯纖維布和厚亞麻布的小塊布樣，但是織紋又太緊密了。在定期造訪喬安布品坊數個月後，他終於看到一匹燕麥色的布，材質類似製作外套和嬰兒毛毯的刷毛，他回憶當時的情景：「腦中好像響起**叮咚叮咚**的聲音！」他心想，就是這種布料，可以讓種子誤以為是土壤。

數年前，大約在一九九〇年代晚期，哈伍德在一本農業貿易雜誌讀到一種稱為「氣耕」（aeroponics）的實驗性室內農法，概念是將植物種植在托盤裡，讓植物的根部懸在半空中，並提供植物富含養分的水霧[1]。氣耕法所需用水量比起慣行農法大約少了百分之九十五。「我心想：哇！沒想到植物只要這麼少的水分就能生長。」哈伍德回憶道。當時紐約上州面臨嚴重乾旱，因此哈伍德對於水分利用效率念茲在茲，但是他與霍爾赫．艾勞德或張同貴不一樣的是，他並未懷抱拯救地球或人類的宏大理想。「我不是什麼十字軍或有什麼神聖目的，只是這個概念聽起來很合理務實，雖然我並不確定整體方法的箇中原理。」

哈伍德推論，氣耕法會比自古羅馬時代以來就在溫室中運用的水耕法更有效率。但氣耕法概念只在實驗室環境中應用過，一次只種植幾株植物。他想要一次種植數千株，而至於要如何實行，諸如要在什麼材料裡播種，或是如何提供水霧和模擬陽光，還沒有足夠的現成資訊。還有一個問題：哈伍德對於植物的了解並不深。他是康乃爾大學農業和生命科學院的教授，也兼行政職，但他研究的是動物。哈伍德在波士頓以南的城鎮長大，父親是安裝電梯的技師，母親經營保母托育服務。他從很小的時候開始，每年暑假都會去佛蒙特拜訪經營酪農場的親戚。由於熱愛農場工作，他中學時每週五下午搭客運去佛蒙特，週日再搭晚上最後一班車回家。哈伍德在學校的成績中等，但是他很喜歡照顧乳牛，還會記錄牛隻的行為。他九年級時搬到親戚家寄宿，準備在佛蒙特的高中就讀。

十年後，他不僅自科羅拉多州立大學取得微生物學士和動物科學的學士和碩士學位，第一項發明也獲得專利。他還在學時，就已經在一家新創公司工作，負責研發一種辨別母牛排卵期的系統。哈伍德知道母牛排卵時會焦躁不安，於是協助設計出一種套在母牛腳踝上監測踏步次數的數位腳環。當時是一九七〇年代，主流農業還要許久以後才會開始採用電腦設備：「我們的電腦系統輸入介面是個只有十個鍵的小鍵盤。」如今全世界的酪農場都在使用數位腳環。

哈伍德後來又取得酪農科學博士學位，並在進入康乃爾大學教書前輔修人工智慧學；出於個人興趣，他還製播一個介紹農業新發明的衛星廣播節目。他就是在研讀資料準備節目內容時，讀到介紹氣耕法的文章。哈伍德的植物實驗計畫開始醞釀。他決定種植生菜嫩葉，主要是基於經濟考量。「我是在逛華格曼超市時忽然想通的，」他說，「我看著特價的葉菜類，發現長成的萵苣一磅賣一美金，盒裝的生菜嫩葉一磅卻要賣八美金——而且生長時間只要一半。我心想，應該行得通。」但是他把這個點子告訴同事時，「所有人都說我發瘋了，成本實在太高。於是我更有動力了。每次只要有人跟我說什麼事『沒門』，我就更有動力。」

＊＊＊

室內農耕可以追溯到古羅馬皇帝提比略（Tiberius）時代，他在人生最後階段自我放逐，長居卡布里島（Capri）[2]。提比略格外嗜吃蛇瓜（snake melon），這種瓜類似黃瓜，外皮色淺，味道溫和，他要求菜圃園丁一年四季天天都要獻上這種夏季產的瓜類。在皇帝的命令之下，羅馬人於是發明了在有輪推車裡鋪泥土來充當「蛇瓜溫室」（specularia），那是有史以來第一次（據目前所知）成功種出非當季的農產品。當時還無法將玻璃應用於建築上，因此「蛇瓜溫室」的頂蓋和側壁是用一種類似玻璃的透明石頭築成。

千年之後在十三世紀羅馬城內的梵蒂岡，出現了第一座壁面鑲有玻璃的溫室建物[3]，當時是為了種植探險家自海外帶回的熱帶花卉和藥草植物，但溫室設計要到十九世紀才算得上有模有樣。荷蘭人建造的溫室相當精緻講究，不僅能控制加熱用的暖氣強弱，還可以調節出藥用熱帶植物生長所需的光照和溼度。

現代溫室無論在大小、容積和精緻程度都有所改良，但對環境的衝擊也大幅增長。世界上最密集的溫室群位在西班牙的阿爾梅里亞（Almería），占地達六萬四千英畝的植物生長室陣容無比龐大，甚至從太空中都能看到那些連綿不斷的塑膠屋頂[4]。大規模溫室由於製造出成千上萬英噸的塑膠和農業廢棄物，對當地的地下水位帶來負面影響，也因為剝削移工的廉價勞力而飽受批評[5]，再加上有大約七成的農產——即每年高達二十五億美金的農產品——皆出口至歐洲其他地方，反而無從發揮室內農業供應在地農產需求、減少長途運輸的優勢[6]。

歐洲有一個國家不需要這些出口的農產品，那就是發展出更符合永續精神的室內農業模式的荷蘭。荷蘭的土地低窪，容易淹水，土質不宜農耕。於是荷蘭人設計出符合嚴格環保標準、有效節水、碳排放量低，且產生廢棄物減量至最少的蔬果溫室[7]。有些溫室在洪水來臨時能夠漂浮在水面上；有些則連接地熱系統並藉此調控溫度。日本在經歷福島核災後，同樣致力於研發溫室科技，部分原因在於當地對利用受輻射汙染的土壤有所顧慮。在美國以外，日本和城市島國新加坡皆已興建了大規模的垂直農場，這些巨大的室內植物生長箱與溫室的不同之處在於完全不採用自然光源。如今「室內農業」一詞可謂包山包海，舉凡運用簡易技術、類似提比略皇帝時代簡陋設計的被

西班牙阿爾梅里亞的整片溫室區

動式太陽光溫室，到極為精密、講究的垂直農場，或哈伍德所稱的「完全控制型農業」（full-control agriculture），盡皆含括在內。由於消費者對於在地農產品的需求持續增加，加上照明和感測科技設備的成本降低，美國的室內栽培蔬菜產量於過去十年躍升了百分之六十。

史丹佛大學糧食安全與環境研究中心（Center on Food Security and the Environment）主任大衛・洛伯（David Lobell）告訴我，綜觀全球，室內農業之所以興起，有一部分原因在於因應可耕地逐漸減少。洛伯指出，不只有中國面臨可耕地有限的挑戰，「過去四十年間，全球有整整三分之一的優質可耕農地」在乾旱、汙染和土壤侵蝕之下消失無蹤[8]。其中的罪魁禍首則是土壤侵蝕，肇因於過度翻土整地以及濫用化學肥料和殺蟲劑，而表土自然再生的速度遠遠不及退化速度。有感於農業發展上受到的侷限，最缺乏優良耕地的國家正在氣候和條件比較適宜農耕的地方大量搶購土地。中國為了確保糧食供應安全無虞，已在巴西、衣索比亞、阿根廷等三十三個國家購入土地[9]。英國也在三十個國家買下農地，以維持穩定的作物供給。其他國家如德國、印度、沙烏地阿拉伯和新加坡，也在海外投入大筆資金購置農地。儘管美國國內已有龐大農地，美國的作物生產者也在超過二十五個國家持有農地。

這股趨勢被評論家稱為「全球掠地」（global land grab）[10]，無論在物流上或外交上，都所費不貲且盤根錯節。室內農業提倡者則主張，相較於競相收編世界各處的可耕地，還不如持續發展、精進室內農業，在當地完全由人為控制的環境中生產新鮮作物可能更加便宜安全。特別是在人口增加和環境壓力加劇的情況下，掠地的做法可能更為艱困，風險也更大。

＊＊＊

哈伍德並未想過自己的事業會大獲成功，甚至沒想過會小有所成，但他認為自己會愈做愈好。在喬安布品坊找到理想布料之後不久，他在綺色佳附近租下一座獨木舟工廠當成工作空間，偌大的地下室地面未鋪地板，泥地裡爬滿蠑螈、甲蟲和馬陸，後來全都成了他所謂的「辦公室伙伴」。他製造出多個數百英尺長的長方形鋼製箱盒，在箱盒裡鋪上布料。他將水管接上可將水和營養成分混合成溶液的裝置，再在布片下方裝設幫浦和噴嘴系統，利用這個系統在生長箱四周噴灑類似自製版美樂棵（Miracle-Gro）植物營養液的溶液霧滴，也讓替代土壤的布片保持溼潤。他在布片上灑下他最愛的芝麻菜種子，打開幾盞植物生長燈，然後靜待發展。

兩週內，他採收了第一批芝麻菜嫩葉，收穫量足以裝滿十三個拉鍊袋，他將生菜嫩葉包分送給鄰居。他在陽春的實驗室裡繼續在不同條件下測試，試用不同的植物生長燈，調整加熱布片的溫度，換用不同種類的噴嘴和營養液。幾個月後，他已經能將產量提升到每週產出數百包四分之一磅裝（約一百一十公克）的生菜嫩葉。他為自己的新創事業品牌命名「特優綠蔬」（Great Veggies），並用擺在整堆包裝萵苣用的塑膠袋上的桌上型電腦設計了一個品牌商標。創業兩年後，他已經在為當地餐廳和果菜鋪定期供應萵苣，但由於籌不到更多資金，無法擴大經營規模。到了二〇〇七年，哈伍德暫時停止營運。

翌年，在哈伍德準備高中科學教師資格考時，忽然有一位阿拉巴馬州的私募股權投資人大衛・安東尼（David Anthony）來電聯絡。「他用谷歌搜尋時，發現從前的『特優綠蔬』網站，我甚至不知道網站還在運作，他說：『我認為你就是農業的未來，我想買下貴公司一半的股份。』那一天是我創業以來的大日子。」

安東尼投資了五十萬美金，哈伍德的事業恢復運作。他雇用了數名工程師，將公司重新取名為「氣耕農場」（AeroFarms Systems），開始建造室內氣耕設備，並販售給美國和中東的農民。二〇一一年他接到一通電話，話筒另一端是哥倫比亞大學商學院（Columbia Business School）的兩名年輕畢業生戴維・羅森伯格（David Rosenberg）和大島馬可（Marc Oshima），他們想要買下他的公司。羅森伯格在先前十年創立了生產環保防水混凝土的新創公司「超混凝」（Hycrete），並已將公司轉售。大島馬可曾在萊雅集團（L'Oreal）、玩具反斗城（Toys "R" Us）和西塔瑞拉連鎖精品超市（Citarella）等企業擔任行銷主管，他跟羅森伯格都很擅長做生意，但是對農業一竅不通。兩人買下

戴維・羅森伯格、大島馬可與艾德・哈伍德

公司後指定哈伍德擔任技術總監，開始在紐澤西州物色適合架設垂直農場設施作為營運場址的工業建築。

二〇一八年，氣耕農場公司已募得超過一億三千萬美元的資金[11]，投資者包括宜家家居集團（IKEA Group）、桃福（Momofuku）餐飲品牌主廚張碩浩（David Chang），和杜拜著名的美拉斯控股集團（Meraas Group），並在地鐵連通的大紐約都會區各處合計七萬立方英尺的都市不動產空間栽種蔬菜。哈伍德設計的設備可用來種植數十種不同的生菜嫩葉，包括芝麻菜、羽衣甘藍、京都水菜（mizuna）、青江菜和西洋菜（水田芥），所有蔬菜都種在如洞穴般的空調庫房中三十六英尺高的鋁製塔架上。氣耕農場公司如今的產量穩定，每個月約生產七十五英噸的葉菜，為方圓五十英里內的市區超市、餐廳和快餐館供貨。「公司成長完全超出我的想像，」哈伍德說，「但是我還沒有妄自尊大到覺得我們在改變世界。」無論如何，目前氣耕農場公司不過是萵苣生產者，因此也如他所說的，「距離解決全球饑荒問題的路還長得很。」

＊＊＊

美國最大的一座垂直農場坐落在紐華克包鐵區（Ironbound）羅馬街二一二號。「農業的未來一片大好。」大島馬可告訴我，當時是三月某個晴朗的下午，他和哈伍德帶頭，我跟在後面走進一棟前身是鋼鐵廠的無窗建築物。公司總部距離農場僅數個街區之遙，設在一座前身是地獄極限（Inferno Limits）雷射槍戰和漆彈對戰場館的庫房，天花板和牆面仍然滿是塗鴉壁畫和四濺的漆料。曾經的鋼鐵廠房如今也顯得五光十色：自地板延伸至天花板的塔架矗立於幽深洞穴般的生長室中，整座塔架亮著紫紅色燈光。空間中瀰漫著植物的清新氣味，同時充斥著幫浦、噴霧器和風扇的聲響，看起來不像農場，反而更像亞馬遜的理貨包裝中心。

種在塔架內的葉菜幾乎無從窺見，每座塔架中都設置了層層疊疊共十二畦苗床，苗床深一英尺，每畦長達八十英尺。工作人員頭戴髮網，身穿像是有害物質防護衣的連身褲裝，在混凝土地板上悄無聲息來回穿梭，不時看一眼手中發亮的平板電腦和托盤。為了搆到位置較高的托盤，他們會搭乘活動吊車上下移動。

「自從人類發展農業以來，一直是讓植物去適應環境，而垂直農業則是讓環境去適應植物，」哈伍德說，「你可能覺得很不自然，但從植物的角度來看，一切都再自然不過——它們只會獲得它們需要的，而且恰好、不多不少是它們所需要的。」

大島馬可對於農場運作的描述，與霍爾赫·艾勞德或張同貴描述各自的事業時如出一轍，他們都認為自己是在發展具備生態意識的新科技，相信創新技術是永續理念的支持者而非競爭者。投入垂直農業的其他從業人士則形容室內農業為「後有機」（post-organic），也就是一種不使用殺蟲劑、所需用水和肥料比戶外農業所需的量減少許多的糧食生產方式，而且與自然環境完全隔絕，即使氣候劇烈變化也不影響作物。

氣耕農場公司所使用的照明技術，類似國際太空站上栽培植物所使用的系統，是以高功率ＬＥＤ燈來取代陽光，僅採用藍光和紅光光譜，因此燈光會呈現次水楊酸鉍腸胃藥（Pepto-Bismol）那種亮粉紅色。在托盤上方鋪著一條布，和哈伍德當初在喬安布品坊裡找到的很相似。植株的根部朝布料下方半空中伸出，宛如懸垂半空的羽毛狀冰柱，吸收瀰漫在托盤內富含養分的高壓霧滴。周遭的攝影機和感測器持續追蹤並監控植株的生長進程和需求，同時也蒐集、分析數千個在植株生長過程中提供照護指引的資料點，鉅細靡遺。

種植過程從自動播種機啟動開始。在影像軟體和演算法分析的引導下，一條機械手臂依據最佳生長分布方式在布片上撒下種子，而布片在每一輪生長採收之後可以回收，刮淨清洗後再次利用。種子發芽的速度飛快，所需時間還不到戶外田裡種子的一半。由於熱氣會往上升，種植不同蔬菜的托盤擺設於塔架的高度也不同，喜歡溫暖環境的萵苣在最高層，喜歡涼爽的菜類則放底層。

托盤裡成千上萬顆種苗沐浴在粉紅色生長燈燈光下，懶洋洋的好像躺在巨大的室內日曬機裡作日光浴。哈伍德告訴我ＬＥＤ燈的優點：它們不會散發輻射熱，可以設置在植株正上方；因此植株不需要將能量耗費在向上生長和長出莖梗，可以專心向外長葉子。相較於水耕法，氣耕法成本更高，技術更複雜，也更容易出差錯，但有一個很大的優勢：由於植株根部不是浸在水裡或埋在土裡，而是暴露在更大量的氧氣中，因此植株生長速度會更快。

氣耕農場公司為了進一步加快植株生長，會為植物額外提供行光合作用時要吸入的二氧化碳。在庫房裡流動的空氣經過過濾、換氣、加熱和冷卻。打入儲槽內的二氧化碳後，室內的二氧化碳濃度會達到百萬分之一千，是大氣中二氧化碳平均濃度的兩倍多。「這就是控制整座生長塔架的大腦，」大島馬可邊說邊打開一個金屬大箱，裡頭線路虯結，「我們在各處都裝了攝影機和感測器，有數萬個感測裝置隨時解讀數百萬個資料點。」資料點與植株生長過程和所有可能影響植株生長的變數有關，包括溫度、溼度、光照的光譜和強度、養分吸收程度，以及氧氣和二氧化碳濃度。

塔架的「大腦」是由人工智慧系統主導，類似艾勞德所用系統的「二軍」版本，系統中儲存了數千張植株正常狀態下在各個生長階段的圖像，攝影機會以這些圖像為標準，自動偵測葉片的顏色、形狀和質地是否出現異常。如果有一台攝影機偵測到異常生長情況，系統會經由手機應用程式向科學家發出警示，科學家就能從遠端解決問題，即依據偵測結果調整生長環境條件。「目標一直是提升一致性。」大島馬可說。作物資料全都儲存在雲端系統，而公司的營運、食品安全、財務、研發等各部門團隊則持續透過雲端系統進行資料採礦，以便「針對公司生意的所有層面累積相關知識，並充分掌控」。

環保人士保羅・霍肯贊同垂直農場的做法，但是認為這種農法仍不脫利基型應用的範疇：「生產城市在地糧食和垂直農業都非常有價值，但是後者既無助於減少溫室氣體排放，本身產量也不足以餵飽所有人。無論農場位在室內、戶外或垂直，機械化農業都有它的成本。在追求最高生產速度及最大生產力和一致性的同時，也失去了植物與所生長的地方，以及與身為生產者的人類之間的寶貴連結。」

受到高度人為控制的農業，表示其中的風險也高。由於植株根部沒有土壤或其他屏障保護，即使只是有少量的細菌、黴菌或其他汙染源出現在根部懸吊的空間中，植株都可能因此受傷。由於供應給植株的水分和養分的量剛好是維繫生存所需的量，系統一旦出錯，例如幫浦或灑水器或計時器故障，都會導致植株受害。萬一發生斷電，或托盤容器中的水霧停止供應，植株可能會在一小時內死亡。「氣耕作物就像活在泡泡裡的男孩，」麻省理工媒體實驗室（MIT Media Lab）開放農業計畫（Open Agriculture Initiative）主持人迦勒・哈伯（Caleb Harper）告訴我，「只要泡泡不破掉，男孩就能活得好好的。」

＊＊＊

氣耕農場公司設在羅馬街二一二號的農場開張一個月後，以亞特蘭大為根據地生產萵苣的PodPonics公司宣告破產。當時全世界僅有極少幾家成氣候的垂直農業公司，PodPonics正是其中一家，而公司在破產解散不久之前，曾接到克羅格超市的提議：如果能夠擴建農場提高產量，每年預計會下兩千五百萬美金的萵苣訂單。「簡直是美夢成真，當時我們蓄勢待發，那就是我們想要做到的，」前PodPonics執行長麥特・里歐塔（Matt Liotta）在公司倒閉之後不久出席一場產業研討會時表示，「接著我們才意識到，如此一來必須投入多少資金，雇用多少人員——根本沒辦法依照他們的要求什麼都做到。」里歐塔在評論最後補充：「坦白說，這是一場製造業遊戲，不是藝術。如果想搞藝術，不如找一座花園。」

PodPonics於二〇一四年歇業，之後不久另一家規模較小但相當高調的水耕萵苣公司FarmedHere，關閉位在芝加哥九萬立方英尺的廠房，並宣布要在肯塔基州路易維爾另起爐灶，預計投入數百萬美金建置一座新農場。由於人力和電費成本高昂，垂直農場必須大幅提升產品銷量以免入不敷出，但快速擴廠的風險太高。大約同一時期，曾投資都市農業新創公司的金主，包括谷歌創投基金（Google Ventures）及日本的東芝和三菱集團，都以相關技術尚不成熟為由停止投資。「新生的產業都會碰到這種情況——最初創立的一百間公司裡，只有一間會生還。」哈伍德說。

然而，有愈來愈多玩家願意冒險賭一把。例如特斯拉創辦人伊隆・馬斯克（Elon Musk）的弟弟金柏・馬斯克（Kimball Musk），他在紐約的布魯克林創設「方根」（Square Roots）城市農業公司，種植方式是在貨櫃裡打造出一面面如豎起隔屏的苗床，再裝設懸垂如簾幕的LED燈提供光照。及至二〇一八年，谷歌創投基金在退出垂直農業遊戲幾年後復出，主導一輪九千萬美金的融資計畫，投資另一家位在紐澤西州卡爾尼（Kearny）、實務運作大力仰賴資訊科技的氣耕萵苣公司「寶里農園」（Bowery Farming）。傑夫・貝佐斯和其他投資者挹注「豐盛」公司的兩億美金堪稱豪賭，是垂直農業領域有史以來最大一筆投資，但「豐盛」採用的是水耕系統，比氣耕法所需的用水更多，長期來看可能不利發展。

戴維・羅森伯格說氣耕農場公司已拒絕多件八位數投資提案，因為他相信公司成長應循序漸進。即使商品已經上市銷售三年，公司幾乎沒能轉虧為盈。「我們打的是持久戰——利潤會隨著公司規模逐漸成長。」羅森伯格告訴我。然而同時，世界上除了他們以外唯一的著名大規模氣耕農業場址，是美國太空總署（NASA）的「太空農業」實驗室。

無論是哪一家垂直農業公司，在財務經濟上面對的首要挑戰都是能源需求。哈伍德在康乃爾大學的老同事研究發現：「水耕法的萵苣產量是一般農法的十一倍，但是需要消耗的能源卻是八十二倍。」[12]哈伍德對於這樣的研究數據持相反意見，認為那並未將冷藏儲存、運輸配送和對抗病蟲害等成本納入考量。他補充說，隨著照明設備效率逐步提升，目前已經能有效降低氣耕法的成本。

氣耕農場公司設計了一套照明系統，大島馬可說：「絕不只是混合紅光和藍光那麼簡單，牽涉的層面要更精巧細微」，但他不願透露更多細節。他解釋說，未來必然能夠節省照明成本：僅僅在二〇一二到

羅馬街二一二號內部

二〇一四年間，LED燈的效率就躍升了百分之五十，到二〇二〇年前，預期將會在成本降低的情況下再提升百分之五十的效率[13]。氣耕農場公司也在進行實驗，測試在作物生長週期調整不同光照強度，只提供作物剛好需要的光照量。「那不只是開燈關燈而已；不同種類的蔬菜每天的光照需求都不同，從發芽到成熟有時候可能每小時都有所差異，還有不同蔬菜各自需要的黑暗無光照時間長度也不同，」大島馬可說，「利用感測器、攝影機和機器學習，我們就能更細膩地管控光照。」

當我追問不依靠陽光的農業的碳足跡議題時，羅森伯格回答氣耕農場公司在場址選擇上有所斟酌，例如設在紐約州水牛城的農場就位在可提供零碳能源的水力發電廠旁，位於紐澤西州紐華克的農場則是利用地熱和一座設在農場裡的燃氣渦輪機發電自用，他另外還在實驗將捕集的二氧化碳灌入生長箱，以加快作物生長速度。而隨著太陽能技術的效率逐漸提升，他也會考慮在農場裝設太陽能發電系統，「如此一來我們的作物即使不是直接曬太陽長大，也算是間接依賴陽光生長的。」

羅森伯格對於由城市農場取代傳統農地，而釋出的傳統農地可當成天然碳匯（carbon sink）的說法也極具說服力。「若比較每英畝的年產量，我們的農場是傳統農地的三百九十倍，」他分析道，「想想看如此一來可以釋出多少面積的農地，我們可以種樹造林，讓大地回復前農業時代的天然樣貌，恢復成能夠吸收二氧化碳的原始荒野。還有什麼能比這個對地球更有益處？」

＊＊＊

凡是需要大量陽光、大規模栽種且可長久儲存的糧食作物，諸如小麥、玉米和稻米，很可能永遠無法改以室內農業生產。只有葉菜類這種易腐敗不耐久放、富含養分且對氣候變化敏感的作物，才適合在嚴格管控的生長環境中栽種。相較於其他作物，葉菜類的生長速度快，很快就可以收成販售，而前期作業需要投入大筆資金的公司就能立即回收現金。採用哈伍德的氣耕系統，每年可以收成二十五到三十次。依據蔬菜種類不同，一顆種子從休眠成長到可以採收，只需要十二到十六天。若將同樣的作物種子種在戶外田地，約需要三十到四十五天才能達到同樣的成熟度，產量不及氣耕農場的四分之一。

栽種出來的葉菜基本上所有部分都能販售也是一項優勢，這就表示沒有任何能量是耗費在作物其他無法利用的部位。「光照要錢，所以比方說只用ＬＥＤ光源去種一棵酪梨樹，會有樹幹、樹皮、樹枝、樹葉和果實這麼多部分，但卻只有果實能夠賣錢，這樣就不划算了。」哈伍德說。

萵苣也是室內農業很好的作物選項之一，因為在戶外種植萵苣有太多問題需要克服。舊金山以南的薩利納斯谷綿延九十英里，氣候涼爽乾燥，全美超過三分之二的葉菜皆產於此區。剩下三分之一的葉菜則大多來自亞利桑納州的尤馬，這裡的菜農於冬季種植萵苣。「這種菜容易腐壞，必須小心呵護，配送至全國各地的運輸費用非常高昂，產品卻在運送過程中持續貶值，」大島馬可說，「我們套利的機會就在這裡——提供品質更好、更新鮮的產品，捨棄長供應鏈，省去低溫運送的成本。」

一位受訪的產業分析師形容葉菜是「農產品中的瓶裝水」[14]，因為生產葉菜需要耗費大量的能源、水和勞力，但產品卻因為受損腐壞而有很大部分必須拋棄，與生產成本完全不成比例[15]。種植一顆蘿蔓萵苣需要三．五加侖的水[16]——這個數字的意義非比尋常，尤其是在缺水情況日漸嚴重的地區。萵苣也因為曾引發疾病而惡名昭彰。過去十年來，包括有機農業龍頭鄉土農場在內的數家販售袋裝菠菜的業者，都曾售出遭到來自牛糞肥的大腸桿菌汙染的產品，造成五人死亡，數百人染病[17]。二〇一八年，全美十五州共有五十二人因為吃了有大腸桿菌汙染的蘿蔓萵苣而染病。

唯一能確保萬無一失的方法是使用化學洗潔劑，或者在室內種植葉菜。「只要看看萵苣有多少缺點：細菌汙染、容易受氣候變化影響、養分流失，還有造成資源浪費，就會知道栽種萵苣這個領域需要改變，」大島馬可說，「我們具備科技上的優勢。」

我在羅馬街二一二號看到他們採收的蘿蔓萵苣幼株，長得如此結實富有光澤，作物那些層層褶皺，宛如一顆顆發著青綠光芒的小型大腦。我原本預期從來沒有曬過太陽或接觸過土壤的萵苣，會軟趴趴的且吃起來淡而無味（水耕萵苣多半如此），但是氣耕萵苣的葉片質地竟然相當硬挺，味道也清新爽口。

早在創業初期，哈伍德就假定室內氣耕系統最大的優勢會是水分利用效率高，作物採收量可能很大，以及能夠就近供應當地市場。「但我們發現氣耕法更有價值之處在於我們蒐集到的大量數據，藉此就能了解植物生長行為，以及蓬勃生長所需要的確切資源為何。」氣耕農場公司借助這方面的知識，得以巧妙瞞騙一些生長條件特殊的植物。

「風土」（terroir）是侍酒師常用的法文詞語，指的是產生一支特定產地年分之葡萄酒的特殊環境和氣候條件，從溼度高低、溫度逆境、熱逆境、空氣品質、氧氣濃度到土壤品質，甚至葡萄園灌溉用水所含的礦物質組成等要素都含括在內[18]。若以法國的波爾多（Bordeaux）為例，可說是影響作物表現型（phenotype）如顏色、風味、酸度、質地、氣味種種特徵的波爾多所有環境因素的總合。但風土一詞不只適用於葡萄酒；目前也已有許多不同作物的風土研究，研究對象包括咖啡、煙草、巧克力、辣椒、啤酒花、龍舌蘭、番茄和大麻等風味繁複、予人感官衝擊的高經濟價值作物。而氣耕農場希望透過建立數位化管理的沙拉用葉菜生長環境，調控出某種能夠影響萵苣風味和質地的「數位風土」。

保羅．霍肯對此持保留態度。他認為就算是最理想的情況，人類也不太可能完全理解風土。「別忘了，全世紀最複雜的生態系統莫過於一立方英寸的土壤。微生物群落彼此之間的互動、土壤與植物根部之間的互動、植物與氣候和土地的地質史之間的互動——正是這些互動營造出驚人的奇妙風味，為食物賦予靈魂，這樣的互動絕非演算法所能破解，更超乎我們可理解的範疇。」

哈伍德持相反意見，他認為對於哪些因素會影響植物的風味，他的團隊能夠理解的已經愈加深厚廣博。「我們能夠將很特定的變因獨立出來。比方說，藉由在生長階段中的某個時候，降低溼度或提高溫度，而其他條件維持不變，我們就可以影響某種特徵。」可以影響的特徵可能是萵苣葉片的顏色，或草莓甜度，或番茄的茄紅素含量。假以時日，研究團隊將累積出與所探究的植物特定特徵有關的大量數據，也就能更有效地予以掌控調整。

大島馬可認為氣耕農場公司的未來，是專注發掘作物具有附加價值的特質。「舉例來說，我們可以和特定的主廚合作，專門為主廚生產特別食材，像是比較辛辣，或顏色偏紅，或葉緣鋸齒更多，或口味更甜的萵苣。」在這個未來場景中，調整作物的特徵可能就像用Instagram濾鏡修圖一樣簡單——不過目前仍在初期研發階段。「我們才剛剛開始探索，」他說，「但是隨著逐漸建立有規模的資料庫，沒錯，我們的調控可以到那麼細緻的程度，細緻到可以調整作物吸收的多量養分（macronutrient）和微量養分（micronutrient）多寡，因為我們能在作物根部吸收養分的過程中即時監控吸收速率，在田間幾乎沒辦法做到這麼精細的調控。」

氣耕農場公司正在研發可用來栽種莓果、番茄、葡萄、黃瓜、甜菜和根莖類蔬菜等多種高經濟價值作物的機器設備，有些作物是預計會像萵苣那樣栽種後供零售，有些作物則是栽種後可提供副產品。在羅馬街二一二號場址附近的研發農場，氣耕農場公司團隊與跨國食品企業合作，以植物為對象進行研究，主題包括如何讓植物像有機小型機器一般運作，生成製造加工食品用的天然風味劑、色素和可額外添加的營養素。

這種控制特定條件的作物生長實驗，在食品產業仍屬相當新穎，但在化妝品和製藥產業並非新鮮事，而麻省理工學院的哈伯認為，將具有電腦輔助的精準農耕技術應用於生產特殊食品頗具潛力。他在媒體實驗室研發的「個人食物電腦」（personal food computer）基本上是可在個人家中運作的小型室內生長箱，可連接到資料庫取得所謂的「氣候食譜」（climate recipe），再據以生產特定蔬果或植物萃取物。無論是桃福餐飲使用的羅勒，南義富含茄紅素的番茄，或是墨西哥的聖納羅辣椒，哈伯說：「我們需要一個『開放表型體資料庫』（open-phenome library），讓所有人無論身在何處，都能利用『氣候食譜』栽種出他們需要的任何植物。」「難處在於目前沒有任何環境控制農業（controlled environemnt farming）適用的基準程式語言，沒有農業用的Linux作業系統。我

氣耕農場公司在苗床托盤中栽種的葉菜

們要如何創造一種通用語法，讓世界各地的生產者得以分享生長條件相關資料？那將是糧食網際網路的基礎。」

哈伯說我們從來不曾這麼做過，原因是美國農民一直以來幾乎完全以產量為優先考量。「我們花了很長的時間將農業最佳化，犧牲品質只為了兩個目標：更便宜的糧食、更多更便宜的糧食。我不是在批評前人的努力，我認為綠色革命非常偉大，養活了無數人口。但是現在我們可以做得更多，也能做得更好。」

＊＊＊

一九七二年的科幻電影《魂斷天外天》（*Silent Running*）的前提是植物面臨末世浩劫，場景是漂浮在太空中的一間溫室。我們追隨著布魯斯・鄧恩（Bruce Dern）飾演的生態學家弗里曼・洛威爾（Freeman Lowell），展開宛如一齣悲喜劇般的任務：為未來人類保存植物。主角的人類長官為了載運更多貨物決定摧毀溫室，但主角在三台不太靈光的機器人協助下叛變，他和機器人助手群冒著種種危險，只為了讓溫室裡的植物活下來。

我看這部電影時二十三歲，當時只覺得既滑稽又荒謬，那是對於七〇年代早期生態烏托邦理念的諧擬戲仿。洛威爾就像是末世之後的聖方濟，漫步在潺潺的人工溪流旁，輕撫他的生物圈中的植物，鳥兒飛落停棲在他肩頭，此時背景響起瓊・拜雅（Joan Baez）的歌聲，她以招牌顫音唱著「在太陽下歡欣喜悅」而自然是「你的寶貴孩兒」。無疑是「自然末日」遇上「回歸大地」的光景。

二十年後，當我漫步穿越氣耕農場公司庫房，經過粉紅色日曬機裡一畝又一畝的葉菜，我忽然意會過來，原來自己離《魂斷天外天》的場景並不遙遠，庫房本身就是不折不扣的植物方舟。一九七二年的諷刺科幻電影，原來並沒有那麼荒謬。離開氣耕農場公司於羅馬街二一二號的場址後，我迫不及待想回家幫荒廢的小園圃除草，在土裡東挖西掘，採摘土裡長出的斑駁歪曲作物吃進肚子裡。想到要吃利用演算法達到生長最佳化和一致化的萵苣或草莓，我實在不怎麼熱衷。我也不喜歡植物、土地和人之間失去親密連結的想法。但我確實欣賞將糧食生產移至室內可能縮短糧食供應鏈、減少作物腐敗浪費，並讓農地免於承受翻土整地和施用農藥的概念。農地有可能回復成能吸收二氧化碳的森林，多少緩解農業在過去萬年來對環境造成的衝擊——我喜歡這個主意，儘管相當異想天開。

在《魂斷天外天》上映後近半世紀之後的現今，已經發生諸多變化。我們不僅在全球失去了三分之一的可耕地，還加快了耕地流失的速度。大部分失去的耕地皆位在政治情勢不穩定的區域。例如沙烏地阿拉伯有百分之七十五的糧食仰賴進口[19]，其他面臨沙漠化的中東國家，包括伊拉克、卡達和阿拉伯聯合大公國，在糧食供給上同樣高度仰賴進口[20]。就如迦勒・哈伯在造訪阿布達比後與我見面時所分析：「那裡的土壤中所含生物材料比例大概只有百分之〇・〇〇一，沒有任何河川溪流，短期內不可能增加其他水資源。室內農業的用水量只需一般農業用水量的不到一成，而那可能就是他們的二十一世紀勝利菜園。」

根據聯合國的預估，全球人口將在二〇五〇年達到九十八億，比起現今地球上的人口數多出百分之三十三[21]。其中約有三分之二的人預期都將在城市中生活，進行多年的鄉城遷移仍將持續下去。現今全球僅有一半人口住在城市裡。到了二〇五〇年，全世界前二十大都會將有十四個位在亞洲和非洲，除東京、上海和孟買外，將會再加上雅加達、馬尼拉、喀拉蚩、金夏沙和拉哥斯（Lagos）[22]。基於人口成長加上飲食習慣改變，聯合國預估到時候全球必須生產比二〇〇九年產量多出百分之七十的糧食[23]。所以若要說種植作物最終也需大規模向上而非橫向發展，這種說法相當合理。

但是艾德．哈伍德、迦勒．哈伯和其他垂直農業的擁護者所倡議的，並非以垂直農業取代傳統農業。他們的提議是將大規模栽種的經濟作物如小麥、玉米、稻米和大豆，亦即能夠長期儲存的作物，與不耐久放的新鮮農產品分開看待。哈伯解釋道：「五十年後，情況最終大概會像這樣：至少百分之七十的作物仍會採傳統方式耕種，由大規模農場集中生產。」剩下百分之三十會有一部分，即運輸中最容易走味和流失養分的新鮮蔬果，可能是由在地的戶外農場、社區菜圃和室內垂直農業設施供應給需求持續增長的都市消費者。

哈伍德認為，為了讓這樣的願景能行得通，我們會需要更大量的農民，而且是和威斯康辛州清水鎮果農安迪．佛格森不一樣的一批農民。哈伍德強調經營永續農業需要的，是由具備特定技術者所組成的有活力、能創新的團隊，而城市人比起經驗老到的美國中部農民更有可能勝任。就如同霍爾赫・艾勞德的藍河科技，氣耕農場公司裡的資訊科技人才陣容比農藝高手更龐大。「這種農業模式牽涉園藝、生化科學、機械工程、電機工程、程式設計、食品安全、建築等各個領域的專業。」哈伍德向我說明。

將來除了蔬果農產的生產之外，可以預見蛋白質的生產同樣需要各領域的人才一起投入，例如魚類養殖或水產養殖（aquaculture）。野生魚類數量面臨環境壓力和過度捕撈的威脅，而水產養殖就成了提供全球人口飲食中蛋白質的關鍵，然而水產養殖卻也是引發爭議的產業。在下一段旅程中，我去到挪威拜訪一位鮭魚養殖業者，他結合或古老，或新穎，或神祕超凡有如來自異世界的技術和工具，力圖在大規模水產養殖業開拓出第三條路。

譯註：

* 譯註：愛德華・艾比為二十世紀美國自然文學作家暨環保人士，有「美國西部的梭羅」之稱。

1. 科學家最早於一九二〇年代開始在水霧中栽種植物，當時是為了研究根部結構；關於氣耕法的歷史及概況，見P. Gopinath et al., "Aeroponics Soilless Cultivation System for Vegetable Crops," *Chemical Science Review and Letters* 6, no. 22 (2017): 838–849.
2. H. S. Paris and J. Janick, "What the Roman Emperor Tiberius Grew in His Greenhouses," Proceedings of the Ninth EUCARPIA Meeting on Genetics and Breeding of Cucurbitaceae, May 21–24, 2008.

3. Pamela D. Toler, *Inventions in Architecture: From Stone Walls to Solar Panels* (New York: Cavendish Square Publishing, 2017), ch. 5.

4. Tom Hall, "The Plastic Mosaic You Can See from Space: Spain's Greenhouse Complex," *Bloomberg,* Feb. 20, 2015, https://tinyurl.com/ydhr3852.

5. "A Study Links Temperature and Greenhouses in Almería," Reuters, Oct. 8, 2008, https://tinyurl.com/y7qgyr7n. 另見 Pablo Campra, Monica Garcia, Yolanda Canton, and Alicia Palacios-Orueta, "Surface Temperature Cooling Trends and Negative Radiative Forcing Due to Landuse Change Toward Greenhouse Farming in Southeastern Spain," *Journal of Geophysical Research Atmospheres* 133, no. D18 (2008), https://tinyurl.com/yakszdc6.

6. D. L. V. Martínez, L. J. B. Ureña, F. D. M. Aiz, and A. L. Martínez, "Greenhouse Agriculture in Almería," *Serie Economica* 27 (2016).

7. Frank Viviano, "This Tiny Country Feeds the World," *National Geographic,* Sept. 2017.

8. 引自二〇一六年六月與大衛・洛伯的私人通訊。

9. Ana Swanson, "An Incredible Image Shows How Powerful Countries Are Buying Up Much of the World's Land," *Washington Post,* May 21, 2015.

10. Leon Kaye, "The Global Land Grab Is the Next Human Rights Challenge for Business," *Guardian,* Sept. 11, 2012.

11. Crunchbase, Aug. 24, 2018, https://tinyurl.com/y9r83tey.

12. "Comparison of Land, Water, and Energy Requirements of Lettuce Grown Using Hydroponic vs. Conventional Agricultural Methods," *International Journal of Environmental Research and Public Health* 12, no. 6 (June 2015): 6879–6891.

13. "LED Light Bulbs Keep Improving in Efficiency and Quality," U.S. Energy Information Administration, Nov. 4, 2014.

14. 引自二〇一八年七月與塔瑪・哈斯佩的私人通訊。另見 Tamar Haspel, "Why Salad Is So Overrated," *Washington Post,*

Aug. 23, 2015.

15. Millicent G. Managa et al., "Impact of Transportation, Storage, and Retail Shelf Conditions on Lettuce Quality and Phytonutrients Losses in the Supply Chain," *Food Science and Nutrition*, July 4, 2018, https://tinyurl.com/y9rfmdmv. 另見 Jean C. Buzby et al., "Estimated Fresh Produce Shrink and Food Loss in U.S. Supermarkets," *Agriculture* 5 (2015): 626–648.
16. M. M. Mekonnen and A. Y. Hoekstra, "The Green, Blue and Grey Water Footprint of Crops and Derived Crop Products," *Hydrology and Earth System Sciences* 15 (2011): 1577–1600.
17. Julia Belluz, "No One Should Die from Eating Salad," *Vox,* June 4, 2018, https://tinyurl.com/ycammwre.
18. Amy B. Trubek, *The Taste of Place: A Cultural Journey into Terroir* (Berkeley: University of California Press, 2008).
19. Hussein Mousa, "Saudi Arabia: Exporter Guide 2017," USDA Foreign Agricultural Service, GAIN Report Number SA1710, Dec. 12, 2017, https://tinyurl.com/y9aq7sgr.
20. Zahra Babar and Suzi Mirgani, eds., *Food Security in the Middle East* (Oxford: Oxford University Press, 2014).
21. "The World Population Prospects: The 2017 Revision," UN Department of Economic and Social Affairs, June 21, 2017.
22. Daniel Hoornweg and Kevin Pope, "Population Predictions for the World's Largest Cities in the 21st Century," *Environment and Urbanization* 29, no. 1 (Apr. 2017): 195–216.
23. "How to Feed the World in 2050," FAO, 2009, https://tinyurl.com/5ranufw.

第七章　逆流而游

哎呀！打哪來了
那麼多尾魚……
有些老，有些小
有些傷心，有些開心，
有些非常非常壞心……
牠們從哪兒來？我說不上來。
但是我敢賭牠們游了
好遠好遠才到這兒來。
——蘇斯博士（Dr. Seuss）

奧夫—赫格・歐席古（Alf-Helge Aarskog）踱著步子。他在一艘平底駁船拋光的硬木地板上來回走動，駁船此刻正停泊在挪威西部海岸一處峽灣的拐彎處。時值十一月，天空晴朗無雲，峰頂積了皚皚白雪的群山輪廓平滑，周圍海水澄淨湛藍如寶石。駁船旁即是全世界其中一座最大的鮭魚養殖場，附近十一座環形水底養殖籠裡的鮭魚合計重達四千英噸，或者可換算成市值六千萬美金的海鮮。駁船主艙飾有淺金色木頭壁板，採簡約北歐風設計，予人走入W飯店大廳的錯覺。艙室內擺了數張皮革長沙發、一張會議桌及健身器材。其中一面牆上的數個巨大螢幕，正顯示來自養殖籠的即時攝影畫面。歐席古從頭到腳一身黑，濃眉緊蹙，蓄著褐色刺蝟頭，下巴又尖又長。他的目光掃視螢幕畫面中大群鮭魚不停游水繞圈宛如閃爍發亮的龍捲風，嘴裡唸唸有詞，我想是挪威語的粗話。

歐席古是美威集團（Marine Harvest）執行長，美威集團是全球最大鮭魚養殖業者，旗下兩百二十座養殖場遍布挪威、智利、蘇格蘭、法羅群島（Faroe Islands）和加拿大。歐席古的養殖場生產的鮭魚有三分之一獲得水產養殖管理委員會

美威集團鮭魚養殖場

（Aquaculture Stewardship Council）的「永續發展水產認證」（sustainably farmed），是全食超市、沃爾瑪等大型連鎖超市及世界各地多家餐廳的鮭魚供應商。他此次來到弗爾島（Frøya）附近的養殖場，是與營運部經理有約，經理最近回報說有不好的消息。飼料消耗量在這段時間應該持續增加，但水下感測器偵測發現，部分養殖籠裡的飼料消耗量持續減少。從這些養殖籠隨機撈起鮭魚並經過採樣後，確認碰上了最嚴峻的情況：整個養殖場的鮭魚已危在旦夕。

鹹水水產養殖業面臨諸多威脅。一波水母潮可能在轉眼間殲滅整籠魚群，藻華現象可能讓魚群缺氧窒息，籠網出現破口則可能引發魚群大逃亡。這次遇上的問題更嚴重——而且幾乎難以察覺。在數以百萬計的養殖魚群中，潛伏著微小的魚類剋星：鮭魚瘡痂魚虱（*Lepeophtheirus salmonis*），或稱鮭魚蝨、海水魚蝨或海蝨（sea louse）。成熟海蝨是大小如扁豆的灰色甲殼動物，屬於外寄生蟲（ectoparasite），看起來有點像長了尖牙的超小蝌蚪。海蝨會攀附在魚的鱗片上吸血噬肉，十數隻海蝨就足以殺死一尾魚[1]。海蝨與鮭魚數千年來在大自然中共存，但直到近年開始構成重大威脅。

五十歲的歐席古與海蝨奮戰的歲月已經超過三十載。他對捕魚的熱愛承襲自身兼獵人和釣手的祖父，祖父在他童年時的週末會帶著他去釣魚，教他怎麼把漁獲帶到當地市場販售。歐席古十四歲時就在一間鮭魚養殖場找到人生第一份工作，當時鮭魚養殖業仍在起步階段。他用木頭板條打造出可以容納數千尾鮭魚的養殖籠，將大桶大桶的沙丁魚和鯷魚倒在籠裡餵給鮭魚，也親自清理用來隔離生病或垂死鮭魚的「安養槽」（mort tank）。他的雇主要他將數千顆洋蔥和蒜瓣切片後投入籠裡，希望藉此阻絕海蝨侵襲。

當時養殖產業的規模還不大，因此海蝨造成的影響有限。產業草創時期每籠的魚群數量少，與現今一個養殖籠裡動輒二十萬尾魚的規模不可同日而語。養殖魚群數量愈大且愈集中，發生疫病時可能波及的範圍也愈大。就如同廣闊農田中長出了什麼除草劑都不怕的「超級雜草」，隨著養殖場的魚群數量漸增，也開始出現許多幾乎任何除蝨方法都難以應付的「超級海蝨」。養殖產業可說是自己養出自己最畏懼的怪物。

弗爾島爆發的海蝨感染問題仍在初期階段。從籠裡隨機撈起的鮭魚中，僅在數十尾身上發現寥寥數隻海蝨，多數的魚尚未感染。這些鮭魚在我看來再健康不過，但是目前唯有直接撈捕收穫一途——趕在海蝨疫情大爆發之前採取行動。雌海蝨每次可產下一對各含有一千顆卵的卵串，意味養殖場裡的鮭魚會一籠接著一籠感染，甚至遷徙途中經過附近水域的野生魚類也可能遭殃。養殖籠裡的鮭魚目前一尾大約重三公斤，大約只有完全長成時體重的六成。歐席古告訴我，此時就收穫大約會損失兩千四百萬美金。

如果只發生在單一養殖場，美威集團可以輕鬆吸收掉成本，但集團旗下大多數養殖場都遭逢海蝨侵襲。從二〇一五到二〇一七年間，歐席古的兩百二十座養殖場總收穫量下降了百分之十二[2]。他的一些競爭對手損失甚至更加慘重。他說鮭魚養殖業原本準備好大幅提升產量，但面臨的海蝨問題已經嚴重到堪比「夢魘」。為了對抗用顯微鏡才能看清的死敵，歐席古和同業高層聯合展開科技軍備競賽，他們投資了數億美元，要研發具潛力的解決方法，而其中一些方法就和寄生蟲本身一樣陌生、怪異又不可思議。

＊＊＊

鮭魚是溯河洄游魚類，誕生在淡水河川中，會游至遙遠的海洋覓食生活，要繁殖時再長途遷徙溯河而上產卵。數千年來，挪威的野生鮭魚都利用峽灣，在出生的河川和挪威海（Norwegian Sea）之間安全地往復洄游。但如今的峽灣裡還有為數不少的養殖鮭魚，每年約有十五億大西洋鮭在此處生長[3]。挪威之於養殖鮭魚，就如同美國之於牛肉，都是目前的最大生產國[4]。根據歐席古所言，鮭魚養殖產業的全球總值達十四億美金，在過去十年間成長翻倍[5]。挪威的養殖鮭魚產量高，主要是因為經營鹹水水產養殖困難重重，而峽灣內涼爽平靜，不會受到海風或洋流影響。世界上其他地區的鮭魚棲地都受到氣候暖化趨勢的影響，而這個區域到目前為止尚能倖免[6]。

全球鮭魚養殖業有四分之一的江山皆掌握在歐席古手中，我曾聽人以嘲弄與崇敬參半的語氣，稱他為現代的「尼奧爾德」（Njord），這位北歐的海神能夠馴服大海，掌管一地的盛衰榮枯。當我向歐席古提起他被人比作海神，他大為反感。「拜託別把我說成預言家，」他的話音急切，「我什麼神都不是——沒有人會是神。」

歐席古的家鄉在弗爾島以南的挪威西岸漁業城鎮阿雷松德（Alesund），家裡經營綿羊牧場，他從年少時就開始工作：他在六歲就已經知道怎麼趕綿羊上山，讓羊群到高處的牧地吃草，八歲時他就向父親學習如何親手宰殺綿羊。「我大概小時候就在當非法童工，工時還很長。你們在美國叫什麼？兒童保護服務？在美國的話，他們應該會上門拜訪我爸媽。」他故意板起臉來。我把這番話當成在開玩笑，不過說話的人是歐席古，其實很難判斷。在拜訪他以及之後通電話不算短的時間裡，我只看過他大笑一次，那時我評論說，以一位公司市值三十二億美金的企業主來說，他還滿年輕的（我們在二〇一六年下半年初次見面時他四十九歲。）「年輕！」歐席古嘶聲喊道，「我覺得自己很老了。」

這個男人對於保持強健體格非常執著。他每天練習，每隔四個月參加三種項目的比賽，測試自己的體能：越野路跑、登山車賽和越野滑雪。「我的目標，」他告訴我，「是八十歲時還能夠打敗六十五時的自己——不是靠美國人吃運動禁藥那一套。」歐席古律己甚嚴，工作認真勤奮，避開任何奢侈享受的陷阱。我向他問起是否喜歡去挪威的河邊釣飛蠅釣，他立刻回嘴：「飛蠅釣是有錢人在玩的，我是農家子弟。」歐席古的妻子開的是特斯拉電動車，但他自己是奧迪汽車（Audi）的死忠支持者，對於蔚為風行的電動車嗤之以鼻。他認為電動車只是分散注意力，讓大眾忽略造成氣候變遷的真正元凶：吃肉。「政府真的是瘋了，祭出這麼多減稅措施鼓勵大家買電動車，卻沒有任何措施引導大家改變吃肉為主的飲食習慣。」他告訴我。

歐席古的謙遜和務實主義，彷彿朝我撲面襲來的北歐空氣：令人精神一振，有益身心健康，但不見得和悅宜人。他的生活無疑比我過去或未來的生活都更接近大自然。除了越野跑和登山車賽之類的賽事，他每逢週末和暑假都會前往濱海小島上的小木屋度假，假期時完全遠離公事俗務。相較於我跟其他在自家後院闢田種菜、為了氣候變遷憂心忡忡的人，歐席古對於環保議題沒有那麼多愁善感，在我們的對話中我才想通，這樣或許是好事：既與自然疏離，又與自然連接，兩者在他身上的結合，也許正是水產養殖業未來在發展上，要解決重大系統性問題所需要的理想特質。

儘管為人謙遜，歐席古對自家事業信心滿滿。他為鮭魚養殖產業定出發展步調，在過去十年間將美威集團的鮭魚產量提升至原本的兩倍多。對於像我這樣愛吃魚肉的中階收入消費者來說，養殖鮭魚產量增長是大好消息：美威的鮭魚產品——無論是煙燻、冷凍還是新鮮鮭魚——自二〇〇五年起全都降價百分之二十[7]。美威集團的鮭魚販售通路遍及全球各地的超級市場，包括我家附近的克羅格超市，他們也生產機場和購物中心常見的那種盒裝壽司。談到產業上的競爭對手，歐席古並未提及任何養殖漁業的同行——他已經是水產養殖業的霸主。「我的對手是泰森食品公司、史密斯菲爾德食品這些肉品大廠，我的目標是搶占他們的市場。」他告訴我，並重申因應氣候變遷從吃肉改成吃魚可能帶來的益處。

歐席古計畫在二十一世紀中葉將公司擴張至現在的十倍，推動他所謂的「藍色革命」（Blue Revolution）：「以養殖水產取代野生漁獲，為全球數十億人口提供永續生產的蛋白質。」他不只一次提到，海洋占地球表面的百分之七十，來自海洋的食物卻僅占人類飲食的百分之二。「這種情況必須改變。」[8]

奧夫—赫格・歐席古

有些評論者並不樂見這樣的轉變。全球現今已有三十億人口以海鮮為主要蛋白質來源，以亞洲人口居多，但是「養殖水產能否既符合永續發展，又足以供應全球人口所需」的議題引發各方論戰。「工業化的水產養殖，特別是鮭魚養殖業，本質上就不符合永續飲食的精神，」全球反工業化水產養殖聯盟（Global Alliance Against Industrial Aquaculture〔GAAIA〕）理事長唐・史坦尼福（Don Staniford）指出[9]，「我們應該終止養殖鮭魚。沒有第二句話。」養殖鮭魚的環境成本絕不只有海蝨感染問題、處理鮭魚排泄物、追捕逃脫的籠飼鮭魚，以及當成飼料的野生漁獲量——在在是產業的極大挑戰。鮭魚養殖在全球水產養殖業中僅占百分之五[10]，其他主要供應亞洲市場的較低價魚種如吳郭魚、鯉魚和鯰魚的產量則相對龐大許多，但鮭魚養殖仍是其中產量成長最快速，也是目前為止利潤最為豐厚的類別。「這也成為最大筆研發資金和新創資源投入的標的。」麻州新創公司「南方水產」（Australis Aquaculture）創辦人喬許・高德曼（Josh Goldman）表示。高德曼的公司也因為鮭魚養殖技術進步而受惠，不過他養殖的是尖吻鱸（barramundi，也稱金目鱸），這種生長在熱帶的魚類屬於白肉魚（whitefish），體型只有鮭魚的一半大小。「拜鮭魚養殖業所賜，我們也採用了高能量密度飼料和水下攝影機，這些對於提升產能來說至關緊要。從科技的角度來看，鮭魚養殖業的發展方向，也會是其他多數水產養殖業者要走的方向。」

歐席古決心致力達到環保團體定下的目標，打造出「零海蝨感染、零排泄汙染、零魚隻逃脫」的鮭魚養殖公司。他也計畫未來將使用完全不含野生漁獲成分的飼料。「美威集團已取得相當長足的進展，」世界自然基金會（World Wildlife Fund，舊名「世界野生動物基金會」）挪威分會的英格麗・羅梅德（Ingrid Lomelde）說，「但是在以如此驚人速度擴張公司的同時，又要達到這些目標，至少可說將會很困難。」

初抵挪威時我滿心好奇，想要深入調查大規模水產養殖業所面臨的挑戰，但坦白說，我也很希望聽到在未知疆域探索的人傳回來好消息，理由很單純，因為我們需要好消息。在過度捕撈、氣候變遷和其他環境壓力影響之下，如今全球幾乎所有野生魚種，包括鮭魚在內，魚群數量都在持續減少。根據聯合國提供的數據，按照目前的人口成長和經濟發展趨勢，全世界對海鮮的需求在未來二十年將增加至少百分之三十五[11]。這次拜訪挪威各地的行程，讓我得以消除對於鮭魚養殖的諸多疑慮，也讓我注意到其他先前不曾思及的課題。我會發現水產養殖就如同基因改造工程和垂直農業，是另一個成長飛快、具有龐大潛力，但也擔負龐大風險的產業。

* * *

二〇一六年在加州，有數百萬尾帝王鮭幼魚被煮熟——但牠們既不在烤箱，也不在爐上，而是身處於沙加緬度河（Sacramento River）。沙加緬度河綿延長達四百五十英里，通常會有來自內華達山脈（Sierra Nevada）的融化雪水匯入支流，但由於先前數年乾旱造成河水的水深不足，水溫升高，甚至導致幼鮭無法在河裡生存。帝王鮭幼魚會經由沙加緬度河游往太平洋，二〇〇九年時順利完成旅程的幼鮭超過四百萬尾，但二〇一五年時的數字陡降，僅有不到三十萬尾幼鮭抵達太平洋[12]。加州大學戴維斯分校（UC Davis）漁業生物學家彼得·莫伊爾（Peter Moyle）在領銜發表的論文〈類鮭魚目前狀態顯示：熱水裡的魚〉（State of the Salmonids: Fish in Hot Water）中預測，按照目前的氣候變遷趨勢，五十年內將會有十四種加州原生種鮭魚滅絕，其中包括了帝王鮭。

野生鮭魚在河海間洄游遷徙的旅程長達數百甚至數千英里，一路上可說是千驚萬險，危機四伏。牠們必須勇渡急流和瀑布，越過水力發電廠堤壩，避開漁夫的捕魚網，沿途還必須奮力抵抗老鷹、水獺、熊和人類等掠食者。「鮭魚格外結實健壯，能夠克服幾乎任何一種險阻障礙，」莫伊爾說，「只有一點例外，牠們不耐高溫，尤其幼鮭適應高溫環境的能力非常有限。」

世界各地還有其他許多魚和貝類都受到氣候暖化趨勢影響。艾瑞卡·古德（Erica Goode）於《紐約時報》的報導指出：「在海洋暖化影響之下，美國東北部海洋生物有三分之二的分布範圍已經改變或有所延伸，有些物種向北遷徙，有些外移至更深、氣溫更低的海域。」[13]或者以龍蝦族群為例，則是從新英格蘭南部朝緬因州的方向遷移[14]。緬因灣（Gulf of Maine）較淺且多岩石，造成此區海水快速增溫，鱈魚幼魚的食物來源持續減少，而遷移到較深的水域又會遇到更凶殘的天敵，新英格蘭的鱈魚捕撈業因此近乎崩盤[15]。數世紀以來在美國東岸曾有許多魚種生長繁盛，如條紋鋸鮨（black sea bass）、門齒鯛（scup）、大西洋黃蓋鰈（yellowtail flounder）、鯖魚、鯡魚和鮟鱇魚（monkfish），牠們如今都向北遷移[16]。「例如條紋鋸鮨族群的分布範圍目前以紐澤西州為中心，位在一九九〇年代分布範圍中心以北數百英里之處。」古德寫道[17]。

海洋在暖化的同時，也逐漸酸化，這種現象有時也被稱為「全球暖化的邪惡分身」[18]。海洋酸化的成因是海水吸收大氣中的二氧化碳，造成海洋的酸鹼值不斷下降。海水酸化對於貝類和甲殼類動物的傷害特別大，尤其是牡蠣和螃蟹。例如科學家預估首長黃道蟹（Dungness crab，也稱黃金蟹）的數量將在未來數十年間減少百分之三十，而產值一億八千萬美金的美國黃金蟹產業將遭受重創[19]。

「捕撈漁業如今危機當頭。」南方水產的高德曼說。野生魚群的生長環境大亂，水產養殖業的優勢就在於可以控制魚群生長環境。高德曼接著說：「根據現有資料，在這個氣候變遷的時代，想要滿足人類對海鮮的需求，就必須大幅提升養殖水產的產量和技術。」

然而撈捕漁業到目前為止所面對最為嚴峻的威脅之中，卻有幾項的始作俑者正是水產養殖業本身，特別是鮭魚養殖業。「與其說是在解決漁業的問題，其實更像是在製造問題。」唐・史坦尼福說。首先，就某些方面而言，鮭魚養殖業是千真萬確在「吞噬」捕撈漁業。鮭魚是肉食性魚類，可以吃下自己體重數倍之多的鯷魚、鯡魚、鰍魚、鰻魚、小蝦、南極蝦和其他野生海洋生物[20]。「沒辦法發展出一個其所仰賴的野生原料本身就在減產的產業。」英格麗・羅梅德說。鮭魚養殖場不僅以野生魚群為食物，還會汙染野生魚群的棲地。餵給養殖鮭魚的飼料有高達七成[21]，最後都以尿液、糞便和殘餘飼料的形式回到海水中。「鮭魚養殖業者好幾十年來都把海洋當成開放式下水道，」史坦尼福說，「鮭魚的排泄物沉積在海底，扼殺當地的海洋生態系統。」

養殖鮭魚也可能對自然生態帶來遺傳基因上的汙染。逃脫的養殖鮭魚若與野生鮭魚交配，繁殖出的後代有很高的機率不具有在野外生存必備的天生本能。養殖鮭魚在基因上與野生的親戚迥異。牠們是在商業孵化場中誕生，不具備返回出生河川的洄游本能。由於養殖籠內沒有天敵，牠們也失去了察覺危險、有所警戒的遺傳本能[22]。「養殖鮭魚很擅長爭搶飼料，搶得到飼料在籠子裡就算成功，但這種能力在大海中可說毫無用處。」史坦尼福說。

即使不發生逃脫事件，養殖鮭魚還是有可能構成威脅。野生鮭魚游經養殖場時會被籠裡的飼料吸引，野生幼鮭可能會誤游進網籠裡成為籠中同類的食物，而未被吃掉的野生鮭魚也可能被養殖鮭魚傳染後又把病原和寄生蟲帶出籠外。二十一世紀初期，養殖大西洋鮭將傳染性鮭類貧血病毒（ISA）傳播到太平洋，太平洋的野生鮭魚族群因而遭殃[23]。一九九〇年代也發生過鮭魚甲病毒（SAV）自養殖場傳播出去，造成全歐洲的野生鮭魚族群感染胰腺疾病[24]。最後由美威集團與其他產業龍頭聯合研發疫苗，才得以控制住這些傳染病的疫情。

比起病毒引起的疫病，海蝨問題顯得更難控制。「無論對於整個產業，或對於遭寄生蟲感染的野生鮭魚來說，海蝨都是目前最迫切的危機。」羅梅德說。她估計每年約有五萬尾野生鮭魚死於海蝨感染[25]。但羅梅德的看法與史坦尼福不同，她認為鮭魚養殖業是朝有利於環境保護的正面方向發展：「這個產業在二十年前像年輕牛仔一樣橫衝直撞，幾乎不顧及自然環境。但情況已經有所改變，他們現在意識到如果不採用永續經營的模式，產業就沒辦法成長茁壯。」歐席古認為他的養殖場就設置在海裡，一般而言會對野生魚類和海洋環境造成傷害的，對他的養殖鮭魚同樣有害。「我們不想讓鮭魚住在被排泄物弄髒的汙水裡，那會讓牠們發育不良，我們也不想要牠們從籠中逃脫，而且我們絕不會希望牠們感染寄生蟲，」他解釋道，「我們有強烈的動機想解決這些問題。」

歐席古對於消滅海蝨的任務無比投入，媲美電影《瘋狂高爾夫》（*Caddyshack*）裡為了消滅地鼠無所不用其極的球場園丁卡爾．史派克勒（Carl Spackler）。「我們將不惜一切代價，」歐席古告訴我，「整個產業裡有數十種新概念正在試行中，遲早會找到行得通的組合方案。」

＊＊＊

十一月某天的落日餘暉下，我們在歐席古的其中一個鮭魚養殖籠旁，凍得渾身發抖。數千尾鮭魚浮在籠子頂端不停打轉，牠們搖頭擺尾、跳躍騰挪，爭搶懸在半空的塑膠管所噴出有如五彩紙屑的錠狀飼料。魚群似乎毫不受室外華氏零下五度（約攝氏零下二十度）的氣溫影響，牠們對於藏身魚群之中徐緩移動的新奇機械似乎也不知不覺：一台類似長橢圓形版R2-D2＊的機器人正朝四面八方發射綠色雷射光束。

這台暱稱「刺鰩」（Sting Ray）的設備是由深海鑽油產業的工程師為了消滅海蝨專門打造，是歐席古「軍火庫」裡正在進行測試的武器中，特別稀奇古怪的一件。「刺鰩」會透過即時傳輸影像「監看」魚群，並利用類似霍爾赫．艾勞德的「停看噴」機器人內建軟體的人工智慧程式，辨識魚鱗顏色和質地有無異常。就如「停看噴」機器人學會如何分辨雜草和作物，「刺鰩」也學會區分海蝨和鮭魚鱗片上的斑點。機器人一偵測到海蝨，就會在數毫秒內發射一道常用於眼科手術和除毛的二極體雷射，將海蝨消滅。鮭魚的魚鱗像鏡面一樣會反射光束，但呈凝膠狀有點像蛋白的海蝨在雷射照射下，會變得硬脆並漂離。

歐席古與兩名競爭對手萊瑞海產集團（Lerøy Seafood Group）和薩爾瑪集團（SalMar）合作，為機器人研發計畫投入一百五十萬美金的種子基金。三家企業最早於二〇一四年開始進行測試，如今在挪威和蘇格蘭各地的鮭魚養殖場共已裝設約兩百台專門焚化海蝨的機器人。不過歐席古談起這項科技時只輕描淡寫。「這只是將消滅海蝨的古老方法加以機械化。」他告訴我。「刺鰩」機器人模仿的是大自然中所謂的「清潔魚」如隆頭魚（wrasse）和圓鰭魚（lumpsucker）：這種清潔魚會將寄生在大魚鱗片上的海蝨一隻一隻吃掉。多年來，歐席古都會在鮭魚養殖籠裡放入好幾批清潔魚，作為減少海蝨感染的防疫措施，但是只靠清潔魚群還是無法應付大規模爆發的海蝨疫情。而飼養除蝨用的清潔魚群不但必須提供特殊食物，還要在養殖籠內為牠們打造講究的海藻棲地。

研發「刺鰩」機器人的公司總經理約翰．布列維克（John Breivik）表示，這台機器人是仿效圓鰭魚再加以改良。「每十萬尾鮭魚可能需要一萬尾清潔魚才能控制住海蝨數量，但換成雷射機器就只需要一到兩台。」他強調清潔魚和機器人在除蝨工作上可以相輔相成。清潔魚比較擅長解決魚鰓下面的海蝨，而機器人可以鎖定清潔魚看不見的無色海蝨幼蟲。「這是老方法與新方法的協同作業。」他如此分析。在使用「刺鰩」的養殖場，海蝨數量減少了百分之五十，而他們的人工智慧系統也透過累積鎖定海蝨的經驗，變得更聰明、更有效率。「就像是複利效應。」布列維克說。至於歐席古則沒有布列維克那麼樂觀。「再看看。」他語氣平板，兩眼覷著養殖籠中不停有光束閃動的冰冷海水。

多年來測試過無數新方法皆徒勞無功，歐席古的憂慮其來有自。大約十年前，海蝨問題剛開始失控時，歐席古和其他業界領袖在飼料裡混入以「虫拜拜」（Slice）為商標的農藥「因滅汀」（emamectin benzoate）來除蝨，這種藥劑會經由鮭魚腸道內襯進入組織，海蝨在此吸收藥劑之後就會斃命[26]。使用藥劑一開始有效，但後來海蝨身上出現抗藥性。歐席古和其他業者也試過藥浴法，在鮭魚成熟期間每隔數週以雙氧水沖洗。但海蝨再次適應了新環境。他們也試過用高壓水流清洗，把感染海蝨的鮭魚送進類似洗車場的設備裡沖洗。但這種方法所費不貲，甚至帶給鮭魚心理創傷造成發育不良。

現在歐席古在測試「刺鰩」機器人以外的其他機械技術，包括能夠容納十五萬尾魚的巨大活動式養殖籠。如果籠內有可能爆發海蝨疫情，就能將整個養殖籠降入更冰冷的海水層，讓海蝨無法存活。他也在研究於養殖籠外裝設孔目極為細小、可阻絕海蝨進入的網狀護板，再搭配水下攝影機和數位感測器，以及早偵測海蝨疫情。

若是所有措施都宣告無效，歐席古也已預作準

正在降入養殖籠內的「刺鰩」機器人

備，打算將魚群全數隔離。他斥資數千萬美金，研發出外壁材質為固體聚合物的球形養殖籠，這種稱為「蛋籠」（Egg）的籠子深一百五十英尺、寬一百英尺，每籠可容納二十萬尾鮭魚[27]。「蛋籠」與北歐海岸線的美學背道而馳，半浮半沉在峽灣中，儼然像白色幽浮，但是可以完全阻擋寄生蟲入侵。此外「蛋籠」也號稱具備其他環保層面的優點，包括減少排泄物排放、避免鮭魚生病或逃脫，「蛋籠」與其他研發中的「密閉式圍容系統」（closed containment system）皆獲得環保團體和沿海居民的支持[28]。

然而，這種技術非常複雜且成本高昂。「蛋籠」裡的水必須從較深的海水層打入，還需持續換水過濾，以除去微小的汙染物；籠內必須裝設扇葉，以製造出強度經過精密計算的水流供魚群逆流游動（鮭魚能夠游很長的距離，養在靜水裡無法鍛練出適合的肌肉量）；需要裝設浮標系統以吸收籠外水流造成的衝擊（互衝的水流事實上可能會讓魚群暈眩不適）；籠內產生的大量排泄物和廢物需要捕集和處理；必須進行徹底而全面的衛生清潔措施，以維持蛋籠清潔和籠內魚群的潔淨健康。歐席古也投入經費研發一種甜甜圈形的圍容系統（暱稱自然就是「甜甜圈」〔the Donut〕），它的運作原理和「蛋籠」很相似，但是設計成可產生控制得更精準的強勁水流讓鮭魚逆流而游，功用就在於養出「身材更好」的魚群。

某方面來說，這些圍容系統就是水中的垂直農場——皆是由高科技嚴密控制的生長環境。採用圍容系統的水產養殖場，理論上至少能夠抗衡海洋暖化的壓力：籠內的海水可自更深、溫度更低的水層抽取，酸鹼值則可加以處理調整。但這些措施都會導致成本節節攀升。

「投入大筆金錢只為了矯正水產養殖業的錯誤，這種做法也許顯得很荒謬，」英格麗・羅梅德如此對我說，「要是全球對於海鮮的需求量沒有飆高，而捕撈的漁獲量也沒有這麼急速衰減就好了。」

＊＊＊

中國的水產養殖始於西元前一千年左右，早在西周時期就有人養殖鯉魚[29]。當時還沒有任何生態系統的科學論述，但是周朝人發展出現今所謂的「混養」（polyculture）機制，即結合了水產養殖、種植蔬菜和圈養牲畜的整體系統。牲畜和魚群的排泄物可以用作推動系統運行的燃料：利用鴨子和豬的糞肥在魚池裡培養藻類，而富含氮的微小藻類則可作為池中幼鯉的食物。鯉魚長成之後就可移往水稻田放養，魚群會吃掉可能傷害稻作的雜草、昆蟲和幼蟲，富有氮的排泄物可幫作物施肥；而田中的水稻不僅可幫魚群擋太陽，還能在鳥禽前來捕獵時供魚群藏匿。「這種稻魚共生系統中，隱含深刻的生態智慧。」南方水產的喬許・高德曼告訴我。「比起分別種稻和養魚所利用的土地面積還小，卻能產出更多的稻米和漁獲，還能節省肥料、殺蟲劑和勞力成本。」混養系統經得起時間的考驗，至今在中國仍有數百萬英畝的水稻田採用此種農法。

然而到了現代，中國以及其他地區大多數的水產養殖業者採行的是農企業單一耕作模式，類似美威集團的鮭魚養殖，以極大規模生產單一產品。養殖場的單一魚種養殖方式導致嚴重的近親交配問題，持反對意見者認為這會有損魚群健康，長久下來甚至不利於水產養殖業的營運[30]。有愈來愈多新創業的較小規模水產養殖業者如高德曼，則致力於復興古老的混養方法並應用於大規模魚類養殖。「概念是讓籠飼魚群產生的排泄物滲入周遭水域，為其他作物提供肥料養分。」如此一來既能有效處理汙染物，也能將生產力最大化。

早在一九八〇年代初期，高德曼還是就讀採進步主義教育的漢普郡學院（Hampshire College）的大學生時，就創辦了他的第一座水產養殖場，他親手打造出一個系統，可將魚群排泄物當作羽衣甘藍、萵苣、番茄和莓果的肥料。如今，南方水產的總部便設在麻薩諸塞州的特納瀑布（Turners Falls），距離漢普郡學院二十分鐘車程，高德曼將此處一座舊機棚改造成可養三十萬尾尖吻鱸的魚塭。他首先吸引新英格蘭的主廚來與他合作，將養殖鱸魚「當地捕撈」的特色用以招徠顧客，儘管這種鱸魚原本生長在澳洲和東南亞。連鎖超市和餐飲業者也受到吸引：全食超市、「藍圍裙」（Blue Apron）生鮮食材電商平台、時時樂連鎖美式餐廳（Sizzler），以及股東包括李奧納多・狄卡皮歐（Leonardo DiCaprio）、為全國超市供貨的「珍愛鮮味」（Love the Wild）冷凍養殖魚類加工產品製造商，皆將南方水產列為供應商。雖然市場對於養殖鱸魚的需求增加，高德曼卻開始重新省思讓公司獲得成功的經營模式。

與高德曼十四年前創業的時空相比，世界已經大為不同：「我們這個年代的首要環境議題是氣候變遷，以及如何以更精確的方法衡量氣候所造成的衝擊，而我的想法從此也不同以往。」高德曼近年慢慢將養殖事業重心移往越南。雖然自家產品無法再標榜「當地捕撈」，但高德曼表示：「在越南養殖的尖吻鱸更好，碳足跡也更少。將養殖場移往尖吻鱸的原生地，收穫後冷凍再運往市場販售，所消耗的資源事實上比先前在美國當地養殖的模式更少，與一般直覺所預期的情況剛好相反。」

拜訪他在特納瀑布的養殖場時，我明白了原因何在。鱸魚養殖場就像是水產版的珀杜食品公司（Perdue）養雞場，每個小小的養殖槽裡都擠了成千上萬尾魚。特納瀑布的養殖場需要巨大的水處理系統，每天必須能過濾超過五千萬加侖的水。系統本身需要消耗大量能源，因為需要持續不斷抽取極大量的水加以淨化和充氧。「很像開了一間加護病房，」高德曼邊說，邊從養殖槽裡撈出一尾蒼白已死的尖吻鱸，「魚群生活福祉的所有層面都必須在掌控之中，否則整群陣亡不過是十分鐘內的事。只要有個幫浦或閥門故障，牠們就沒命了。」像「蛋籠」這樣設在海洋中的密閉圍容系統，在物流上的很多層面都與陸上的水產養殖系統一樣複雜，但是具備一項關鍵優勢：水資源容易取得且不虞匱乏。

在越南沿海開設養殖場後，高德曼得以取法中國古老的整合式水產養殖概念，養一些其他水產跟尖吻鱸當鄰居。他在養殖槽周圍種植呈長簾幕狀的蘆筍藻（Asparagopsis）以及其他可食用的藻類，這些古老的水生物種能夠儲存二氧化碳，並吸收魚群排泄物裡的硝酸鹽和磷酸鹽，再轉化為自身組織。高德曼說永續發展的關鍵在於學習吃位在食物鏈最起始端的食物，而海藻的位置幾乎就在最開端。他打算將新鮮海藻銷售至亞洲和玻里尼西亞市場作為沙拉和湯品食材，另外再將乾燥後的海藻磨成粉末銷往美國，可替代以玉米為主成分的牛隻飼料。無獨有偶，另一位在麻州起家的水產養殖新創企業「綠波」（Greenwave）創辦人布蘭・史密斯（Bren Smith）也開創了類似的混養模式。他在鱈魚角（Cape Cod）海岸設置了一座三維立體網格，除了種植成片的海帶（kelp），還以魚類排泄物為飼料養了鳥蛤、貽貝和扇貝。而在下層的養殖籠裡則養了牡蠣和蛤蜊，牠們會吸收重量較重而朝海底下沉的有機廢水。

奧夫—赫格・歐席古採取的並非混養模式，但是藉由「蛋籠」他將可捕集所有魚群排泄物以作為原料，還能產出兩種新產品增加收入：生質燃料和優良肥料。他也在研發一種新的鮭魚飼料，預備使用的材料來源在食物鏈上的位階比海藻更低。他認為水產養殖業若要永續發展，今後最重大的課題可能不再是養殖場選址或養殖方式，而是採用何種飼料。

＊＊＊

蒙斯塔（Mongstad）位在弗爾島以南數百英里處，是另一個嵌在挪威峽灣凹處的村莊，但看起來不太像舊世界的漁業城鎮，反而更近似紐澤西州的紐華克。這裡是挪威煉油產業的中心，而隨著挪威石油產量衰減，煉油產業已慢慢步向蕭條。美威集團旗下或許地位不是最重要，但絕對稱得上最古怪的實驗室也坐落於此。

在蚓結、林立的工業鋼管和耀目燈光旁，位於完全透明的玻璃結構中的實驗室是一座燈火通明的溫室。裡頭不見任何花朵或蔬菜，只見宛如巨大試管的玻璃圓柱體層層橫疊，每根圓柱體長四十英尺，寬約八英寸，柱體裡頭盛滿液體。液體呈現深淺不同的綠色：翡翠綠、銘綠、森林綠、渾濁的墨綠——有些稀薄如水，有些近乎不透明。身穿實驗衣的科學家盯著柱體裡的液體，一邊做紀錄，一邊轉動安放圓柱體用的支架上的刻度盤。

管柱中培養了六種不同品系的光自營藻類，包括周氏扁藻（*Tetraselmis chui*）、三角褐指藻（*Phaeodactylum tricornutum*）和一種擬球藻（*Nannochloropsis gaditana*）。實驗室就設在煉油廠旁邊，因為煉油廠排放的二氧化碳正好是藻類生長所需的關鍵要素之一。在煉油過程中捕集的二氧化碳，經由管線輸入實驗室裡的玻璃管柱，在管柱裡形成一串串氣泡。二氧化碳再加上陽光，為藻類提供生長所需的養分。或許可以說，藻類就是水中食物鏈裡的前輩大老。數百萬年前地球上最初出現生物時，這些顯微鏡下才看

美威集團設於蒙斯塔的藻類實驗室

得到的微小生物就在其中，歐席古相信它們是水產養殖業要做到永續發展的關鍵[31]。

實驗室由美威集團的全球研發總監艾文・奧朗（Øyvind Oaland）主持，他身材瘦削，頭頂半禿，蓄著齊整的灰色山羊鬍，戴一副粗框眼鏡。奧朗在研發上面臨諸多挑戰，他說其中最令他的著迷的，莫過於想辦法讓肉食性的鮭魚改成吃素。「鮭魚吃小魚，但未必需要直接吃到魚肉，」他告訴我，「牠們需要攝取的是其他魚的養分和脂肪，如果我們能從純粹的植物來源取得同樣的養分和脂肪，就能扭轉局勢。」

如能改用植物性鮭魚飼料，鮭魚養殖業從此就能不再依賴步向衰頹的捕撈漁業。現今鮭魚養殖業者已能有效分配飼料中的小魚量，達到更好的效益。在歐席古青少年時期，是直接將整桶沙丁魚和鯡魚倒進養鮭魚的木槽裡，當時鮭魚可以吃掉重量等同自身體重六倍的野生小魚。到了一九八〇年代，鮭魚養殖業者開始改用混合小魚成分和植物性原料加工製成的錠狀飼料，因而得以降低營運成本，水產養殖業也就蓬勃發展了起來。錠狀飼料比較不易腐壞，可以長時間儲存，餵食巨大養殖籠裡的魚群時也比較便於分配。

美威集團魚飼料部門的營收占全公司總營收的三分之一。飼料錠即使人類食用也安全無虞（我吃了一顆，味道像是發黴的球鞋，不過身體沒有任何不適），百分之七十五的成分是陸生穀物（玉米、小麥、大豆），百分之二十是魚粉（主要是製作包裝魚片時切除的魚頭、魚尾和魚骨磨碎而成），百分之五是魚油。儘管消費者對於餵鮭魚吃田地上種的穀物有疑慮（正經的鮭魚怎麼會去吃**玉米**？），水產獸醫表示對鮭魚來說，所攝取的蛋白質是來自植物抑或其他魚類，在生物學上並沒有差異[32]。環保人士對這樣的轉變讚譽有加，因為可減少對野生魚類的捕撈殺戮。像我這樣的消費者也大為激賞，因為改用植物性飼料有助降低養殖鮭魚的成本。

養殖業二十年前每生產一磅鮭魚，需要消耗約五磅的野生魚類[33]，歐席古說，如今比例已降至每一磅鮭魚只需消耗〇・七磅的魚[34]。雖然已有進步，但是對於成長速度驚人的產業來說，消耗的野外生物量也依舊非常驚人。將來要解決的問題不再是尋找魚粉的替代品，植物性蛋白甚至昆蟲粉末都可以取代魚粉，未來的挑戰在於如何找到魚油的替代品。理論上即使只讓鮭魚吃素，完全不攝取魚油，牠們也能健康長大，但養出的鮭魚肉就不會含有任何omega-3脂肪酸。「那基本上就等同顏色比較紅的雞肉，」美威集團的公關總監歐拉・耶特藍（Ola Hjetland）表示，「鮭魚肉就失去了它之所以成為珍貴肉品的營養價值。」

此時就是藻類上場的時候。經由食物鏈，藻類製造的omega-3脂肪酸先是進入南極蝦和其他甲殼動物體內，接著由吃南極蝦的小型魚類攝取，最後累積在攝食小魚的鮭魚體內。「藉著利用微藻類直接製造omega-3脂肪酸，我們就能回歸養分的源頭。」目前已有廠商將藻類提煉出的omega-3脂肪酸小量添加在牛乳、蛋和柳橙汁等產品，這種做法證實有效，而癥結在於如何大規模量產。

對於將來改採植物性鮭魚飼料的願景，也有人表示敬謝不敏（唐・史坦尼福告訴我：「怎麼能餵獅子吃扁豆！」）但是奧朗堅持表示，我們必須擺脫關於永續發展的舊思維。「我們正在邁向的未來時空中，對魚肉的需求大幅增加，但是魚肉生產的環境條件卻受到更多侷限。我們必須問的是：『要如何從非食物的原料生產出食物？如何更激進地發揮創造力？』」他認為藻類非屬食物但極富潛力，例如海藻將來就可能在現代飲食中占更大的比重，而藻類即使不是直接供人食用，也可能成為生產優良食物所需的原料。

奧朗坦承，鮭魚的資源使用效率遜於其他魚類，牠們的食量比吳郭魚、鯰魚或鱈魚都還要大。但與陸地上的動物相比，鮭魚的食量並不大。魚類是冷血動物，需要的熱量較少，不需分配熱量讓身體保暖，或長出保暖用的層層脂肪和皮毛。牠們生活在有浮力的環境裡，不需要抗衡重力或是用四腳立起行走。「產出一磅養殖鮭魚肉大約需要一磅飼料；產出一磅雞肉需要將近兩磅飼料；一磅豬肉需要三磅飼料；而一磅牛肉大約需要七磅飼料，」《國家地理》雜誌記者喬爾．伯恩（Joel Bourne）在文中寫道，「養殖水產提供的動物性蛋白能滿足全球九十億人口的需求，而索求的地球資源最少，將賭注押在水產養殖業……似乎是明智的選擇。」

在我們的對話中，歐席古不只一次強調，比起推動水產養殖業符合永續發展，更大的挑戰毋寧是說服大眾多吃魚、少吃肉。雖然海鮮是全球近半人口主要的蛋白質來源[35]，但在工業化的西方國家，民眾食用的海鮮量相對較小，尤其美國更是以嗜吃牛肉著稱。在美國，畜牧業飼養牛隻連帶產生的環境問題，遠比海蝨感染和魚糞堆積造成的環境問題更加嚴重。為了克服這些難題，若不能靠著拉高牛肉成本以價制量，那麼也許需要比剋海蝨雷射機器人和光自營海藻農場更新奇怪異，甚至更令人不安的新發明才行。或許我們都必須重新思考一下所謂牛肉這種肉品。

譯註：

1. Gwynn Guilford, "The Gross Reason You'll Be Paying a Lot More for Salmon This Year," *Quartz,* Jan. 22, 2017, https://tinyurl.com/jlto3k3.
2. 引自二〇一七年九月與奧夫—赫格・歐席古的私人通訊。
3. 同前註。
4. "The Norwegian Aquaculture Analysis 2017," Ernst and Young, 2018, https://tinyurl.com/ycgx2wgd.
5. "The State of World Fisheries and Aquaculture," FAO, 2016, https://tinyurl.com/h6o7rga.
6. Lisa Crozier, "Impacts of Climate Change on Salmon of the Pacific Northwest," National Oceanic and Atmospheric Administration, Oct. 2016. 另見 Brian Hines, "California's Fishing Industry Is Drying Up: We Need to Think Big on Climate Change," *Sacramento Bee,* Mar. 27, 2018.
7. 引自與歐席古的私人通訊。
8. 引自與歐席古的私人通訊。另見 "The State of World Fisheries and Aquaculture 2006," FAO, 2007, https://tinyurl.com/y8ndv9ad.
9. 引自二〇一八年四月與唐・史坦尼福的私人通訊。另見 Daniel Pauly, "Aqualypse Now," *The New Republic,* Sept. 27, 2009, https://tinyurl.com/yczluvsv.
10. 引自與歐席古的私人通訊。
11. Joel K. Bourne Jr., "How to Farm a Better Fish," *National Geographic,* June 2014, https://tinyurl.com/yap558yl.
12. Ryan Sabalow, "Devastated Salmon Population Likely to Result in Fishing Restrictions," *Sacramento Bee,* Feb. 29, 2016, https://tinyurl.com/yc3xlld5. 另見 Ryan Sabalow, Dale Kasler, and Philip Reese, "Feds: Winter Salmon Run Nearly Extinguished in California Drought," *Sacramento Bee,* Oct. 28, 2015; and Megan Nguyen, "State of the Salmonids II: Fish in

Hot Water," UC Davis Center for Watershed Science, May 16, 2017, https://tinyurl.com/ycd9vpgy.

13. Erica Goode, "Fish Seek Cooler Waters, Leaving Some Fishermen's Nets Empty," *New York Times,* Dec. 30, 2016.

14. Emily Greenhalgh, "Climate and Lobsters," National Oceanic and Atmospheric Administration, Oct. 6, 2016, https://tinyurl.com/y73m9yxy.

15. "New Study: Warming Waters a Major Factor in the Collapse of New England Cod," Gulf of Maine Research Institute, Oct. 29, 2015, https://tinyurl.com/ybwpgkdm.

16. James W. Morley et al., "Projecting Shifts in Thermal Habitat for 686 Species on the North American Continental Shelf," *PLOS ONE* 13, no. 5 (2018), https://tinyurl.com/y9t9mvw7. 另見 Shelley Dawicki, "Many Young Fish Moving North with Adults as Climate Changes," National Oceanic and Atmospheric Administration—Northeast Fisheries Science Center, Oct. 1, 2015, https://tinyurl.com/y9gf5kjn.

17. Goode, "Fish Seek Cooler Waters, Leaving Some Fishermen's Nets Empty."

18. Alex Rogers, "Global Warming's Evil Twin: Ocean Acidification," *The Conversation,* Oct. 9, 2013, https://tinyurl.com/ycusw6la.

19. Hal Bernton, "Study Predicts Decline in Dungeness Crab from Ocean Acidification," *Seattle Times,* Jan. 15, 2017, https://tinyurl.com/ydamq9k7. 另見 "Ocean Acidification Puts NW Dungeness Crab at Risk: Study Finds Lower pH Reduces Survival of Crab Larvae," *ScienceDaily,* May 18, 2016, https://tinyurl.com/jekd7k6.

20. J. E. Thorpe, C. Talbot, M. S. Miles, C. Rawlings, and D. S. Keay, "Food Consumption in 24 Hours by Atlantic Salmon (*Salmo salar* L.) in a Sea Cage," *Aquaculture* 90, no. 1 (1990): 41–47. 另見 Clare Leschin-Hoar, "90 Percent of Fish We Use for Fishmeal Could Be Used to Feed Humans Instead," NPR, Feb. 13, 2017, https://tinyurl.com/y8yzturq.

21. Xinxin Wang, Lasse Mork Olsen, Kjell Inge Reitan, and Yngvar Olsen, "Discharge of Nutrient Wastes from Salmon Farms:

Environmental Effects, and Potential for Integrated Multi-trophic Aquaculture," *Aquaculture Environment Interactions* 2 (2012): 267–283.

22. C. Roberge et al., "Genetic Consequences of Interbreeding Between Farmed and Wild Atlantic Salmon," *Molecular Ecology* 17, no. 1 (Jan. 2008): 314–324. 另見 Rebecca Clarren, "Genetic Engineering Turns Salmon into Fast Food," *High Country News,* June 23, 2003, https://tinyurl.com/y7fscnly.

23. M. Aldrin et al., "Modeling the Spread of Infectious Salmon Anaemia Among Salmon Farms Based on Seaway Distances Between Farms and Genetic Relationships Between Infectious Salmon Anaemia Virus Isolates," *Journal of the Royal Society Interface* 8, no. 62 (2011): 1346–1356.

24. M. D. Jansen et al., "The Epidemiology of Pancreas Disease in Salmonid Aquaculture: A Summary of the Current State of Knowledge," *Journal of Fish Diseases* 40, no. 1 (May 2016): 141–155.

25. Stephen Castle, "As Wild Salmon Decline, Norway Pressures Its Giant Fish Farms," *New York Times,* Nov. 6, 2017.

* 譯註：《星際大戰》裡的機器人角色。

26. You Song et al., "Whole-Organism Transcriptomic Analysis Provides Mechanistic Insight into the Acute Toxicity of Emamectin Benzoate," *Environmental Science and Technology* 50 (2016): 11994–12003. 另見 Norwegian Institute for Water Research, "AntiSea Lice Drugs May Pose Hazard to Non-target Crustaceans," Phys.org (Jan. 20, 2017); and John Vidal, "Salmon Farming in Crisis," *Guardian,* Apr. 1, 2017, https://tinyurl.com/m9964xt.

27. 161 These cages, called Eggs: Aarskog sees closed containment aquaculture as a key to the so-called Blue Revolution. See Trond W. Rosten, "New Approaches to Closed-Containment at Marine Harvest," Feb. 9, 2015, https://tinyurl.com/y93stf2l. 另見 Emiko Terazono, "Norway Turns to Radical Salmon Farming Methods," *Financial Times,* Mar. 13, 2017.

28. 引自二〇一八年四月與英格麗・羅梅德的私人通訊。

29. 聯合國糧農組織網站提供的水產養殖業發展歷史概述相當淺顯好讀，見Herminio R. Rabanal, "History of Aquaculture," 1988, at https://tinyurl.com/y29dz47s.

30. Ed Yong, "The Scary Thing About a Virus That Kills Farmed Fish," *The Atlantic,* Apr. 5, 2016.

31. Russell Leonard Chapman, "Algae: The World's Most Important 'Plants'—An Introduction," *Mitigation and Adaptation Strategies for Global Change* 18 (Sept. 1, 2010): 5–12. 另見 Nick Stockton, "Fattened, Genetically Engineered Algae Might Fuel the Future," *Wired,* June 19, 2017.

32. 美威集團魚飼料部門營運主管克萊斯・喬納馬（Claes Jonermark）曾耐心為我解說魚飼料相關的科學知識。另見 Timothy B. Wheeler, "Repairing Aquaculture's Achilles' Heel," *Baltimore Sun,* Aug. 19, 2012; and International Union for Conservation of Nature, "Vegetarian Feed One of the Keys to Sustainable Fish Farming," June 12, 2017, https://tinyurl.com/y9vlhzfs.

33. "Fish In: Fish Out (FIFO) Ratios for the Conversion of Wild Feed to Farmed Fish, Including Salmon," IFFO—The Marine Ingredients Organisation, 2015, https://tinyurl.com/yby6epzx.

34. 引自與歐席古的私人通訊。

35 "Many of the World's Poorest People Depend on Fish," FAO, June 7, 2005, https://tinyurl.com/ybx287x3. 另見 Marjo Vierros and Charlotte De Fontaubert, *The Potential of the Blue Economy: Increasing Long-Term Benefits of the Sustainable Use of Marine Resources for Small Island Developing States and Coastal Least Developed Countries* (Washington, D.C.: World Bank, 2017).

第八章　嗜肉成癮

人類心智偏好可辨認之物勝過無以名狀之物……然而小小一架顯微鏡所揭露的，比起愛麗絲在鏡中世界所見，帶來的驚奇樂趣何止百倍、千倍。

——大衛・費爾柴爾德（David Fairchild）*

肉是我戒不掉的心頭好。自從將少吃肉救地球這件事放在心上，再加上從先前幾章所述經歷中學到的教訓，我心知我和美味肉品之間就是一段剪不斷理還亂的孽緣。我曾經長期戒糖、戒咖啡、戒酒精（多半都能順利戒斷），也好幾次嘗試想完全戒掉吃肉。但碰上無肉不歡這樁惡習，我的意志就薄弱不堅，而我恰好又住在烤肉及辣炸雞之鄉納許維爾，簡直成了住在魚餌堆裡的鯊魚。我團團轉著想尋求更多餌食，也不停打轉，想為自己難以戒掉吃肉找到正當理由，努力想找出既能在飲食中保留一些肉類蛋白質，又不至於讓我個人（以及地球）加速邁向終結的方法。

我向一位醫師友人請教我為什麼嗜肉如命，對方告訴我可能是天生的：「你是很能吃肉的O型血型。」一位瑜伽老師告訴我，愛吃肉和「督夏」（dosha）有關，「督夏」即印度傳統阿育吠陀醫學（Ayurvedic medicine）中主宰生理活動的自然能量。她解釋說：「你是『風型』（vata）體質，需要吃稠密扎實、蛋白質含量高的食物。」無論這些理論是否為真，我相信童年回憶扮演了舉足輕重的角色。我是在一九八〇年代長大的，那個年代的飲食講究飽足感，以吃紅肉為主，雞肉跟魚肉則被視同蔬菜。雖然海鮮是全球人口的主要蛋白質來源，但世界上似乎有數百萬人嚮往過著像我小時候那樣的生活：全世界的牛肉、豬肉和雞肉的加工及消費量在過去三十年來成長幾近翻倍[1]，預計將在二〇五〇年再次翻倍[2]。

牛肉是其中最棘手的難題。這幾年來我開始明白自己嗜吃紅肉的習慣，不僅讓美國的河川、湖泊逐漸乾涸，促使更多原始雨林遭到砍伐並開發成牧牛草地，還會提高自己罹患心血管疾病的風險，更讓全球暖化加劇。畜牧業排放的溫室氣體約占全球溫室氣體排放量的百分之十五[3]，超過所有交通工具排放量的總和。而大多數由人畜養的動物在進屠宰場前，都生活在惡劣的環境中，也一直讓我良心不安。

我的大學部學生裡至少有三分之一是某種素食主義者，他們給我看用隱藏式攝影機偷拍到的牛隻屠宰場、籠飼豬和雞隻遭虐待的影片，很成功地說服我，即使我只是偶爾吃肉也是在支持虐待動物。他們提出很有力的論證，指出大多數人攝取的蛋白質都超量（美國成人平均每天食用約一百公克蛋白質[4]，但健康的成人每天其實只需要約五十公克就夠了），而且最重要的是，肉很髒。「你知道牛絞肉裡頭摻了多少牛糞嗎？」一位年輕的純素食者出言詰問。她給我看美國《消費者報告》（*Consumer Reports*）雜誌的調查報告，他們檢測了超過三百包漢堡肉是否遭受糞便汙染，發現每一包都遭到汙染[5]——堪稱為我這個嗜肉者的恥辱畫龍點睛。

所以當和我同樣在肉食家庭長大、成為氣候科學專家的哥哥經歷漫長的掙扎糾結，終於在四十七歲發誓永遠戒牛肉，我也允諾要向他看齊。我大啖堅果醬和豆腐，把波隆納肉醬換成普羅旺斯燉菜，放棄柔嫩的牛胸肉改吃素漢堡，滋味就如同某位心不甘情不願改吃素的作者在美國《戶外》（*Outside*）雜誌文章中所抱怨：它們「就只有兩種完全不吸引人的味道」，「不是高碳水化合物、令人昏昏欲睡的糙米飯加滿滿菌菇味，就是嚼也嚼不爛、讓人結腸爆炸的滿滿麩質味。」[6]我戒肉戒了六十四天後破功——因為有人端來一盤墨西哥烤牛肉塔可餅佐醃洋蔥、涼拌豆薯包心菜，和令人為之銷魂的酸奶油蒔蘿醬。我像餓壞的鬣狗一般狼吞虎嚥。

於是我發現自己再次進退兩難，和地球一樣陷入困境。連我這樣了解情況、心懷悔意的饕客都無法克制自己嗜肉的欲望，我們又要如何解決大量生產肉品所造成的嚴重問題？這個提問引領我走向許多不同的方向：首先，是山姆．甘迺迪（Sam Kennedy）於田納西州中部占地三千英畝的牧場，現年三十五歲的他是前海軍陸戰隊員，採用再生農業工作者大力倡導的「管理放牧」（managed grazing）方式畜養牛羊。甘迺迪很景仰曾在麥可．波倫《雜食者的兩難》一書中登場的牧場主喬爾．薩拉丁，而在北達科他州廣達五千英畝牧場施行管理放牧的嘉彼．布朗（Gabe Brown）也是他的偶像。甘迺迪的牧場土地從前曾用來種植飼料用玉米，他在廣闊無垠的土地上改種可作為碳匯大量蓄碳的高大原生草類。他放牧的牛羊嘴裡啃嚼野草的同時，腳蹄也會踩踏土地，而牛羊遺下的排泄物則成為土壤肥料，滋養草類生生不息。

甘迺迪的這套做法其實是仿效數千年來成群野生植食性動物的行為，只不過他運用無人機和移動式電圍籬等現代工具，在牧場不同區域輪流放牧牛羊，創造可不斷接續的再生循環。這是最理想的第三條路思維，利用現代技術將古老傳統發揚光大。甘迺迪的農場固然有如童話場景一般夢幻美好，他放牧的牛羊養尊處優，牧場生產肉品無疑是頂級美味，但他的產品價格也很高貴，約等同甚至超過全食超市的肉品售價。牧場的肉品值得他付出心力，也確實物有所值，但是甘迺迪也提醒，即使管理放牧前景看好，還是不太可能取代大規模量產牛肉的模式。

「終歸是規模大小的差異，不只是育成端，還包括屠宰分切端，」他說，「泰森食品公司一頭牛的屠宰分切成本是一百二十五美金；而像我這樣的在地畜牧業者，屠宰分切一頭牛的成本是五百五十美金。」甘迺迪的放牧法極有潛力，將來有希望生產符合氣候智慧的優質肉品，但我卻在思索預算有限的消費者該何去何從：普羅大眾買得起符合永續發展精神的肉品嗎？我再次四處探尋，想找到更多答案——但一開始又再次找錯方向。

我讀到關於中國牛肉市場的報導，得知中國的牛肉業者為了因應飆升的肉品需求，複製了超過十萬頭肉牛[7]。我想了解箇中緣由，便試著申請參訪相關單位的許可，但未獲核准。於是我前往拜訪科學家泰・羅倫斯（Ty Lawrence），他於二〇一六年成功複製出美國第一頭複製閹牛[8]。到了二〇一八年，他已成功複製三頭女牛（heifer），並以複製牛為親代培育出數十頭牛犢作為實驗動物，研究如何提高產肉率。羅倫斯的頭銜包括「西德州農工大學肉牛屠體研究中心主任」（Director of the Beef Carcass Research Center at West Texas A&M），而根據他放在網路上的個人簡歷，他與妻兒和愛犬毛毛（Fuzz）現居阿馬里洛市郊。

我搭上一班往德州北部的飛機。到了那裡，我見到羅倫斯和他合作的獸醫師兼複製動物專家葛瑞格・維內克拉森（Gregg Veneklasen）。維內克拉森的經歷多采多姿，曾為知名大亨複製頂級賽馬，也曾為私人狩獵場複製頂著犄角的公鹿和其他當成獵物的珍禽異獸。他自稱現在已經將工作重心從「為了追求娛樂而進行複製，轉換到為了餵飽全世界而進行複製」。

複製牛可望省下鉅額成本，因為肉牛屠體若是一模一樣，屠宰分切程序就有可能全自動化（目前仍有一些步驟必須由人工分別處理每頭屠體，因為每頭牛的肌肉發育方式差異很大）。羅倫斯說複製牛由於脂肪較少，在環保層面也具有優勢。他只複製脂肪層較薄的閹牛，脂肪層較薄表示用於轉換成脂肪的能量最少，比起一般生產極佳級（prime）牛肉所需耗費的飼料和飲用水量，可節省約百分之五[9]。

美國第一頭複製閹牛阿爾法（Alpha）

姑且不論複製動物牽涉的道德問題，將生產牛肉的效率改善百分之五雖然不錯，但對於在不久的將來預計規模將翻倍的產業而言，還算不上長足進步。閹牛無論精瘦與否，每頭平均重一千磅，但產出的牛肉重量大約只有牛隻體重的一半[10]。剩下的一半（骨頭、牛皮和內臟）無法食用，但生產這一半同樣必須消耗大量的飼料和水。簡言之，就是說生產牛肉過程中所消耗的玉米和水，以及排放的溫室氣體中，大約有一半是用來生產不會當成食物的動物身體部位，這是糧食體系中效率嚴重不彰的環節。肉品產業諸多老字號和新加入的業者之所以致力研發無需整隻雞、豬或牛，就能生產出雞肉、豬肉和牛肉的方法，前述問題也是原因之一。於是我改弦易轍，前往西北方一千四百英里外、與德州荒涼的惡地有極大文化差異的舊金山灣區（Bay Area）。

＊＊＊

孟斐斯肉品公司（Memphis Meats）的實驗室位於加州柏克萊，與一家果汁吧和一家小批烘焙咖啡的店家為鄰，公司附近還有艾莉絲・華特斯所創、引領「從農場到餐桌」風潮的「帕妮絲之家」餐廳（Chez Panisse）。在綠樹夾道的靜謐街道上，一棟新近翻修的磚砌建築物裡，一群科學家從分子的層級重新思考肉品生產一事，可說是徹頭徹尾重新思考。他們的嶄新方法既擁護柏克萊幾位永續飲食運動領袖所珍視的一切，同時也推翻了這一切。

孟斐斯肉品公司於二〇一五年由印度裔心臟科醫師烏瑪・瓦雷提（Uma Valeti）和幹細胞生物學家尼古拉・吉諾維斯（Nicholas Genovese）合作創立，是全球第一家研發人造肉的新創公司，他們利用取自活體動物肌肉、脂肪和結締組織的極小樣本在實驗室培養肉品。「我們是一家生產牛、豬、雞肉和海鮮的公司，我們的產品和傳統肉品沒有什麼不同，但是不需要屠宰任何動物。」瓦雷堤在我拜訪前通電話時告訴我。他補充說，公司實驗室裡生長或「培養」的細胞雖然不是長在動物身上，但都是「活的」細胞。事實上，他們所培養的細胞無比活躍，成熟的肌肉細胞受到刺激時，甚至會出現類似收縮或痙攣的反應。

我告訴瓦雷堤，想到送上桌的一份培養肉曾在培養皿裡屈曲收縮，我就想朝豆腐區狂奔而去。但他接著言簡意賅列舉許多可能引誘我回頭的優點：「培養肉在細胞層級上與動物身上的肉一模一樣，可能別無二致，甚至比取自動物的肉更加營養可口。」再者，生產培養肉的過程中排放的溫室氣體比起生產一般肉品，可減少超過四分之三，同時消耗的水量也可節省高達百分之九十[11]。採用培養肉還能避免遭受細菌汙染（再也不用擔心會把大腸桿菌或整份混了糞便的肉吃下肚）[12]，也能降低罹患心血管疾病和肥胖症的風險（培養肉的脂肪和膽固醇含量皆可人為調控）[13]。「我們現在所談的是去改變數十億人口和數兆隻動物的生活。」瓦雷堤如此告訴我。

我在二〇一八年初第一次聽到孟斐斯肉品公司，當時泰森食品公司宣布將投資瓦雷堤的這家新創公司[14]。投資計畫聽起來相當荒謬反常，畢竟美國消費者所食用的肉品每五磅就有一磅是泰森食品公司的產品[15]。泰森公司每年的牛肉銷售額為一百五十億美金；雞肉為一百一十億美金；豬肉為五十億美金[16]；另外「希郡農場」（Hillshire Farm）肉製品、「吉米．迪恩香腸」（Jimmy Dean）和「球場熱狗」（Ball Park Franks）等林林總總品牌的加工肉製品銷售額則為八十億美金[17]。泰森生產的新鮮和冷藏肉品約有半數販售給麥當勞、漢堡王、肯德基和溫蒂漢堡（Wendy's）等連鎖速食店。一家工業化肉品公司怎麼會去支持來路不明、甚至讓人聯想到科學怪人的產品？

當時，泰森公司執行長湯姆・海斯（Tom Hayes）宣誓要領導這家已有八十三年歷史的企業，轉型成為「現代食品公司」，並大力推崇「永續蛋白質」和「零碳飲食」願景。他自稱「我肩負重任，要推動全球飲食體系的革命」，並承諾「讓全世界有所期許，期望自己能透過吃好食、做好事」。這位執行長任職的公司每年處理約十八億頭動物[18]，排放的溫室氣體總量直逼愛爾蘭全國[19][20]，上述承諾從他口中說出來似乎很可疑。但海斯堅稱正因為泰森公司的規模龐大，才具有改變全球的潛力。「我們公司太大了，若我們不帶頭，產業就無法改變。」海斯告訴我。

泰森公司不僅投資實驗室培養肉，也投資生產植物性蛋白質的新創公司，其中最著名的莫過於超越肉品公司（Beyond Meat），該公司利用大豆蛋白和豌豆蛋白製作「未來漢堡肉」及不含肉的香腸和雞塊，產品目前已在超過兩萬家食品雜貨鋪販售。美國的「肉類替代品」（alternative meat）產業在近年一飛沖天。矽谷新創公司「不可能食品」（Impossible Foods）獲得超過三億五千萬美元資金挹注[21]，挾著雄厚資金進軍主流市場，主力產品則是以合成動物血調味的植物成分素漢堡肉。尼爾森行銷研究顧問公司（Nielsen）最近的研究調查數據顯示，肉類替代品的零售額在一年內成長了百分之三十[22]，成長速度是一般肉品和零售食品的好幾倍[23]。

另一項研究則發現，吃肉的消費者中，有七成至少每週一次改為攝食非動物性蛋白質[24]。「打不過，就加入，對嗎？」海斯說。他指的是目前汽車產業因為電動車科技興起而出現動盪，以及菸草產業受到現下面臨電子煙科技的衝擊。他打算擁抱這種改變。「我們想要自己主動打掉重練，不想等著被別人打垮。我們不想成為柯達（Kodak）。」

身為傳統肉品大廠卻投資非傳統產品的，不只有泰森食品公司一家。在泰森投資孟斐斯食品公司的數個月前，全世界最大牛肉及禽肉製造商之一嘉吉肉品（Cargill Meats）就已加入孟斐斯的金主行列。瓦雷提的公司還吸引了其他投資者投入數千萬美元，金主群包括比爾．蓋茲、理查．布蘭森（Richard Branson）*，以及專門投資破壞式創新技術（disruptive technologies）的Atomico國際風險投資集團和德豐傑創投基金（DFJ）。嘉吉公司的桑雅．羅伯茲（Sonya Roberts）形容孟斐斯肉品公司只是在研發「『收成』肉品的另一種方式」，「有些人想買到兼顧動物福利的肉類產品，我們希望能提供另一種選擇。」[25]

支持實驗室培養肉的一方賭的是以植物為原料的素肉產品無法仿製肉品風味上的深度，或提供瓦雷提所謂「口感上的滿足」，即吃真正的肉時那種彈牙扎實的口感。「偽漢堡排和偽雞塊固然相當重要，但也處處受限，」他說，「人類經過數千年演化後習慣吃動物的肉，現今全球有超過九成的人口吃肉。大家想要的是不管嘗起來、處理起來，或烹煮起來都和傳統肉類完全一樣的產品。」[26]

換言之，烏瑪．瓦雷提努力研發的不只是肉類的**替代**選項，而是能「徹頭徹尾」取代肉類的產品——沒有骨頭；沒有臟器；沒有獸皮；既不「齁齁」叫，也不「哞哞」叫。這個目標儘管怪異、令人惶惶不安，卻很瘋狂又野心勃勃。因此當瓦雷堤邀請我拜訪他們的實驗室並試吃他們的產品時，我答應了。

＊＊＊

「**千萬不要忘記**，你將要吃進去的這塊肉是來自細胞，不是來自屠宰場，」瓦雷堤唸唸有詞，「我只是要確定你知道這一口事關重大，具有歷史意義。」

於是我人生中肯定價格最為昂貴，可能也是首開先例的戲劇化一餐正式拉開了序幕：一份要價數百美金的兩盎司鴨胸（提供培育胸肉用的細胞簇的那隻活鴨，想來應該仍在加州帕塔魯瑪（Petaluma）某座養鴨場裡搖搖擺擺，到處閒晃）。我只猶豫一會兒就簽了免責聲明書，表示完全了解培養肉「仍屬實驗性質，其特性並非完全已知」，並且同意「本人願意接納及完全承擔參與此次試吃可能造成的損失、毀壞、人身傷害，或死亡之個人意外風險責任」。

烏瑪的一頭黑髮極富光澤，顴骨很高，笑容可掬，我和五、六名他的研究團隊成員在他的帶領下，進入孟斐斯肉品公司總部內實驗室隔壁的廚房，裡面擺滿閃亮不鏽鋼設備，那是一間白色調的實驗廚房；實驗室最近才經過擴建，因為成員數已經在過去一年增加至原本的四倍，從九名員工成長至三十六名。我們一起盯著淺平底鍋裡那塊不是取自活鴨的泛白鴨肉在油煎下

烏瑪・瓦雷堤

滋滋作響。瓦雷堤解釋說除了美國人比較常吃的肉類，他們也在嘗試培養試管鴨肉，因為鴨肉在肉品需求飆升的中國很受歡迎[27]。

「注意煎肉時發出的焦香味，植物性原料製作的產品不會有這麼豐富的香味。」瓦雷堤分析道。他先前指示公司聘用的主廚使用不搶味的食用油，且為鴨胸調味時只用鹽和胡椒，希望讓我品嘗到原汁原味的試管鴨肉。

主廚將煎成金褐色的樣品擺盤，佐以色彩繽紛並淋上柑橘油醋醬的紫菊苣、包心菜、柑橘瓣和新鮮無花果，再邀請我在一張單人餐桌前坐下享用。烏瑪和他的手下成員站在一旁，滿懷期待地望著我。「餐前禱告我應該感謝主還是……感謝那位細胞捐贈者？」我打趣道，在壓力之下有點坐立難安。「在我們家都只說：『咚得隆咚，謝謝食物，大家開動』。」資深科學家艾瑞克・舒茲（Eric Shulze）回答。我複誦一遍，然後舉起刀叉，將餐刀刀刃稍稍傾斜。「試試看用雙手把它拿起來，先把玩一下。」瓦雷堤忽然出聲，「把它剝開來，感覺它的焦脆和緻密，看看它是如何分離開來。」我聽命行事，用手按住肉塊一端讓另一端翹起。肉塊很結實有彈性，感覺有點像是要分開一顆有彈性的皮球。但是將肉剝開時，我就明白瓦雷堤的意思了：肉塊中的肌肉纖維結合成長束，在我撕拉時先是拉伸延長之後才分離。「和素漢堡排截然不同。」我說。瓦雷堤熱切地頻頻點頭。

我將一塊肉放入嘴裡，鴨肉嘗起來正如他們宣稱的——肉味十足。我過去只吃過幾次鴨肉，但我知道鴨肉通常比雞肉更多油脂、更有嚼勁。出乎我意料的是，這塊鴨肉有點**太有嚼勁**（我得動用後排牙齒去咬），而且吃起來纖維過多，吃完後口中留下類似金屬味的餘味，但肯定是熟悉的味道，每一口都吃進肚子裡也沒問題。要是我吃的是加入醬料和配料調製而成的鴨肉料理，例如北京烤鴨或法式橙香鴨胸，要分辨那是試管鴨肉或傳統鴨肉顯然難度很高。而想到這塊肉非比尋常的來源，它最特出之處竟然在於它的熟悉感，在於它的普通、平凡尋常。

＊＊＊

烏瑪・瓦雷堤邁向創辦孟斐斯肉品公司之途的起點，是他十二歲在故鄉印度南部維傑亞瓦達（Vijayawada）曾參加的一場鄰居的生日派對。賓客隨著樂師演奏的樂音翩翩起舞，主人家端出熱騰騰的大盤咖哩山羊肉和坦都里香料烤雞，招待聚在前院的賓客。派對進行時，瓦雷堤信步閒逛到屋子後側，親睹一場血流成河的大屠殺：廚子正在將預備製成下一批烤雞的雞斬首和除去內臟。「我一下子領悟到，屋子前面在慶祝生日，後面卻是雞群的忌日。巨大的歡樂和巨大的悲傷，就在同一時刻並存。」

印度僅有約四分之一人口奉行素食主義，而瓦雷堤的家庭並不吃素。每逢週日，他的獸醫師父親會帶回半公斤山羊肉或雞肉，這是供一家四口吃上整週的肉。「我以前很喜歡星期日，因為家裡到了週日就會瀰漫著真的很可口的香味。」瓦雷堤回憶道。那次的「忌日」體驗之後，他繼續吃了很多年的肉。瓦雷堤的父親主要照顧牛和綿羊等牲畜，他跟著父親前去探訪農場時，常常討論人與動物之間的關係。

對瓦雷堤影響最深遠的，是他的外祖父，他是家醫科醫師，和瓦雷堤全家同住。他的外祖父曾參加由聖雄甘地領導的印度獨立運動，和許多自由鬥士並肩奮戰。「外公奉行自給自足的生活之道，他只穿自己紡紗和縫製的衣服，」瓦雷堤告訴我，「他行醫救人分文不收，特意為大眾服務。」瓦雷堤的外祖母在生下第五個孩子時過世，因此瓦雷堤的母親和幾個舅舅、阿姨都是由外祖父獨力撫養長大。他們吃自家栽種的蔬菜和穀物，也接受外祖父救治過的病患贈送的東西。

瓦雷堤孫承祖業學醫，於十七歲時進入賈瓦哈拉爾學士後醫學教育中心（Jawaharlal Institute），選擇心臟科作為研習專科。為了取得前往美國研習的簽證，瓦雷堤前往牙買加接受住院醫師訓練。他在那裡結識後來的妻子，她是小兒眼科醫師，兩人後來一起轉往紐約州立大學水牛城分校醫學院擔任住院醫師。瓦雷堤後來又到明尼蘇達州的梅奧醫學中心（Mayo Clinic）執業，專精於診斷及治療心臟疾病，並成為研究介入性心臟學的一流專家。

「我來到美國，看到滿街都是肯德基、麥當勞和必勝客，」瓦雷堤回憶道，「我走進超市，看到滿滿的大盒裝的肉時，簡直目不轉睛。」他喜歡肉的風味，「特別是金黃油亮的炸雞」，以收縮膜包裝好的香腸串、肉排、胸肉、雞腿、肉片、牛絞肉和丁骨牛排更令他目眩神迷。「我覺得肉品的包裝方式好神奇。」他說。但是龐大的規模卻非常駭人。瓦雷堤於是潛心鑽研。他發現為了餵飽全球七十億人口，每年要飼養數百億隻動物；他也發現聯合國預估全球的肉類消費量從現今的每天兩千五百億磅，到了本世紀中葉將逼近每天五千億磅[28]，而飼養牲畜排放的溫室氣體總量超過全球所有交通工具的排放量加總；另外，全世界人類的頭號殺手：心血管疾病，就與攝食過量肉類高度相關。

瓦雷堤決定戒吃肉類，但面對一個如此普遍的問題，這個決定無疑是螳臂當車。大約是在同一時期，他無意中讀到一篇邱吉爾（Winston Churchill）寫於一九三一年預言未來趨勢的文章。「為了吃雞胸或雞翅就要養整隻雞，這種荒謬的事我們不應再做，應該利用某種適合的媒材分別培育雞胸或雞翅。」這位英國政治家如此寫道[29]。

瓦雷堤在二十一世紀初發想出具有突破性的概念，當時科學家已經開始利用幹細胞重新培養膀胱內膜、腦組織等不同的組織。幹細胞能夠自行複製再生，成熟後能夠分化長成不同的組織。在一項臨床研究中，瓦雷堤在病患的心臟注射幹細胞，希望讓幹細胞取代受損組織並且重新長成健康的組織。他靈光一閃，想到如果能培養供醫學用途的人體組織，那麼培養供食用的動物組織又有何不可？

瓦雷提不是第一個想到這個主意的人——事實上，早在二十年前就已發展出培養肌肉組織的基礎科技，但是培養肉的相關研究仍侷限於學院內。他寫信給荷蘭幾位研究培養肉的先驅學者，但未獲回音，於是他在明尼蘇達大學自行創立實驗室，與尼古拉・吉諾維斯合作研發複製雞胸組織。兩人在二〇一五年時證明複製雞胸肉可行。瓦雷提將研究結果傳給創投「生技獨立」生醫加速器公司（Indie Bio），在一小時內就收到回覆。「生技獨立」公司想要加入，條件是瓦雷提和吉諾維斯得將新創公司設在舊金山。

對瓦雷提來說，這個條件意味著要擱下他熱愛的心臟學研究，而他的妻子在明尼亞波利斯開診所，他也勢必要和妻子、稚兒分居兩地，只能在週末通勤回家。但他心知要成功推行培養肉，唯有離開學術界一途，於是兩位創辦人轉換跑道，前往矽谷郊區創立孟斐斯肉品公司。公司名稱所指的，並非田納西州那個熱愛吃肉的孟斐斯市，而是位在埃及的古老發明重鎮孟斐斯（Memphis）。為公司籌募資金的過程「十分悲慘」，烏瑪說。「有三十到五十個投資者直接拒絕了我們。」但是到了二〇一六年，瓦雷提和吉諾維斯研發出全世界第一批實驗室培養而成、每磅生產成本僅一萬八千美金的牛肉丸，投資者於是蜂擁而至。

瓦雷提的團隊研發的產品被冠以「人造肉」、「培養肉」、「乾淨肉」、「試管肉」（cell-based meat、cultured meat、clean meat或in vitro meat）等各種名稱，但生產成本極高，還需經過多年研發才有可能上市銷售。但是人造肉的生產成本已在節節下降：從二〇一五年時每磅約一百萬美金，到目前每磅約數千美金[30]。「我們還有很多事要做，既要壓低成本，也要改良風味和質地，」烏瑪告訴我，「但在接下來三年、五年甚至十年，我們將會突飛猛進。」

＊＊＊

位在柏克萊的孟斐斯肉品公司總部明亮優雅，開放式辦公室設有大面窗戶，鋪著鴿灰色的地毯。休息區擺放著純素皮革沙發，上方飾以不同專輯封面組成的馬賽克拼貼，專輯皆由員工最愛的「食物類」樂團發行，例如肉塊合唱團（Meat Loaf）、嗆辣紅椒合唱團（Red Hot Chili Peppers）、胡椒鹽姊妹（Salt-N-Pepa）和數烏「鴨」（Counting "Cows"）＊。

孟斐斯肉品公司共有四間實驗室，看起來全都像是典型的生物實驗室，擺了顯微鏡、離心機、滿是燒杯的層架和緊急洗眼裝置，但瓦雷堤堅持稱之為「牧場」。「培養細胞和飼養動物某方面可說是異曲同工，」他解釋道，「所以我們的生產流程也和牧場大同小異。」第一間實

孟斐斯肉品公司生產的炸雞

驗室擔任瓦雷堤所謂的「細胞株發展團隊」，致力於挑選最優良的細胞來培養人造肉。吉諾維斯與加州及其他地方的畜牧業者搭檔合作，這些業者的牧場飼養各種不同的家畜、家禽，除了祖傳品種（heritage animal），也有肌肉品質特別優良，或所產的肉別具風味特性的品種。合作的業者會依據吉諾維斯想要複製的部位，從所飼養的動物身上取下小量組織，提供給實驗室，取的量就和活體組織切片所取的量差不多。

理論上，實驗室也能培養出動物的骨頭或任何器官組織，但目前瓦雷堤的團隊只培養我們直接食用的部位：肌肉、結締組織和脂肪。這些細胞儲存在液態氮裡，維持在超低溫冷凍狀態，接著再經過「重新活化」。吉諾維斯和研究團隊就從這些樣本中，辨識並挑選出最健康、再生能力最強，因此也最容易培養的細胞。

拜訪行程中，瓦雷堤從培養箱中取出一個培養皿放在顯微鏡下，開啟鏡座燈源，再邀請我上前用顯微鏡觀察。「看到那些類似細小蚯蚓，看起來像拉長三角形的東西嗎？是形成肌肉的細胞，所謂『始原細胞』或『起始細胞』（starter cell）。」他說。我調整顯微鏡焦距，聚焦在看起來像是曙光初露時散落在天幕上閃爍泛白的群星。我開始注意到有兩個細胞是圓形的，不是長橢圓形，它們是相互依偎的一對。「細胞分裂！」烏瑪大喊。

這是我第一次親眼見證生命奇蹟的精粹所在：活細胞自行再生。理論上它們可以無限複製再生，但是需要適合的條件和養料才能做到。於是我們接下來前往「養分發展團隊」實驗室，這裡的科學家負責調製供應細胞生長所需養分的特殊配方。孟斐斯肉品公司的科學家凱斯威爾

（K. C. Carswell）解說供應細胞養分為何這麼複雜：「細胞沒辦法吃整片草葉，它吃的是構成這片草葉的次成分，就像牛吃下草葉後在胃裡消化、分解，再供應給體內細胞的成分。」凱斯威爾形容她的工作也是某種形式的「仿生」（biomimicry），所做的事是要想辦法加速大自然裡原本就有的過程。「我們努力為細胞提供和在牛隻體內所取得完全相同的養分和生長因子。」

凱斯威爾的團隊每天測試數十種養分組合，每種組合都是混合了蛋白質、脂肪、激素、碳水化合物、維生素和礦物質的懸浮水溶液。動物體內細胞吸收的養分是經由血液輸送，而這種培養液可用來替代血液。傳統上，科學家是利用胎牛血清進行組織培養，胎牛血清富含大量細胞生長所需的養分，但是有個綁手綁腳的阻礙：胎牛血清取自牛的胚胎，因此在財務經濟、環境保護和道德倫理上都會是沉重的包袱。凱斯威爾帶領團隊全力投入測試，終於成功研製出一種不含任何動物性成分的生長血清，但是仍需要進一步研究，找出方法以較低廉的成本進行量產。

選取好要培養的細胞之後，他們會將細胞放入基本上相當於一口超精密慢燉鍋的生物反應器，並餵給細胞特調培養液。有一個幫浦會持續打入養料和氧氣，讓養料和氧氣在小水澤般的整灘細胞（一立方公分裡就有數十億個細胞）中循環。年輕的細胞複製時需要特殊的養分，隨著細胞逐漸成熟，打入的養料也會根據不同生長階段進行更換。一個鐘頭接著一個鐘頭過去，細胞開始拉長，生長同時也簇擁得愈加緊密。成熟的肌肉細胞會形成首尾相連的長鏈，同時摩肩接踵似地相互結合並層層疊加。細胞形成的長鏈和疊層最初看起來像日本浮世繪版畫裡的滾浪濤，或像瓦雷堤形容的：「宛如梵谷畫中的渦紋。」細胞成熟後就只需要不斷增大體積，提供的養料就可以換成僅含蛋白質和脂肪的較簡單配方。前述過程類似肉牛肥育場系統：牛犢需要特殊飼料才能長大成熟，但最後需要送進肥育場吃進高熱量飼料以增加體重。

到了要收成的時候，他們會先濾除生物反應器中供應細胞養分的溶液，再取出形式上成為瓦雷堤所謂「一塊經整合的肉」的培養細胞。換言之，最後的成果並非稀爛軟糊的一團細胞，而是層層組織融合後形成的堅實結構物，類似自動物屠體上收成的肉品。實驗室培養肉在收成當下雖然無知無覺，但嚴格來說仍是「活的」，收成後的培養肉會立刻存放在冷凍庫裡，並在結凍過程中「死去」。「我們認定組織不再是活著的，其分界點就是細胞窒息的時間點，也就是細胞無法再獲得氧氣的時候。」瓦雷堤說。

他知道我迫不及待想看到脫離動物軀體的細胞在收成前所展現的生命徵象。他打開筆電，開始播放培養皿中的牛肉組織影片，那是吉諾維斯利用裝設在顯微鏡上的相機拍攝下來的。「收縮動作可能是自發性的，或是受到電脈衝等刺激的反應。」瓦雷堤告訴我，並補充說培養皿裡也可能下了咖啡因，「讓細胞激動亢奮」。

螢幕上播放著黑白影片。我看到培養皿底部有一坨類似薄片生牛肉的東西，起初完全靜定——接著忽然發生痙攣。肌肉束看起來像是細小橡皮筋被拉開之後又放鬆。雖然心裡早有預期，但我還是驚叫出聲，不過這次觀察經驗並沒有讓我覺得排斥或害怕。其實當下心情不像是看見自己親手創造的「科學怪人」第一次抽動的維克托・法蘭克斯坦（Victor Frankenstein），反而比較像是走入鏡中世界的愛麗絲。我對科學的力量滿懷敬畏，知道自己踏入了一個充滿可能性的境域，而我以前從來不知道它的存在。

瓦雷堤讓我看一張成熟中肌肉細胞的放大圖。

＊＊＊

自從孟斐斯肉品公司於二〇一五年創立之後，又陸續出現至少十多家研發實驗室培養牛肉、豬肉、禽肉或海鮮的新創企業。其中，「默茲肉品」（Mosa Meat）、「佳食肉品」（Just Meats）＊、「新時代肉品」（New Age Meats）以及以色列的「未來肉科技」（Future Meat Technologies）等公司皆已宣布將在近年推出雞排或早餐香腸等人造肉產品，最早的預計上市銷售時間是二〇二〇年。另一家矽谷新創公司「無鰭食品」（Finless Foods）則致力於研發人造黑鮪魚肉（bluefin tuna）[31]，創立公司的兩位生化學家年僅二十多歲，他們表示目前正在研發首項產品，即利用細胞培養而成的魚漿，預計將在二〇一九年下半年推出。超級肉品公司（Super-

Meat）投入研製無動物成分的特殊配方以取代胎牛血清[32]，希望能助方興未艾的人造肉產業一臂之力。瓦雷堤不願透露公司產品預計上市銷售的時間，也不願明說第一波預備銷售的產品細項，但是表示他並不擔心其他同業搶得先機，因為他相信慢工出細活，注重品質勝於速度。「非常神奇，有市場競爭，就充分證明了一個概念可行，而且有龐大的潛在客群。」他說。

柏克萊孟斐斯肉品公司總部所在的同一條街上，再過數個街區，就是「完美的一天」（Perfect Day）公司所在地，這家新創企業的宗旨是要為無動物性成分產品，開拓另一個全新境界，而且已經卓然有成。他們研發的目的並非利用「細胞」來培養食品，而是藉由控制發酵條件以生產「植物性蛋白培養」乳製品。「完美的一天」公司研發出的基因改造酵母經過專門設計，會像迷你蛋白質工廠一樣運作，製作出的胺基酸與牛乳中所含的一模一樣。他們的產品嘗起來與牛乳別無二致，甚至能用於生產乳酪、優格、冰淇淋等全系列乳製品，而產品的核心成分就是這些蛋白質。造訪柏克萊的行程中，我繞去「完美的一天」參觀實驗室，順便試吃看看他們的全素無奶巧克力冰淇淋。它無論看起來、嘗起來，甚至融化的樣子，都和一球含有牛奶成分的哈根達斯冰淇淋完全一樣。無獨有偶，附近另一家生技新創公司「澄白食品」（Clara Foods）研發的則是「植物蛋」，他們利用基改酵母生產與蛋白中相同的蛋白質。

這些產品中究竟哪些會大獲成功並蔚為風行，會的話又是在什麼時候？沒有人說得準，但毫無疑問，無動物性成分產品的研發和投資計畫現下蓬勃興旺。例如「完美的一天」已和農業大廠阿徹丹尼爾斯米德蘭公司（Archer Daniels Midland）合作，將開始以商業化規模運用發酵設備，生產不含任何動物性成分的植物乳製品。或許實驗室培養肉、植物發酵乳品和植物蛋目前聽起來還很詭異，但是等到這些產品上架販售，大眾很可能就一點也不覺得奇怪了。以植物原料的素食肉產品最近大受歡迎，也有助於提高主流社會對這類產品的接受度。「無論你是否意識到，這股從動物肉品轉向另覓他途的風潮已經發生了。」美國人道協會（Humane Society）食品政策主任馬修・普雷斯寇（Matthew Prescott）指出，他把素食肉稱為在範圍更廣的肉類替代品產業中叩關引路的「通道產品」（gateway product）。

以總部位在孟斐斯肉品公司南邊三十英里的紅木城（Redwood City）的「不可能食品」為例，這家公司的成功可說是化不可能為可能。執行長派翠克・布朗（Patrick Brown）於二〇一四年向大眾介紹第一版的「不可能漢堡」（Impossible Burger），漢堡排是加入合成動物血水的素食肉，當時各家媒體半信半疑又滿懷好奇。《華爾街日報》某篇報導更以「『會流血』的偽漢堡亮相」為題，這個概念聽起來幾乎和實驗室培養肉一樣令人毛骨悚然，但「不可能漢堡」卻已躍上「搖搖小屋」（Shake Shack）、「白城堡」（White Castle）等連鎖速食店的菜單，成為主要產品。

「不可能食品」所推出的產品的關鍵成分，是血紅蛋白（hemoglobin）裡的「血基質」（heme），血液的深色和似土又似金屬的味道都來自這種富含鐵質的成分。（我在「不可能食品」公司實驗室裡舀了一匙血基質放進嘴裡，詭異莫名的是，嘗起來竟然很像手指被紙張劃傷時，放進嘴裡會吸吮到的那種味道。我恍然大悟，我們這些愛吃肉的人吃漢堡肉時想嘗到的，就是這種哺乳類血液的風味，想通之後，我心中有些不安。）布朗發現除了動物可以製造血紅蛋白，大豆的根瘤也能製造血紅蛋白[33]。他利用類似「完美的一天」公司所採用的純植物性發酵方法，擷取大豆基因體裡合成大豆血紅蛋白的基因，轉殖於酵母菌細胞*，將酵母改造成小小的血基質工廠。酵母會產生帶泡沫的粉紅色液體，濃縮之後就成了較濃稠、色澤較深，且帶有血味的漿液。漢堡其他部分則以植物性原料製成，包括組織化小麥蛋白、無味椰子油、鹽、馬鈴薯蛋白質，以及其他用於製作加工食品的添加物。「不可能漢堡」雖然不算是符合全食飲食概念的超級食物（superfood），但用來當成牛絞肉的替代品，卻很有說服力。布朗說，如果比較生產一磅產品所排放的溫室氣體，他們的產品碳排量還不到傳統牛肉碳排量的八分之一。他滿懷雄心壯志，意圖顛覆產業以進行破壞式創新：「我們的使命是要在二〇三五年以前，將糧食體系中的動物肉品完全取代，一定做得到。」

張碩浩於二〇一六年首開先例，將「不可能漢堡」放入桃福餐飲集團的菜單。自二〇一八年起，「白城堡」連鎖速食店開始以一．九九美金的售價銷售「不可能漢堡」，論者稱這款漢堡為全美國最好也是最糟的漢堡。我吃過三次「不可能漢堡」，第一次是在巴黎召開的氣候變遷會議上，當時主辦方發送小塊漢堡供與會者試吃；第二次是在紐約西城的桃福餐廳（Momofuku Nishi）；第三次則是在布朗的實驗室。每次吃到的都是升級版配方，比前一次更美味，而且全都大勝目前市場上主流那種一團軟糊、一咬就散的植物成分全素漢堡。「不可能漢堡」很難稱得上完美零缺點，有一點溼軟，對我來說鹹味和金屬味都有點過重，不過就算它還被浸在大量番茄醬、美乃滋和美式乳酪裡，我照樣吃得一口不剩。

我們可以合理推論，布朗最終將微調他的「不可能漢堡」配方，即使不是調整到比麥當勞大麥克（Big Mac）漢堡肉更美味可口，也會調到吃起來一模一樣的程度。無論最後成功與否，或許他都將達成更為重大的成就：深入研究人類嗜吃肉的諸多因素。在史丹福大學校園一隅，偌大的「不可能食品」公司實驗室四壁皆是大片玻璃，裡頭擺放成排的儀器設備，包括數台能夠進行分子層級食品化學分析的氣相層析質譜儀。「我們可以挑選能夠啟動大腦快樂中樞的食物，如炭烤豬肋排或烤火雞或蘋果派，取得它們在生物化學上之所以令人愉悅滿足的相關數據。」「不可能食品」研發長瑟列絲・霍茲—席雷辛格（Celeste Holz-Schlesinger）解說道。「如此一來我們就能了解風味、氣味、口感、酥脆感等，是由哪些分子成分構成的。」

其中一台儀器專門用來剖析食物的香氣。儀器連著一個看似塑膠製巨大鳥喙的附件，霍茲—席雷辛格將附件覆蓋在自己的鼻子上繫住。「一顆美味漢堡的香味是由數千種不同的成分構成，你可以逐一獨立分析。」她說香氣成分非常多元，「有『蜜露』洋香瓜味、焦糖味、包心菜味，和臭襪子味。」解構牛肉的風味和香味只是起步，霍茲—席雷辛格也已開始針對禽肉、魚肉和豬肉進行類似的分析。

「不可能食品」固然研發能量驚人，但目前最受美國消費者青睞的，卻是「超越肉品公司」利用豌豆、大豆等豆類壓製，相較之下顯得老派的素漢堡[34]。在執行長伊森・布朗（與「不可能食品」執行長派翠克・布朗並無親戚關係）的帶領下，超越肉品的年銷售額連續三年皆翻倍

「不可能食品」公司每個月生產數十萬磅的「偽牛肉」。

成長，產品已在全美兩萬間食品雜貨店鋪上架，包括克羅格、沃爾瑪和塔吉特超市（Target）。布朗不打算讓產品嘗起來和肉類完全相同，他說他努力讓產品「口味自成一格，又具有很多附加優點。」「超越食品」推出的「野獸漢堡」（Beast Burger）主要混合豌豆蛋白粉和葵花油製成，並以甜菜汁染色，布朗稱之為「終極的強體健身漢堡：蛋白質含量超過牛肉；omega-3 脂肪酸含量超過鮭魚；鈣含量超過鮮奶；抗氧化物質含量超過藍莓，更有其他有助肌肉恢復的養分。」絕非「白城堡」速食店的漢堡就對了。

若要問我的個人意見，我是「野獸漢堡」的愛好者，雖然嘗起來不像牛肉，但是煎烤起來焦香味十足，有宜人的堅果味，也很有嚼勁。即便如此，我把它夾在圓麵包裡放入所有配料，端給我九歲的女兒時，她只咬了幾口就看穿其中把戲。「媽，這不就是你那些豆腐什麼的嗎？把番茄醬拿來吧。」

＊＊＊

二〇一八年秋天，在我採訪泰森食品的湯姆．海斯的幾週後，他毫無預警便突然辭去執行長一職[35]。官方說法是他基於「個人因素」請辭，但我始終難以置信。受到美中貿易戰和肉品供過於求的影響，整個肉品產業都陷入困頓，泰森食品公司股價下跌，我不由得揣想公司股東是否認為海斯的願景不夠成熟，或雖有願景但不合時宜。我為了探討肉品的未來訪問了數十位人士，其中只有海斯提出肉類替代品，尤其又以細胞培養肉概念的時機最恰當，主張也最具說服力。他強調整個「從細胞到刀叉」（cell-to-fork）的人造肉培養和收成過程需時二到六週，與畜養牛隻從受精到成熟通常得花上的兩年半相較，只不過是一瞬間的事，同時前者又能節約大量成本和能源。

海斯也指出改由實驗室生產培養肉，就無需擔心肉品在處理過程中可能受到大腸桿菌或其他病原體汙染。他說肉品業界最大的風險就是肉品汙染。嘉吉公司投資孟斐斯肉品公司數個月後，就緊急召回十三萬磅遭到大腸桿菌感染的牛絞肉產品，若生產實驗室培養肉則可避免類似情況[36]。烏瑪．瓦雷提談及一項科學家測試傳統肉品、有機肉品和實驗室培養肉品腐敗速率的實驗結果：同樣放在室溫下，傳統肉品不到四十八小時就完全腐敗；培養肉由於不含任何細菌，四天後仍幾乎不曾腐壞、分解。

海斯也說明為何任何地方都可以生產人造肉，而最有可能的地方是靠近市中心的廠房，如此一來就無需利用冷凍貨車千里迢迢載送肉品。即使需要運送，也不需要現行大費周章的冰藏程序，因為人造肉比較不容易腐壞。海斯也強調人造肉可能有益健康的優點。人造肉能夠保有肉類所有對人體有益的養分，如鐵質、維生素B_{12}、硒和菸鹼酸，而對人體有害的物質如膽固醇和脂肪，則可在培養時調整含量，僅保留呈現風味所需的量。例如針對心臟疾病患者族群，瓦雷堤就認為可以為他們特製含有omega-3油脂等「**好**脂肪」而非飽和脂肪的牛肉產品。

我擔憂家長可能不願意讓孩子吃實驗室培養肉，海斯不以為然。他的看法是：培養肉是你能找到生產過程最安全的肉，當孩子不再抱怨那些假肉、偽肉的味道時，人父人母都會很開心。他認為家長也會肯定培養肉有益健康、有益環境的優點，而等到人造肉開始量產而價格變得平易近人時，他們也會覺得培養肉有益於節省開銷。「如果可以不養動物就生產出肉品，我們為什麼**不**這麼做？」海斯分析道。

儘管海斯提出種種支持肉類替代品的論點，但他仍表示自己「無法想像一個不畜養任何動物供人類消費、利用的世界——無論如何，在我有生之年還沒辦法做到那樣。」瓦雷堤同樣無法想像這樣的世界，他在訪談中強調動物和土地之間的關係很重要，也強調管理放牧等做法在生態系統中十分可貴。他認為實驗室培養肉要取代的是不人道大規模量產、造成環境汙染的肉品，而不是要取代類似山姆·甘迺迪所生產的優良「嚴選肉品」。

瓦雷堤也認同牲畜對於小農來說——尤其在經濟發展程度屬開發中的國家——在文化上和

飲食營養上功能都非常重要。在我拜訪過的印度和東非的幾座農場，當地畜養的山羊、綿羊和牛豬在農經體系中都扮演舉足輕重的角色。牲畜能幫忙將青草和農業廢棄物轉化為燃料、肥料和易受飢餓所苦的人口亟需的高品質養分，牠們也可以當成投資儲蓄工具、貸款擔保品，以及在缺糧時期作為農家的食物安全網。

基於種種理由，我們在西方環保運動圈中常聽到的「吃肉不好」論述可謂過度簡化。海斯和瓦雷堤都認為，非動物來源蛋白質最終將在兩億美金產值的肉品市場「占有舉足輕重的地位」[37]。不過在可預見的未來，它們不可能取代所有傳統肉品，甚至還不會成為市場主流。海斯也坦承，從長期發展的角度來看，肉類替代品想要成功，植物肉和培養肉等各種生產方法都至關緊要。「就好像目前市場上有許多不同款式的電動車，」他告訴我，「不會有人人滿意的法寶或萬靈丹。消費者喜歡挑挑揀揀。」

轉換至永續發展的肉品生產模式需要很長的過渡期，即使不到數十年，也需要數年之久，也因此就短期發展而言，改善動物福利對於泰森食品等大企業而言，仍與研發替代產品同等重要。就我個人來說，我已下定決心要認真在攝食肉類上有所節制。我打算增加飲食中植物性蛋白質的比例，只有特殊的佳節喜慶才吃牛胸肉和炭烤肋排。我會繼續支持山姆・甘迺迪和其他肉品生產者，等人造肉價格下降到較平易近人的數字時，我也準備好要歡迎人造肉進入自家廚房。確實，一想到在生物反應器裡抽搐的活細胞，我還是有點緊張兮兮，但是我會克服這一點的——就好比我克服了自己對基改作物的憂慮，而對於取得永續發展水產認證的養殖魚，和不用土壤或陽光就能種活的蔬菜，也不再有所顧忌。仔細想想，在認識人造肉之後，跟肉類屠宰場的運作或數百萬頭複製牛陰魂不散相較之下，我對人造肉的態度便不再那麼神經質了。

旅程到目前為止，我已經探訪了蔬菜、水果、穀物、魚類和肉類生產的奇異全新疆界，我因此深信，在接下來數十年想要以永續發展的方式生產糧食，不僅科技上必須突飛猛進，在應用新科技這方面我們也必須嚴格自律、善用智慧，且符合公平原則。此外，我們也必須將眼光放遠，不只著眼於直接的農業活動如翻土整地和牧養牲畜，也必須關注較抽象、較外圍但同樣迫切的挑戰，例如開發乾旱時可利用的備援水資源以及智慧供水網絡，為人口最多但最缺水的區域提供灌溉用水。為了因應將來無可避免會發生的饑荒，不僅必須預先準備好緊急應變計畫，我們也必須改變自己的心態和行為——特別是關於浪費的議題。

人造肉是其中一種防止浪費的方法，由於畜養出的牛、豬或雞可食用的部分僅有整隻的一半，改吃人造肉有助於省下畜養剩下無法食用的那一半資源。以人造肉替代傳統肉品，也能避免因肉品汙染和腐敗造成的浪費，以及降低長途運輸配送的成本。然而，食物浪費的問題遠不僅如此。美國人浪費的食物量超過地球上任何一個國家的人[38]。掩埋場和農業相關數據顯示，由美國農場生產的食物總計約有百分之四十是在田中或冰箱裡腐爛，或是進了垃圾桶。若能解決食物浪費的問題，就更有機會餵飽更多人口，也能減省我們對大自然索求的資源。

譯註：

* 譯註：大衛．費爾柴爾德為美國植物學家、農學探險家暨「植物獵人」，協助將羽衣甘藍、芒果、酪梨、椰棗、甜桃、大豆、開心果等多種實用的植物物種引入美國栽種；此句引言出自《世界是我的花園：植物探險家大衛．費爾柴爾德傳記》（*The World Was My Garden: Travels of A Plant Explorer*）。

1. "What the World Eats," *National Geographic,* https://tinyurl.com/yc2d48gg.
2. "Meat and Meat Products," Animal Production and Health, FAO, Apr. 2016, https://tinyurl.com/42w47gz.
3. "Tackling Climate Change Through Livestock," FAO, 2013, https://tinyurl.com/ybsbf8vj.
4. Sophie Egan, "How Much Protein Do We Need?" *New York Times,* July 28, 2017, https://tinyurl.com/yasspl3c.
5. Andrea Rock, "How Safe Is Your Ground Beef?" *Consumer Reports,* Dec. 21, 2015, https://tinyurl.com/ybsota6f.
6. Rowan Jacobsen, "This Top-Secret Food Will Change the Way You Eat," *Outside,* Dec. 26, 2014, https://tinyurl.com/y9mbosve.
7. Charlie Sorrel, "China Is Building a Million-Embryo-a-Year Cloned Meat Factory," *Fast Company,* Dec. 8, 2015, https://tinyurl.com/ya92vjs8.
8. "WTAMU Research Results Signal Potential for Increased Efficiency in Beef Industry" (press release), West Texas A&M University—WTAMU News, June 29, 2016, https://tinyurl.com/zqae663.
9. 引自二〇一六年十月與泰．羅倫斯的私人通訊。
10. Food Safety Division—Meat Inspection Services, "How Much Meat?" Oklahoma Department of Agriculture, Food, and Forestry, https://tinyurl.com/y9f3mrbk.
11. 引自二〇一八年十月與烏瑪．瓦雷堤和艾瑞克．舒茨（Eric Schulze）的私人通訊。
12. 同前註。

13. Marta Zaraska, “Is Lab-Grown Meat Good for Us?” *The Atlantic,* Aug. 19, 2013, https://tinyurl.com/yapstflr.
14. Chloe Sorvino, “Tyson Invests in LabGrown Protein Startup Memphis Meats, Joining Bill Gates and Richard Branson,” *Forbes,* Jan. 29, 2018, https://tinyurl.com/y8t2w4vy.
15. Tysonfoods.com, 2018, https://tinyurl.com/yar5xb4z.
16. Jonathan Poland, “Tyson Foods: A Long-Term Buy Under $65,” Yahoo! Finance, Aug. 20, 2018, https://tinyurl.com/yc4gg84v.
17. Keith Nunes, “Tyson Foods Showcases Prepared Foods Innovation Tiers at CAGNY,” *Food Business News,* Feb. 22, 2018, https://tinyurl.com/ycbh3hn8.
18. Tysonfoods.com, 2018, https:// tinyurl.com/yar5xb4z.
19. 泰森公司並未直接公開自家的溫室氣體排放量：該公司的永續報告指出：「我們的供應鏈所產生的溫室氣體中，約有百分之九十並不歸屬泰森公司。」泰森公司的範疇一及範疇二（scope 1 and 2）【譯註：根據環保署網站，範疇一指的是直接來自組織擁有或控制之排放源的溫室氣體，範疇二指的是因輸入電力、熱或蒸汽而間接排放的溫室氣體。】溫室氣體排放量（由他們直接管控的部分）合計約五百六十萬公噸；若再加上另外百分之九十，則泰森公司每年的溫室氣體排放量約為五千六百萬公噸。另見 Tyson Foods, “Reducing Our Carbon Footprint,” 2017, https://tinyurl.com/yanxzpp6.
20. 愛爾蘭全國每年的溫室氣體排放量約為五千九百萬公噸。見 United Nations, Climate Change Secretariat, “Summary of GHG Emissions for Ireland,” 2012, https://tinyurl.com/yageo9ek.
21. Taylor Soper, “As Funding Nears $400M, Impossible Foods Targets Meat Eaters with Plant-Based Burger That ‘Bleeds,’” *Geek Wire,* Apr. 5, 2018, https://tinyurl.com/yalc2czg.
22. “Plant-Based Food Options Are Sprouting Growth for Retailers,” Nielsen, June 13, 2018, https://tinyurl.com/ybvte4hh.
23. “Total Consumer Report,” Nielsen, June 2018, https://tinyurl.com/yd5h8hgf.

24. Sharon Palmer, "Shining the Light on Plant Proteins," *Chicago Health,* Sept. 20, 2018, https://tinyurl.com/ybcgv6tz.

* 譯註：理查・布蘭森為英國商業大亨，維珍集團（Virgin）創辦人，集團旗下公司包括維珍航空公司。

25. Jacob Bunge, "Cargill Invests in Startup That Grows 'Clean Meat' from Cells," *Wall Street Journal,* Aug. 23, 2017.

26. 引自二〇一八年十月與烏瑪・瓦雷堤的私人通訊。一項二〇一〇年的研究結果則指出全世界有接近八成的人口吃肉，見Eimar Leahy, Sean Lyons, and Richard S. J. Tol, "An Estimate of the Number of Vegetarians in the World," *Economic and Social Research Institute,* Mar. 2010, https://tinyurl.com/y8synv5v.

27. Marcello Rossi, "Will China's Growing Appetite for Meat Undermine Its Efforts to Fight Climate Change?" *Smithsonian Magazine,* July 30, 2018, https://tinyurl.com/yd2nakc3.

28. "How to Feed the World 2050," FAO, Oct. 13, 2009.

29. Winston Churchill, "Fifty Years Hence," *Strand Magazine,* Dec. 1931.

30. Zara Stone, "The High Cost of Lab-to-Table Meat," *Wired,* Mar. 8, 2018.

* 譯註：可能是指「數烏鴉合唱團」（Counting Crows）但故意拼錯「Crows」成了「Cows」。

* 譯註：於中國銷售的產品以「皆食得」為品牌名稱。

31. Emma Cosgrove, "Finless Foods Raises $3.5m Seed Round to Culture Bluefin Tuna," *Ag Funder News,* June 20, 2018, https://tinyurl.com/y8avowtl.

32. Elaine Watson, "SuperMeat Founder: 'The First Company That Gets to Market with Cultured Meat That Is Cost Effective Is Going to Change the World,'" *Food Navigator,* July 20, 2016, https://tinyurl.com/y8nvn72t.

33. Matt Simon, "The Impossible Burger: Inside the Strange Science of the Fake Meat That 'Bleeds,'" *Wired,* Sept. 20, 2017.

* 譯註：根據註33這篇文章，「不可能食品」公司是將大豆基因體裡合成大豆血紅蛋白（soy leghemoglobin protein）的基因轉殖於一種嗜甲醇酵母菌（*Pichia pastoris*）。

34. Mahita Gajanan, "The Meat Industry Has Some Serious Beef with Those 'Bleeding' Plant-Based Burgers," *Time,* Mar. 21, 2018.
35. Tom Polansek, "Tyson Foods CEO Steps Down for Personal Reasons," Reuters, Sept. 17, 2018, https://tinyurl.com/y8c7qoxe.
36. Maria Machuca, "Cargill Meat Solutions Recalls Ground Beef Products Due to Possible E. Coli o26 Contamination" (press release), U.S. Department of Agriculture, Sept. 19, 2018, https://tinyurl.com/y74fwh5r.
37. 北美肉品協會（North American Meat Institute）網站指出，根據最近一次於二〇一三年進行的調查，美國肉品產業每年產值高達約一千九百八十億美金：https://tinyurl.com/y9xtwwh8.
38. Dana Gunders, "Wasted: How America Is Losing Up to 40 Percent of Its Food from Farm to Fork to Landfill, "Natural Resources Defense Council, Aug. 16, 2017, https://tinyurl.com/glxxnt4.

第九章　敗部復活

地球所提供的，能夠滿足每個人的需求，卻無法滿足每個人的貪婪欲求。

——甘地

在下著毛毛雨的三月某一天，納許維爾的天空看起來與下方的垃圾場別無二致，都是灰褐色的一大片。喬吉安．帕克（Georgann Parker）戴著護目鏡和外科手術用手套，牛仔褲管裹覆在高筒雨靴裡，外套上加了件亮橘色背心，一頭灰中帶金的短髮以工地安全帽罩住——置身此情此景的她恍如《瘋狂麥斯》（Mad Max）電影裡的亡命之徒。「我們該慶幸今天不熱。」她說，氣閥式口罩下透出笑意。就一位準備要執行正式名稱為「廢棄物查核」（但在克羅格企業內部則稱為「垃圾桶深潛」）的診斷工作的女性來說，帕克的開朗令人詫異。帕克擔任克羅格集團的剩食捐贈業務總主管，基於職務所需，偶爾得親手撕開數百袋垃圾檢查其中腐壞的內容物。

與帕克一同前來的還有兩名克羅格超市員工，以及美國廢棄物管理公司（Waste

Management）的兩名主管，該公司負責清運掩埋克羅格連鎖超市的所有垃圾。他們站著觀看一輛壓縮式垃圾車將載運的垃圾傾倒在他們面前的地面。堆成小丘的垃圾是由距離我家數英里的克羅格超市門市過去六天所產生的，而這只是田納西州一百一十七家克羅格超市中的一間，或說是全美國兩千八百家克羅格超市其中之一的垃圾量。所有克羅格超市門市每天服務九百萬名美國消費者，每年服務六千萬戶美國家庭，占全美人口的三分之一強[1]。每家門市每週都產生數噸的垃圾，大部分為易腐壞的蔬菜、水果、肉品、乳製品和熟食，是已過賞味期限或販售期限，卻仍可安全食用的產品。

帕克的工作是從各家克羅格門市的大量剩食裡挖寶，挑出無法繼續販售但還能食用的食物。她負責督導全國一百二十名管理公司剩食業務的事業部主管，她和團隊每年會從即將丟棄的商品中救出大約七千五百萬磅的新鮮肉品、農產品和烘焙食品，再捐給各地的食物銀行和食物發放機構[2]。這個數字似乎很大，但只占克羅格源源不絕浪擲拋棄的鮮食中的一小部分。克羅格企業於二〇一八年推行「零飢餓，零浪費」（Zero Hunger, Zero Waste）運動，宣誓要捐出數量為先前十倍的剩食。他們的目標是在二〇二五年前，排除旗下門市的食物浪費情況，同時協助門市周圍社區居民緩解受飢餓所苦的問題。

帕克形容克羅格企業的目標範疇「很大也很瘋狂」：「而且，沒錯，有點令人卻步。搶救剩食的物流配送細節非常複雜。」對於像克羅格這樣的大企業來說，要做的不只是在食物腐壞之前加以搶救，還必須與分布全國各地的數萬間食物銀行和慈善廚房聯絡、協調捐贈事宜。

喬吉安・帕克

有著淡藍色眼珠和圓臉頰的帕克在明尼蘇達州某座城鎮長大，她的家鄉和蓋瑞森・凱勒（Garrison Keillor）筆下的虛構城鎮「烏比岡湖」（Lake Wobegon）同樣位在一個「一切永遠和悅宜人」的區域。鮮少有人無需刻意費力，就能發自內心親切友善地待人，帕克是其中之一。她那一口美國中西部方言聽起來多采多姿，她口中的「大家」成了「大夥兒」（folks）；稱汽水為「pop」；描述很多是「多到掉渣」（a crud-load）；興奮時往往以修辭性問句表達：「你說有多酷？」換句話說，面對一些事物，我們很多人明明應該用心關注卻難以做到，她卻滿腔熱忱積極投入。

在進入克羅格工作之前十年，帕克曾在明尼蘇達州擔任一位聯邦法官的書記，之後則有數年擔任聯邦緩刑監督官，負責調查重罪被告，提出量刑建議，而她甚至對這份工作也盡力抱持樂觀正面的心態。「我很高興自己身負重責，必須確保所有人在法律之前都獲得公平的待遇，但在很長一段時間之後，我還是被工作累垮了。」她認為自己從前和現在的工作之間有種延續性：「我還是在試著幫忙修理壞掉的系統。」由於她曾在司法體系受過訓練，克羅格的同事幫她取了個綽號：「剩食警長」（food waste sheriff）。

或許是因為天性爽朗大方，抑或是因為在過去的工作崗位上見過更發人深省的景象，帕克面對眼前中人欲嘔的垃圾場時一派鎮定自若。難聞的沼氣自下方掩埋場深處湧出；帕克和她的團隊在垃圾山裡扒挖挑揀時，十數隻營養過剩的禿鷹在空中體態沉滯地盤旋。他們找到看起來新鮮全無異狀的成袋馬鈴薯和包心菜、數顆看起來不那麼新鮮的萵苣、堆成小山的盒裝生菜沙拉和菠菜、切片裝好的水果餐盒、無數箱蛋殼有裂痕的雞蛋、數十包烹煮海螯蝦料理和皇家奶油雞（chicken à la king）用的新鮮快煮食材包、袋裝切片薩拉米香腸和乳酪、瓶子出現裂縫的番茄醬、容器缺角的糖霜和冰淇淋，以及標註「回收」的 Gravy Train 狗罐頭。

最終，帕克繃起臉來。「老天，真讓人反胃——不是因為垃圾，是因為看到有人這麼**浪費**。」她說。最讓她難受的是攤在地上好幾大瓶的鮮奶。她檢查鮮奶的販售期限——還有八天才會過期。「這麼做根本就沒有道理。」鮮奶旁邊就是禿鷹看中的腐肉：一包又一包的早餐肉、豬排、牛排和牛絞肉、一塊豬蹄膀，還有大約二十隻烤成和地上爛泥同樣呈泥巴色，並且堆積如小山的烤雞。

帕克帶領團隊將廢棄商品分門別類，再逐一將內容物秤重拍照。他們回去計算數字後會發現，超市產生的廢棄物裡，超過一半（百分之五十二）皆可捐贈、回收或製成堆肥。他們也會整理數據、製作成圖表，配上頗富犯罪現場風格的照片。「你可以看出門市裡哪些部門在認真搶救剩食，而哪些部門沒有，」帕克在我們討論結果時發起牢騷，「應該要給這裡許多食品再一次機會。」

＊＊＊

根據環保團體「自然資源保護協會」（Natural Resources Defense Council〔NRDC〕）舊金山分部的廢棄物專家妲比・胡佛（Darby Hoover）的研究結果，美國每年運往垃圾場的食品重達五千兩百萬美噸，還有一千萬美噸是當場就地拋棄或任其腐壞[3]。換個方式來看，美國人每天浪費的食物足以填滿一座可容納九萬名觀眾的體育館，比起一九七〇年代每人浪費的食物量，多出百分之二十五[4]。全美國浪費的食物中，大部分（約百分之三十五）是在家戶中浪費掉的。美國人平均每天丟棄超過一磅的食物，每人一年下來就丟棄約四百磅[5]。餐廳和克羅格超市等零售通路浪費的食物量緊追在後，約占全部的三分之一。據估計，全美每年浪費的食物市值在一千六百二十億到兩千一百八十億美金之間[6]。

胡佛是從環保角度來看待浪費食物的問題。「浪費食物，也就表示浪費了水、能源、農藥、勞力等所有為了生產、加工處理、包裝、配送、清洗和冷藏、冷凍所投入的資源。」他分析。非營利組織「反思食品浪費」（ReFED）估計，剩食（food waste）＊總共消耗了全國百分之二十一的淡水、百分之十九的肥料、百分之十八的耕地，和百分之二十一的掩埋場容量[7]。

沼氣問題也因此加劇：美國的剩食僅有百分之五製成堆肥，即經過全程控制以細菌和加熱方式將食物殘渣分解成有益土壤地力的養分；剩下的百分之九十五則送往掩埋場，未經人為控制而任其腐敗，並釋出屬於強效溫室氣體的沼氣。「如果將全世界的剩食視為一個國家，它的溫室氣體排放量可能僅次於中國和美國。」胡佛說。

對喬吉安．帕克來說，食物浪費問題代表的是社會不公：「當你想到全國還有四千萬人過著有一餐沒一餐的貧困生活，遑論吃什麼有營養的食物，那麼浪費食物這件事——尤其是浪費那些有益健康的生鮮食品——就成了道德問題。」只要用全國所丟棄食物不到三分之一的量，就足以餵飽這群缺乏資源的人民。

克羅格企業有五十萬名員工，其中許多人領的是最低薪資，他們本身就處於「糧食不安全」狀態。帕克說：「我們把目標設得再遠大一點，為低收入族群提供支持，不僅有助於提振員工士氣，也是向公司的傳統致敬。」克羅格創辦人巴尼．克羅格（Barney Kroger）當年開麵包店起家，從前每天晚上會將放了一整天的麵包與糕點發放給收入不高的鄰居。「我們的品牌和核心價值就繫於讓所有人都能方便地取得食物。」帕克堅定表示。

由於美國有一些州開始依照各公司或機構的垃圾量徵收費用，而克羅格公司須支付的「垃圾清理費」（tipping fee）節節高漲，「零飢餓，零浪費」運動堪稱是公司最重大的機會。此外，克羅格公司也可藉由捐贈食物，享有每年高達數百萬美金的聯邦稅額減免。克羅格大力減少食物浪費，背後也有來自股東的壓力。幾乎所有食品零售業龍頭，包括大眾超市

（Publix）、好市多（Costco）、沃爾瑪、塔吉特超市和全食超市，在過去五年來皆已開始施行剩食減量計畫。亞利桑納州土桑市的非營利組織「生物多樣性中心」（Center for Biological Diversity）最近針對各家公司施行的計畫進行評鑑，發現整體表現差強人意，而克羅格的表現在十家公司中排名第三，評鑑等級為C級[8]。

食品零售業者一直以來在廢棄物管理上都相當鬆散，但如今也因要求改革的呼聲高漲，而承受愈來愈大的壓力。例如當亞馬遜拒絕對全食超市及其他合作零售業者的食物浪費問題採取行動時，幾家最大的投資者便表示，若亞馬遜不採取任何措施加以約束，他們將停止投資[9]。克羅格執行長羅尼・麥穆倫（Rodney McMullen）也曾受到最大金主貝萊德投信公司（BlackRock）以類似方式督促。克羅格企業永續發展總監（director of sustainability）潔西卡・艾德曼（Jessica Edelman）說：「你非相信不可，我們的最大股東告訴我老闆：要是你們無法拿出能發揮社會影響力的主張，我們就不會繼續投資貴公司——這話讓人深有同感。」

對於全世界野生動物棲地構成最大威脅的就是農業，世界自然基金會於是推動大型食物浪費研究計畫，而艾德曼找上基金會合作，為克羅格研擬出一套預防食物浪費和捐贈剩食的策略，基金會也鼓勵克羅格公司進行「垃圾桶深潛」以及其他針對廢棄物流（waste-stream）的精細分析。「一般會有一種誤解，認為解決剩食的唯一解法就是製成堆肥，」世界自然基金會剩食相關研究部門主任彼特・皮爾森（Pete Pearson）指出，「無論是公司行號或家戶民眾，或整個城市，真正的重點在於預防勝於治療：先預防，再搶救和捐贈，製成堆肥是最後手段。」

皮爾森說食物浪費問題之所以難以解決，是因為「沒有任何一種科技或政策介入的手段能夠釜底抽薪，防患於未然。」他接著解釋：「從田間、倉庫、包裝、配送、超市、餐廳到各家各戶——自上游到下游都有問題。」要解決食物浪費問題，僅僅幾名像喬吉安・帕克一樣的「剩食警長」在戰壕般的公司企業裡打仗絕不足夠，而是要在私部門和公部門多個層級，都設置剩食糾察大隊一同參與才行：學者和聯邦政策制定者正在努力推動有效期限標示標準化，以及提供誘因鼓勵企業搶救剩食；市政府和州政府人員籌辦街道路緣堆肥計畫，並提高「垃圾清理費」以鼓勵垃圾減量；軟體開發者設計應用程式媒合家中食物過剩者和需要食物的民眾；材料科學家研究保存易腐敗食品和延長保存期限的新方法；工程師設計能夠加快大規模堆肥的機器設備；社運人士帶頭發起活動，希望能夠促進大眾對於相關議題的認識。

我花了數週時間參與克羅格公司的幕後運作過程，努力了解零浪費策略的實際執行細節，體驗了完整流程的三個階段：預防、搶救和捐贈，最後是製作堆肥。首先我要釐清背景脈絡，需要進一步了解：為什麼打從一開始我們會浪費這麼多食物？

* * *

「大自然裡沒有任何廢棄物。所有在自然中死去的，都會成為其他生物的食物，」妲比・胡佛告訴我，「『廢棄物』的概念是人類創造出來的，我們應該能夠再加以『反創造』

（uncreate）。」

胡佛最近主持完一項為期兩年的研究，旨在探究三個美國城市食物浪費模式的相互比較結果，那三個城市分別是丹佛、紐約，以及非常湊巧——我的家鄉納許維爾。她直承：「令人驚訝的是，關於什麼人在什麼地方浪費了什麼食物，以及原因為何的剛性資料（hard data）非常稀少，因此無論對城市、公司或家戶來說，想解決這個問題就更難了。」

胡佛與舊金山一家專精廢棄物物流管理的環境工程公司「德照科技」（Tetra Tech）合作，進行研究分析，他們在三個城市共募集了一千一百五十名居民參與研究，所有居民都同意提供家戶垃圾供研究團隊檢視。其中超過一半參與者寫下「廚房日記」，記錄自己什麼時間丟棄食物，以及丟棄的原因。居民最常丟進垃圾桶或倒進水槽裡的，包括沖煮的咖啡和剩下的咖啡渣、香蕉、雞肉、蘋果、麵包、柑橘、馬鈴薯和牛奶。胡佛注意到清單中沒有多力多滋玉米片、Spam午餐肉罐頭、Twinkies奶油夾心小蛋糕之類的食物，十分啟人疑竇。「食物浪費的情況往往充滿矛盾，出乎意料又令人費解，其中一種矛盾情形就是愈健康的食物，往往浪費掉的也最多，」她說，「現今文化中對於新鮮食物十分執迷，從維持健康的角度來看很好，但從食物浪費的角度來看就不太妙了。」

胡佛也發現，在市政府皆實行堆肥計畫的丹佛和紐約，定期將廚餘製作成堆肥的民眾所丟棄的食物，比起不製作堆肥的民眾多出了許多，推測可能是因為他們覺得剩食有了去處，比較不會良心不安[10]。「預防可說是食物浪費管理工作的終極目標，」胡佛說，「對地球來說，做到不浪費、零剩食，比起想方設法回收殘羹剩菜要好太多了。」她也發現家有幼兒的父母親為了讓孩子接觸新口味，大費周章奉上各種有益健康的食物，父母的出發點固然良善，但碰上孩子不買帳，就產生了許多剩食。結果就是消費層級發生的食物浪費，「往往與善心好意脫不了關係——因此也特別棘手難處理。」胡佛如此分析。

我承認，我自己家裡有太多食物都落得沒人吃。對於任何放在冰箱裡超過兩天的食物，我先生也總是懷疑東懷疑西。我喜歡買很大把的新鮮菠菜和很大串的香蕉，希望能夠確保營養價值高的食物不虞匱乏，只是最後總放到菠菜爛掉、香蕉發黑。每次宴請賓客，我習慣準備過多菜餚，而且會一看到新食譜就失心瘋，買太多神祕食材，最後卻這種只用了一小匙，那種又只用了四分之一杯。數週之後，趁四下無人，我會滿懷罪惡感將無人聞問的剩菜、剩食倒進垃圾桶。

鋪成通往美國各地垃圾山的道路上除了有善意，還有其他幾個因素。其中之一是胡佛所謂「我們墨守成規的審美標準」。她說美國消費者對於蔬果外觀應該是什麼樣子的想法很僵化，「不接受農產品有些微損壞，或形狀不規則，或者也不接受從產地運送到市場過程中撞傷、撞凹、凋萎、變色、褪色或泛黃褐色。」美國一般消費者對蔬果的審美觀，其實與挑掉扭曲紅蘿蔔的張同貴並無不同：凡是不規則、有異狀的，我們都不屑一顧。問題既出在顧客要求食物外表完美，也出在店家拒絕讓規格不符、賣相不佳的蔬果出現在架上。「美國有數量大到不可思議的新鮮農產品根本連進入賣場店鋪的機會都沒有，因為在審美觀這一關就會遭到淘汰。」胡佛直指。最近一項在明尼蘇達州做的研究發現，該州生產的蔬菜水果大約有百分之二十成了垃圾，只因為不符合我們狹隘的審美眼光[11]。

常見受害者：鮮食葡萄*若沒有長成呈楔形的一串，就不採收留在田裡任其腐爛，或從產地直接送去掩埋場。其他如長歪的甜椒、扭曲的紅蘿蔔、有汙斑的蘋果等等，也都是同樣的下場。（回想一下安迪・佛格森果園裡受霜害的蘋果——這些果實健康、可口，一點問題也沒有，但有霜環的蘋果就是賣不出去。）胡佛說大型有機蔬菜農場淘汰丟棄的蔬果量通常比一般生產者更多，因為他們的產品不符標準規格的比例較高。很不幸但諷刺意味十足的是，賣相不佳的醜蔬果往往比賣相好的更加營養美味，因為蔬菜水果其實會在蟲害、過熱、霜害、植物疫病等生長壓力之下，生成更多風味成分和抗氧化物質[12]。

胡佛在一九八〇年代初期唸大學時，創辦史丹佛大學第一個剩食回收計畫，他讀研究所時論文題目是剩食心理學。對於完美農產品的渴望早在古羅馬時代就已存在，甚至遠早於提比略皇帝要求一年四季皆能種出完美蛇瓜的年代，而胡佛認為到了一九五〇年代的美國，由

加州薩利納斯遭淘汰的成堆甜椒

於家庭主婦逐漸習慣低溫保存設備普遍、包裝食品推陳出新，以及國外進口蔬果唾手可得的生活，這種心態於是又變得更加強烈。「忽然之間，在緬因州也吃得到鳳梨，一月也能買到草莓。那是『神奇麵包』（Wonder Bread）和晚上看電視吃微波餐的時代，」她說，「制式化的完美食物成了安全和創新的代表。」這種執著如今更是再創新高峰，一部分也是由於社交媒體平台上的「料理美食照」（camera cuisine）風潮的推波助瀾。我和胡佛討論了Instagram平台上泛著金黃色澤的現烤餅派和時髦文青風的餐廳前菜照片，胡佛認為這種追求賞心悅目滿足感的現象，不僅強化了整體文化對於完美食物的執迷，也加深了拒絕接受任何不夠完美之物的傾向。

* * *

當美國人歡快沉迷於魅惑、誘人的美食照之際，歐洲人已在學習從更務實的角度思考食物的價值。賽琳娜・尤爾（Selina Juul）並非政治人物，但根據丹麥政府的說法，丹麥能夠在五年內成功將全國剩食量減少百分之二十五，她是幕後的最大功臣[13]。尤爾生於俄羅斯，於一九九五年移民丹麥，那年她十三歲。「我來自一個糧食短缺的國家。我們的基礎設施敗壞，共產主義崩潰，連能不能弄到食物端上餐桌都不確定，」尤爾接受英國國家廣播公司（ＢＢＣ）記者採訪時說道，「所以後來看到大家浪費了那麼多食物，我真的非常震驚。」

尤爾對平面設計有興趣，開始運用巧思發起運動。她於二〇〇八年在臉書平台創立的「停止浪費食物」（Stop Spild Af Mad）社團如今已有數萬名成員，她也現身超級市場董事會、TED講台及歐洲議會倡議剩食改革。「浪費食物就是不尊重大自然、不尊重我們的社會和糧食生產者、不尊重動物，也不尊重自己的時間和金錢。」尤爾說。她協助餐廳將用來打包外帶剩菜的「狗食袋」（doggy bag）重新命名為「好料袋」（goodie bag），並在全國各地發放了六萬個袋子。丹麥的超市開始掛出「我單身，帶我走」（TAKE ME I'M SINGLE）的牌子打折出清單根香蕉，將賣不掉的剩餘香蕉量減少百分之九十[14]。

減少浪費的風潮持續不墜：一家丹麥慈善機構於哥本哈根開設的「唯福」（Wefood）超市號稱「全世界第一家剩食超市」，販售遭淘汰的農產品和即期食品。「唯福」超市第二間分店於九個月後開幕。丹麥的主要連鎖超市不再提供會引誘消費者購買過量的多件優惠價，許多超市則增設了「停止浪費食物」專區，集中陳列擺放較久的折扣商品。

丹麥舉國減少剩食的衝勁，在其他地方激起了陣陣漣漪。在倫敦，活躍於社會運動的亞當・史密斯（Adam Smith）創辦「真正垃圾食物計畫」（Real Junk Food Project），開了全英國第一家剩食超市以及實行「隨喜付費制」的連鎖咖啡店，店裡提供的濃湯和三明治是以原本預備丟棄的食材烹煮製作而成，沒有固定售價。在澳洲和以色列也出現類似的咖啡輕食店。

由倫敦一家公司推出的「什錦百匯」（Olio）食物分享應用程式同樣前景看好，不僅公司行號和食物銀行可以透過程式媒合，左鄰右舍也可以透過程式相互聯絡，分享多餘的食物。

「晚餐曾經準備了太多菜嗎？買了整袋洋蔥卻只要用一顆？要去度假但冰箱裡還塞滿食物？」「什錦百匯」網站上的標語寫道。應用程式於二〇一六年問世後，使用人數成長緩慢，但是到了二〇一九年已有五十萬人加入，大多是想請鄰居幫忙清冰箱的使用者。來自哥本哈根的「即期珍食」（Too Good to Go）應用程式也很受歡迎，使用者可透過程式購買打烊前的打折麵包、糕點，以及餐廳菜餚。類似美國沃爾瑪超市的英國特易購（Tesco）連鎖超市宣誓，要在二〇一九年前達成零剩食，且店內產品不再標註有效日期，他們希望鼓勵顧客相信自己的判斷力。

法國也不落人後，於近期通過法令，禁止食品雜貨鋪丟棄未售出的食品，違者最高可處罰款四千五百美金[15]。法國的一些城市則推動「食物救護車隊」，車隊到各家食品店鋪蒐集剩食之後，再運送至教堂和猶太會堂。由於歐洲民眾減少食物浪費的意識逐漸抬頭，歐盟於是設下目標，希望在二〇三〇年將零售端和消費者端的平均每人剩食量削減至現今的一半[16]。

想在美國看到公眾意識發生類似的轉變，或許還有很長的一段路要走。原因之一在於，無論什麼在美國都比較大——從購物車、餐盤、餐食份量，到胃口——全都比較大，當然我們美國人也比較大隻。「或許你不介意一聽關於食物浪費的精神分析，」胡佛說，「美國人很不理性地將消耗的食物量，以及連帶產生的剩食，與我們的自由和力量相互連結。」我們能繼續過這樣的生活算是僥倖，部分原因在於美國的食物相對便宜（玉米、大豆等作物皆獲得補助）。收入中上的美國家庭用於購買食物的家戶預算比例，比起世界上幾乎任何地區的家庭都低了不少[17]

。我請教胡佛關於民眾在自家預防剩食產生的建議，她下達了幾道口令。

首先，隔餐剩菜至少在一週內都還可以吃（她自己在家則將時限延長至十天甚至更久，從未因吃剩菜而生病。）「善用眼睛和鼻子，」她殷勤勸道，「如果看起來、聞起來都沒有問題，就吃了它。」盡量使用玻璃保鮮盒，保鮮效果會優於塑膠保鮮盒。多選購有汙斑或形狀歪扭的蔬果：它們嘗起來一樣可口，而且很可能比外表完美的蔬果更有益健康。同樣的蔬果如有冷凍的和新鮮常溫兩種，優先選擇前者，理由是冷凍蔬果不會腐壞，營養成分也不會比較少（有一些蔬果在冷凍前的殺菁過程中，確實會流失一些養分，但其他蔬果則是採摘之後急速冷凍，以確保運往市場的過程中不會腐壞）。最後胡佛說：「向老祖母看齊，發揮創意想像剩菜的新面貌。」週日的烤雞到週一可以變成雞肉塔可餅，到週二再搖身一變

倫敦慈善團體「回饋」（Feedback）的崔斯坦．史都華（Tristram Stuart）攝於特拉法加廣場（Trafalgar Square），當時廣場上正舉辦利用回收食材食品為五千人供餐的剩食盛宴。

為玉米餅雞肉濃湯。

世界自然基金會的彼特．皮爾森表示，預防剩食的傳統方法和新科技他都支持。例如經過基改可避免果肉變褐的北極蘋果引發爭議，但他贊成北極蘋果的非基改版「歐珀蘋果」（Opal apple）[18]。另外，市面上也已有應用CRISPR基因編輯技術，使顏色不會轉褐的蘑菇，以及應用類似技術生產、不易變褐、瘀傷或有黑點的馬鈴薯，有助於減少送往掩埋場的滯銷蔬果量。

＊＊＊

「醜的我們放在這裡。」喬吉安．帕克說，她帶著我走過印第安納州的印第安納波利斯（Indianapolis）市外一家克羅格超市的農產品區，這家門市是整個連鎖體系中最大的其中一間。我來此地是為了要上一堂超市物流速成班，順便一窺克羅格為了預防剩食，採取了何種措施。先前在自家附近的克羅格超市，我從來沒有注意過這些特殊農產品。在中島貨架上由完美的紅橙黃綠色蔬果堆疊出的一座座超市經典金字塔旁，有一座四層貨架，上方掛的牌子寫著：「特價！我不美，但我很美味。」貨架上擺放的草編籃筐幾乎全空，剩下零星的畸形甜椒、看似關節萎縮的紅蘿蔔、個頭太小的網紋洋香瓜，和形狀扭曲到呈手槍狀的小黃瓜。

雖然販賣新鮮農產品的利潤不到全部的百分之十五，賣相不佳農產品全數完銷對於克羅格超市依舊有利。「我們希望從後門送進來的全都能從前門出去，但當然不會是這樣。」帕克說大部分的醜蔬果不會出現在店鋪，而是在產地裝箱前就遭淘汰，任由生產者處置，但裝箱時還是難免混入一些形狀醜怪的蔬果。「以前這些醜蔬果都是直接標記要捐贈給食物銀行，但我們現在以非常低的折扣販售，幾乎一下子就賣完了。」也有一些剩食就是無法販售，可能是因為門市叫貨叫太多，或冷藏設備故障，或顧客的購物模式改變，與採購人員預估的不符。

克羅格超市在二〇一七年初開始在門市設立「醜蔬果」專區，大約同一時期，社運團體和企業界也開始熱情接納不符規格的農產品。一家名為「不完美農品」（Imperfect Produce）的新創公司在舊金山灣區推出「怪奇蔬果箱」，定期提供訂購與配送服務，也將奇形怪狀的蔬果供貨至全食超市販售。還有其他如「飢餓收穫」（Hungry Harvest）、「醜八怪」（Ugly Mugs）、「食物牛仔」（Food Cowboy）等新創立的公司也加入戰局，為多達數百萬英噸的淘汰蔬果開闢市場客源。「在他們的努力之下，漸漸有一些成果，但另闢蹊徑售出的量仍只占所有不符規格蔬果中的一小部分，」彼特．皮爾森說，「需要那些重量級玩家加入，才能帶來顯著改變。」

皮爾森目前正與克羅格超市合作，計畫在廢棄物流上游就揀選出不符規格的商品，目標不是放在直接銷售的商品，而是針對打著克羅格超市品牌或其他自有品牌自產自銷、數量無比龐大的加工食品和包裝食品，諸如馬鈴薯通心麵沙拉、美式包心菜沙拉、披薩、冷凍蔬果等等。

醜蔬果販售計畫與克羅格超市定期提供的降價優惠相互搭配。如果架上有肉品距離販售期限只剩一天時間，就會啪一聲被貼上「喲呼！特價出清！」貼紙，再放在肉品貨架的特價區。如果打折出清的商品還是沒有賣出，應在販售期限到期日前一晚下架，掃描條碼在系統中註記報廢，然後存放在後場冷凍櫃，待之後捐贈，而烘焙產品及乳製品也應以類似流程處理。克羅格的政策是乳品應在保存期限剩十天時自乳製品冷藏櫃下架，此時下架還可以冷藏保存後捐贈，或者冷凍再解凍後捐贈。「沒道理將克羅格門市販售的任何乳品直接倒掉。」帕克說。

無論在超市或在消費者自家，預防剩食出現的另一個主要障礙是有效期限標示造成的混淆。生鮮商品上標示的有效日期，其實並非依照聯邦法律規定標示，也不代表背後有任何科學化或標準化的食品安全措施。美國食品藥物管理局（Food and Drug Administration）有權規定廠商為商品加上日期標示，但並未強制規定，因為美國歷年來爆發的食安事件中，沒有一件與食用過期食品有關。（追溯食安事件的禍首元凶，可能是加工處理過程中汙染食物的特定病原體，或是「保存溫度控制不當」如將生雞肉留置在悶熱的汽車裡，或是將食物暴露在空氣中以致容易發黴。）「你不太可能因為吃過期品而食物中毒，但比較有可能因為吃了遭到汙染或未經適當冷藏的食物而生病。」帕克說。

乳品的標示方式最不一致，每一州的做法都不同。大部分乳品都經過巴斯德殺菌法處理（pasteurized），殺菌處理有助於避免飲用後發生身體不適，即使在販售期限或有效期限之後飲用也不至於罹病。乳品上標示的販售期限，通常是殺菌處理後第二十一到第二十四天。不過帕克告訴我：「以適當方式冷藏保存的乳品，即使過了那個期限還是可以安心飲用。」有些州如蒙大拿州則制定較為嚴格的期限標示規範，要求販售期限須標示為巴斯德殺菌處理後第十二天，並且禁止商家販售或捐贈超過此期限的乳品，因此浪費了大量仍可飲用的乳品。

「超市必須使盡渾身解數應付數十種不同的期限標示法規，每年因為理論上過期、但實質上未過期的未售出食品，損失的金額約為十億美元。」哈佛大學法學院食品政策課程召集人艾蜜莉．布羅德．雷布（Emily Broad Leib）表示*。「出於期限標示混淆不清，消費者和食品公司都因而受害，也造成大量食物浪費。」雷布協助起草「食品效期標示法案」（Food Date Labeling Act），向美國國會建議將食品上的期限標示標準化，規定一律標示「最佳賞味期限」（best if used by），意即該商品在到期之後可能不是最為新鮮，但仍可安心食用。法案中也有條款禁止各州限制店鋪或製造商捐贈已過品質最佳效期、但仍營養可食用的商品。

推動效期標示之相關立法，屬於範圍更廣的「食物回收法案」（Food Recovery Act）立法進程中的一環，該法案於二〇一七年在參議院通過，為全美五十州的食品效期標示以及搶救剩食相關法規建立了一致的標準，相關立法也將鼓勵公立學校及政府機關多加利用遭淘汰的醜蔬果[19]。

喬吉安．帕克說克羅格超市一方面賣力遊說推動相關立法，另一方面也努力推動改良食品包裝。材料科學界近期終於開始在食品包裝和保存技術上有所突破。讓生鮮食品保持新鮮的最大挑戰，是保持密封隔絕氧氣。氧氣看似無害，但是透入物品包裝之後，不僅會成為黴菌生長的助力，也會加快微生物和酵素的繁殖速度。尤其是未添加防腐劑的食物，可能因氧化而變色，風味和質地變差，所含養分、油和脂肪品質也可能劣化。

克羅格與「果皮科學」（Apeel Sciences）合作，這家新創公司是在二〇一二年由年輕的材料科學家詹姆斯・羅傑斯（James Rogers）於矽谷創立。羅傑斯專門研究蔬果的外層皮殼，也就是蔬菜和水果自然形成用以隔絕氧氣避免腐壞的保護層。他說，他所持的大原則是「利用食物來保護食物」。他研究出如何將有機成分如釀酒榨汁之後的葡萄皮回收，製成天然的密封噴劑，噴在蔬果上即可將農產品的有效期限延長至傳統農產品的三倍。密封噴劑形成的薄膜透明無味，而且成分百分之百天然，於二〇一八年由美國中西部所有克羅格超市統一採用，噴在農產品區的酪梨上作為保護膜。這是第三種方法的優良範例：「我們不需要進實驗室創造新的化學成分來解決老問題，」羅傑說，「植物就可以給我們靈感。」

在化學家的實驗室裡也有重大進展。帕克告訴我，已有專家在研發可吸收氧氣且可與具彈性或硬質包裝材料融為一體的薄膜，以此將氧氣濃度降低至不到百分之〇・〇一，表示可將產品的有效期限延長至兩倍。問題在於成本。食品製造商從以前到現在用來包裝麵包和雞蛋所用的塑膠袋和硬紙盒都一模一樣，正是因為成本低廉。克羅格公司的投資部門為研發新包裝技術的新創公司提供資金，不過帕克認為整個產業在包裝技術研發方面，應該同心協力統一戰線。

消費者所看不到的數據管理的相關工具，也有日新月異的發展，世界自然基金會的皮爾森對此抱持樂觀態度。克羅格超市利用產品識別編碼和應用區塊鏈技術的追蹤系統，能夠監控數十億件商品中任一件在門市中的動向，也能掌握多達六千萬戶消費者家庭的採買習慣。

管理所有數據的目標在於讓每間門市的供給達到與該門市顧客的需求同步，如此就能大幅減少滯銷或過期的商品。

皮爾森認為「在我們發明出《星艦奇航記》（*Star Trek*）裡那台複製機（replicator）之前」，超市永遠都會供給過量並造成剩食，但有了複製機之後就能現點現做。同時，追蹤產品從推出到銷售的生命週期的數位技術也會不斷革新，對於超市減少過剩存貨和增加捐贈量將會大有助益。

＊＊＊

從印第安納波利斯向東駕車二十分鐘，我與喬吉安・帕克一同前往印第安納州的格林斯堡（Greensburg），來到「克羅格特色食品」（K. B. Specialty Foods）體驗克羅格超市零浪費策略的最後一個階段。克羅格企業總共持有和營運三十七間食品製造廠，「克羅格特色食品」是其中之一。廠內的巨大不鏽鋼桶缸設備每年製造出九千萬磅食品[20]，大部分是熟食，例如馬鈴薯通心麵沙拉、美式包心菜沙拉、醃漬開胃菜、乳酪通心麵等等，由克羅格超市各門市銷售。

「克羅格特色食品」與克羅格旗下其他食品廠截然不同之處，除了製造的產品呈現古怪的大雜燴風格，也在於製造這些產品所用的原料，包括每年兩億顆褐皮馬鈴薯（russet potato）、一千六百萬顆包心菜和七百萬磅切達乳酪粉，所留下的剩餘廢料臭不可當。「到了炎熱的夏

田納西州納許維爾一處堆肥場裡，食物殘渣經分解後化為土壤。

天，馬鈴薯皮和包心菜心若留在垃圾桶裡，發出的味道真的相當難聞。」食品廠位在住宅區內，與一座小學為鄰，周圍居民於二〇一六年開始抱怨惡臭味。廠長提出的解決方案是採用厭氧消化槽，基本上是一個裝在密封槽裡的工業規模堆肥系統。「克羅格特色食品」廠區裡的厭氧消化槽從外觀看來，就只是個四十英尺高的圓形水槽。但消化槽內部的運作就像一顆生化胃，在厭氧（無氧）的環境中利用酵素和微生物分解混了廢水的食物殘渣等有機物。微生物不僅能分解水果、蔬果和澱粉，也能分解肉、脂肪、液態的油和濃稠半固態的油脂。消化槽與戶外堆肥不同，將廚餘、剩食轉換出的最終產物不是肥料，而是生物沼氣，是一種能為工廠提供熱能和電能的燃料。

厭氧消化稱不上是嶄新概念，類似的系統早在數百萬年前就已在大自然中生成。史上第一座厭氧消化槽建於十九世紀的印度[21]，但美國直到最近十年才開始有工程師將厭氧消化系統加以改良，並應用於工業廠區，因為先前在美國並無相關的需求：對於克羅格特色食品公司和其他食品製造商來說，直接將廢棄物送往掩埋場省錢多了。但如今隨著掩埋場逐漸飽和，社會大眾更加關注沼氣排放的問題，處理食物廢棄物的成本也增加了，選用厭氧消化設備的做法於是更有其道理。

西雅圖起家的新創公司「智慧爾格」（WISErg）成功募資七千萬美金，希望設計出小規模厭氧消化槽，以裝設於餐廳、食品雜貨鋪、學校、醫院和其他社區大型活動的場地。一部中型設備每天可處理四千磅的食物殘渣，而最終產品為天然的生物沼氣，這種再生能源資源可供販售，進帳即可補貼設備成本。麻薩諸塞州的新創公司「哈威有機廢棄物管理公司」（Harvest Power）也募得數千萬美金來發展堆肥科技，公司宣傳推廣的座右銘是「想像豌豆迴旋」（VISUALIZE WHIRLED PEAS）*。

在美國第一座立法禁止浪費食物的城市舊金山，投資食物廢棄物處理技術對於公司財務層面而言，就可能有其意義了。自二〇〇七年起，全市住家、公司行號和公共場所都必須依法參與舊金山的「綠源再生」（Recology）堆肥暨回收服務，未參與者將處以罰鍰[22]。過去十年間，康乃狄克州橋港市（Bridgeport）、愛達荷州波夕（Boise）等數百個城市皆推動了市內志願堆肥計畫，許多城市提供沿街收運廚餘的服務。其中將近十餘個城市則和舊金山一樣，完全禁止任何食物廢棄物，對不參與回收的公司和家戶處以罰鍰。

戶外堆肥就是一種天然的「好氧消化」（aerobic digestion）或「需氧消化」（表示會利用氧氣）。在堆肥堆裡數以兆計的微生物以氧氣產生能量，消化分解食物殘渣和枯枝落葉等園藝廢棄物，再產出富含氮的土壤肥料。舊金山及其他施行類似方法的城市，會將全市堆肥而得的肥料重新發放給該區的農民，也在全市廣為施肥，藉此涵養土壤水分防止乾旱，為土地提供養分和防護。

堆肥計畫與厭氧消化系統彼此之間並非競爭關係，而是相輔相成：前者在城市內外大規模運作，後者則適用於都會區和住宅區內需要盡可能控管難聞氣味的特定場址。據美國環保署估算，美國目前每年製造出的食物殘渣和園藝廢棄物堆肥總計為兩千三百萬美噸[23]。「我們最終會進展到的地步，是美國每一座市鎮都強制施行堆肥計畫，所有超市、餐廳和食品製造廠都要將食物廢棄物轉換成能源或動物飼料，」彼特．皮爾森說，「希望以後我們的孫子女輩想到剩食，會覺得那就和實體信件和有線電話一樣古老落伍。」

在城市、公司、家戶和公立機關實行零浪費策略，對於糧食生產的第三條路無疑至關緊要。例如納許維爾設定目標，希望在二〇三〇年前成為「零浪費城市」，此外全美國還有數百個城市也立下了類似承諾[24]。這些目標並無約束力，納許維爾的計畫無疑混沌不清，但皮爾森認為，這是由基層起，朝正確方向邁進的徵兆。

解決剩食問題將會讓線性的糧食體系走入循環模式，自然資源保護協會的妲比．胡佛如此表示：「線性經濟的根基在於消費、消耗和丟棄，循環經濟則是根據生長、再利用和資源再生來加以設計。」循環的概念自古就有，如今於世界各地的自給農業體系中也依然存在，但在經過設計打造的工業化糧食體系中卻付之闕如，胡佛如此指出，並說道：「現在我們有機會透過設計，將循環的概念再導回體系中。」

要做到這一點，絕不能只靠堆肥計畫、各種智慧應用程式，或目標遠大的聯邦政策。我們需要看到大眾的想法有所改變，願意從自身開始做起。糧食安全面臨的另一重大威脅則是水資源短缺，而搶救水資源同樣人人有責，需要你我都盡一分心力。

全球的淡水有七成用來供應農業用水[25]，但就如我們不知不覺間粗心浪費以水灌溉、種植出來的糧食那樣，大家在用水時也同樣浪費揮霍。甘地所說的需求和貪婪欲求原則，在此同樣適用。如果我們希望將來能建立安全可靠的糧食體系，大眾必須同心協力投入，打造可能是下一世紀最寶貴的資源：對抗乾旱的供水系統。

譯註：

1. "The Kroger Family of Companies 2018 Sustainability Report," Kroger, 2018, https://tinyurl.com/y8v7tcpr.
2. 同前註。
3. "27 Solutions to Food Waste," ReFED, 2018, https://tinyurl.com/y9ar7rha.
4. Jonathan Bloom, *American Wasteland: How America Throws Away Nearly Half of Its Food (and What We Can Do About It)* (Cambridge, Mass.: Da Capo Press, 2010). 另見 U.S. Environmental Protection Agency, "Municipal Solid Waste Generation, Recycling, and Disposal in the United States: Facts and Figures for 2012," Feb. 2014, https://tinyurl.com/y8ec8k6j.

5. Zach Conrad, Meredith T. Niles, Deborah A. Neher, Eric D. Roy, Nicole E. Tichenor, Lisa Jahns, "Relationship Between Food Waste, Diet Quality, and Environmental Sustainability," *PLOS ONE* 13 (2018).
6. "Frequently Asked Questions," U.S. Department of Agriculture, 2010, https://tinyurl.com/y82prs5o. 另見 Jonathan Bloom, "A New Roadmap for Fighting Food Waste," *National Geographic,* Mar. 14, 2016, https://tinyurl.com/y9uu6wp7.
* 譯註：「food waste」一詞可指「剩食」、「食品廢棄物」、「廚餘」、「遭浪費的食物」等意思，本書依據上下文意而定，譯為「剩食」、「廚餘剩食」或「食物浪費（問題）」。
7. "27 Solutions to Food Waste," ReFED.
8. Jennifer Molidor and Jordan Figueiredo, "Checked Out: How U.S. Supermarkets Fail to Make the Grade in Reducing Food Waste," Center for Biological Diversity, Apr. 2018, https://tinyurl.com/yc7d8ut8.
9. Heather Haddon and Laura Stevens, "Investors Want to Talk Food Waste with Amazon," *Wall Street Journal,* Mar. 1, 2018.
10. Darby Hoover, "Estimating Quantities and Types of Food Waste at the City Level," National Resources Defense Council, 2017, https://tinyurl.com/y9zm7ax9.
11. JoAnne Berkenkamp, "Beyond Beauty: The Opportunities and Challenges of Cosmetically Imperfect Produce," Minnesota Institute for Sustainable Agriculture, May 2015, https://tinyurl.com/ybncfs6c.
* 譯註：鮮食葡萄（table grapes）指當成水果直接食用的葡萄，不同於釀酒、榨製果汁或製成葡萄乾用的葡萄。
12. Jo Robinson, *Eating on the Wild Side: The Missing Link to Optimum Health* (New York: Little, Brown, 2013).
13. Zlata Rodionova, "Denmark Reduces Food Waste by 25% in Five Years with the Help of One Woman—Selina Juul," *Independent,* Feb. 28, 2017.
14. 同前註。
15. Eleanor Beardsley, "French Food Waste Law Changing How Grocery Stores Approach Excess Food," NPR, Feb. 24, 2018.

16. "EU Actions Against Food Waste," European Commission, https://tinyurl.com/ya36hlhy.
17. Alex Morrell and Andy Kiersz, "Seeing How the Highest and Lowest-Earners Spend Their Money Will Make You Think Differently About 'Rich' vs. 'Poor,'" *Business Insider,* Dec. 4, 2017, https://tinyurl.com/y75rt9o6.
18. "How'd We 'Make' a Nonbrowning Apple?" Arctic Apples, https://tinyurl.com/ybgpqz83.

* 譯註：雷布教授目前頭銜為「衛生法規暨政策革新中心食品法規政策法律實務診所主任」（Director, Food Law and Policy Clinic of the Center for Health Law and Policy Innovation）。

19. Food Recovery Act of 2017, S. 1680, 115th Congress (2017–2018).
20. 引自二〇一八年二月與克羅格特色食品廠經理尼克・寇托里洛（Nick Cortolillo）的私人通訊。
21. Tasneem Abbasi, S. M. Tauseef, and S. A. Abbasi, "A Brief History of Anaerobic Digestion and 'Biogas,'" SpringerBriefs in Environmental Science, vol. 2, *Biogas Energy* (Springer, 2012).

* 譯註：「VISUALIZE WHIRLED PEAS」是汽車保險桿貼紙上常見標語「Visualize World Peace」（想像世界和平）的趣味諧音版，後來也成為流行標語。

22. "Zero Waste Case Study: San Francisco," Environmental Protection Agency, https://tinyurl.com/y9tpm5op.
23. "National Overview: Facts and Figures on Materials, Wastes and Recycling," Environmental Protection Agency, https://tinyurl.com/ycn7td8f.
24. "Draft: Livable Nashville," Office of Mayor Megan Barry, https://tinyurl.com/ybarokvg.
25. "Water for Sustainable Food and Agriculture," FAO, 2017, https://tinyurl.com/yaskcsre.

第十章　浩淼夢想

他望進紙杯，再抬起頭來時，似乎為了杯中所見之物而吃了一驚。也許，是見到了未來。

——華萊士・史泰格納（Wallace Stegner），《終得平安》（*Crossing to Safety*）*

艾米爾・法勒（Amir Peleg）縮著六呎三吋（約一百九十公分）的魁梧身軀進入水泥隧道，隧道另一端是為耶路撒冷供水的其中一座蓄水池。距離他頭頂數英寸的隧道頂板底側，水氣集中凝成液滴落下，有如數千根細小鐘乳石。法勒伸出手掌，接住落下的一滴水珠。他說：「Haval al kol tipa」，這句希伯來文的意思是「每一滴都很珍貴」。這座蓄水池隱藏在城市邊緣一座巨大的地窖中，為防敵人潛入於水中下毒，還有武裝警衛巡邏看守。水池深四十英尺，比兩座足球場加起來還要更長且寬，周圍以鑿刻岩塊砌成的厚牆被投射燈照亮，在周遭一片漆黑中顯得有些陰森。「這就是現代的基訓泉（Gihon）。」法勒說。

基訓泉是古代的一道清泉，西元前約七〇〇年，人類在泉水旁定居，於耶路撒冷形成聚落。直到現今，淡水資源在以色列和周邊地區至為重要，甚至比鐵器時代更加寶貴。平常持

艾米爾・法勒

續自蓄水池汲取用水的居民約有一百萬人，蓄水池的水來自該地區僅有的幾處淡水水源之一加利利海（Sea of Galilee），由向南蜿蜒九十英里的管線供應。以色列和周邊大多數鄰居一樣是沙漠國家，但在過去十年來，降雨量已經降到至少九百年來的最低點[1]。

加利利海和以色列其他的天然淡水水源在過度抽取之下，現在僅能供應全國所需水量的百分之十。然而以色列藉由省「喝」儉用加上運用巧智，竟然達成淡水供應綽綽有餘，甚至有辦法讓乾旱年的作物收成比非乾旱年更為豐碩。以色列全國共有八百萬人口，農業自給率達到百分之九十五（進口咖啡和其他特殊食材，但主食不仰賴進口）[2]，也是椰棗、酪梨、橄欖油、石榴、柑橘類水果和杏仁果（扁桃仁）的重要出口國之一。

農業這門生意求水若渴，種植水果和堅果的果農尤其需要水。種出一顆杏仁果平均需要一加侖的水；一顆橄欖需要三加侖；一顆石榴需要五加侖；一顆葡萄柚需要七加侖；一顆酪梨需要九加侖[3]。「水之於農業，就像血液之於人體，振動之於聲音，或魔法師之於《綠野仙蹤》的奧茲（Oz）國，」法勒告訴我，「水是物之所以為物的精華，沒有水，就沒有食物。」

農業消耗的水量占全球用水量的四分之三，而在農業興盛的國家所占比例更高：以色列全國用水有八成皆用於生產糧食[4]。由於政治上與鄰居長期交惡，以色列花費數十年苦心經營，努力在糧食和供水上都達到完全自給自足。「如果說以色列企業家改寫了全世界生產和管理淡水的方法，我想這樣的說法並不為過。」法勒帶我參觀耶路撒冷多座蓄水池時這麼告訴我。以色列的水科技發展始於一九五〇年代，法勒是領導人物之一，他們陸續推出一系列革新措施皆以開源節流為目的，既節省淡水用量，也創造更多淡水。

「我們無法仰賴鄰居供應糧食和用水。」他分析。而周圍鄰居同樣無法仰賴以色列。以色列將國內多餘的淡水（每年約兩百一十億加侖）中的一部分出口至約旦和巴勒斯坦自治政府（Palestinian Authority）[5]，但是約旦河西岸地區（West Bank）居民每人平均可用淡水還不到以色列國民的一半[6]，可耕地也極為有限。巴勒斯坦約有四分之一人口處於糧食不安全狀態[7]，而加薩走廊（Gaza Strip）區域有將近半數人口的糧食得要仰賴外援。

該區域水資源和土地分配的道德問題引發爭議，但以色列的水科技卻是盟友和敵方都有目共睹的現代奇蹟。全世界鬧水荒的國家所在多有，但只有極少數國家能在高度乾旱缺水的情況下，將農業發展得如此興旺。以色列發展的水科技範圍極廣，包括利用微生物清除下水道汙泥，效率極佳的灌溉系統，以及規模超大的海水淡化廠。上述所有技術的基礎正是所謂的

「智慧水網」，即一套內建感測器的全國供水管線系統。整套系統的數位技術相關細節，乃多位企業家合作設計的成果，法勒正是其中之一。他自封為：「水管工程總監（chief plumbing officer）」。

法勒創辦的塔卡度公司（TaKaDu）設計出軟體，利用數學演算法偵測和預防供水管線漏水和破管。偵測漏水管線看似微不足道，但在水資源稀缺而昂貴的環境中卻意義重大。「水在以色列就像香檳，」法勒說，「沒人會把凱歌香檳（Veuve Clicquot）倒在破酒杯裡吧！」

* * *

五十二歲的法勒頂著一頭花白的平頭髮型，生著一雙粗黑的拱形眉，下巴方正有如鐵砧。他是電影《瞞天過海》裡由喬治・克隆尼飾演、傲慢狂妄的丹尼・歐遜（Danny Ocean），再加上影集《踏實新人生》（*One Day at a Time*）裡親切熱心的施耐德（Schneider）的混合體——一下是高傲霸氣的企業總裁，一下是好管閒事的公寓管理員。

法勒與妻子和三名年紀尚小的子女一起住在特拉維夫（Tel Aviv）城外約三十英里的一座農村，閒暇時會親自照料一塊八英畝的農地。他稱這塊地為他的「伊甸園」（Eden），裡面種了橄欖、石榴、酪梨、檸檬、無花果、芒果和胡桃，還另外闢出一塊蔬菜和藥草植物園圃。農地上也有一小座葡萄園，種的是梅洛（Merlot）和夏多內兩種品種。他說在後院種田是他「最奢侈的興趣」：為了灌溉農地，他每年支付約數千美元。每逢週末，他會親手鹽醃橄欖、醃漬自家種的小黃瓜和釀製葡萄酒。

法勒在成長過程中與農業並無淵源。他的祖父創建了特拉維夫第一家豪華旅館，交由他的父親接棒經營。法勒十三歲時就駭入第一批出現在特拉維夫市場上的麥金塔電腦，改造出希伯來文字母版，並賣給當地的公司。他在十七歲時獲得錄取，加入以色列國防軍（Israel Defense Forces）專攻科技的精英組織「塔樓」（Talpiot）。八年的時間內，他學會研發軍用無人機操作系統，以及在衛星影像中辨識出坦克車、飛彈等關鍵視覺資訊的軟體。

習得寫程式的高超技能之後，法勒接著將技術應用於織品的量產製造，他設計出能夠分析視覺資料辨識織品瑕疵的軟體。他的新創事業還包括「爾智得」（YaData），該公司研發的軟體可協助線上廣告商更精準地尋找並鎖定潛在顧客群，在創立兩年後由微軟公司以三千萬美金收購。一路追溯法勒歷來的事業發展，塔卡度公司的創立其實也是情理中事。「一切都可以歸結為要如何找出新方法，好理解數據中的偏差。」他說。

法勒是在二〇〇八年九月於維也納的一場科技研討會上，與一名水利工程師閒談時靈光一閃，有了創立塔卡度的構想。那次談話讓他「大受震撼」，他回憶道。法勒得知平均而言，全世界的供水設施由於管線漏水和破管，在供水過程中會損失約三分之一的水量[8]。以老舊不堪程度數一數二的倫敦供水網絡為例，損失的水量約占百分之六十[9]。「倫敦水廠系統加壓輸送出來的水有超過一半都浪費掉了，」法勒還記得那位工程師是這麼說的，「就算挖開整條馬路抓漏也沒辦法解決問題。」至於美國的供水網絡，特別是主要供應農場用水的鄉村地區管線，則會損失約百分之三十的水量[10]。

「我杵在那裡，一下子明白浪費的規模是多麼驚人。你能想像一間工廠生產的貨品有三分之一還沒送到顧客手上就報廢嗎？這樣大家可以接受？」法勒無法接受，「全世界那麼多地方發生旱災缺水，我們卻一直在浪費水。」

法勒遇見的那位工程師專長是在以色列的自來水管線內裝設所謂「資料蒐集與監控系統」（SCADA system）並利用系統內建的智慧感測器蒐集數據，也稱為遙測技術（telemetry）。系統中的感測器會利用轉輪等機械裝置及超音波，測量水網中的流量、水壓和水質，每十五分鐘可以傳送數百個資料點。法勒對於硬體並不感興趣，他有興趣的是系統產出的資訊。「我問那個做SCADA系統的人取得的數據怎麼處理，他說：『數據我們就存起來。』我心想：就是這個！我要拿這些數據去做資料採礦，看能不能挖到寶。」

數個月後，法勒把自家客廳當成辦公室，開始經營塔卡度公司。最初一批人員是他從「塔樓」組織招募過來的。「我跟他們說：『現在我們的敵人不是人，而是地下的漏水管線。』」

＊＊＊

塔卡度公司總部位在特拉維夫一處安靜的郊區，設於一棟花崗岩石材搭配玻璃帷幕外觀的商辦大樓內，樓下是必勝客披薩店和麵包坊。公司辦公室看起來像精心布置過的大學宿舍，擺設極簡風長沙發和風格各異的座椅，牆壁漆成原色，還有一間開放式廚房，裡頭有一張開會和聚餐用的大野餐桌。牆面上一幅全公司五十名員工兒時照片的拼貼畫頗有「妙家庭」（Brady Bunch）風格*，另外還掛著放大成海報的凝滿露珠的田野、水霧氤氳的瀑布等與水有關的圖像。

在帶我參觀公司之前，法勒先邀我到他不起眼的辦公室上一堂歷史課。以色列在水科技領域的發展出類拔萃，可以追溯至以色列於一九五〇年代初建國時，首任總理戴維．本．古理安（David Ben-Gurion）向全國人民發表演說中所說的一句話，也是如今令以色列不朽的箴言：「讓沙漠綻放鮮花。」以色列於一九四八年在巴勒斯坦地區建國，百分之七十的國土皆已沙漠化，而本．古理安期望以色列能成為整個區域裡水和糧食皆自給自足的領先者[11]。

本．古理安請來工程師辛哈．布拉斯（Simcha Blass）打頭陣，布拉斯成為以色列節水科技領域首見重大突破的最大功臣。「布拉斯在一九三〇年代時去海法（Haifa）附近探望朋友，兩人在戶外吃中餐時，他注意到眼前景象頗有蹊蹺，」法勒娓娓講述科學發現背後的故事，「他看到前方的田野中有一排像是當成圍籬的樹木，每棵樹都乾癟枯瘦，只有一棵樹長得特別大棵，而且枝繁葉茂。他的朋友說這是個天大的謎團，附近沒有溪河或地下含水層，但這棵樹不用水就長這麼大。」布拉斯深入調查一番之後，發現一個水龍頭配件會滴水，漏出的水滴經年累月下來滋潤了大樹的地下根系。

在一九五〇年代晚期，灌溉田地主要採用刻意放水淹田及利用噴水系統（淹灌及噴灌至今仍是美國農業的主流灌溉方式），而布拉斯著手設計了不同的灌溉系統原型，並進行實驗，他主要利用布滿細小孔洞、可滴水的塑膠水管，並在水管內部設置螺旋狀「滴灌管」（microtubing）減緩出水速度。以色列共有數百座生產糧食的集體農場，布拉斯選定哈則林（Hatzerim）集體農場，於一九六五年八月在此試用新的灌溉技術。相較於傳統灌溉方法，滴灌法的效率高出一倍，作物產量也更高[12]。到了一九六六年一月，哈則林集體農場開始製造以「耐芬滴」（Netafim）為名的滴灌水管，名稱的意思即為「水滴」。「耐芬滴」公司如今雇用四千四百名員工，買家遍布全球，每年營業額約為十億美元。

在「耐芬滴」公司創立的兩年前，以色列另一位工程師亞歷山大・薩爾欽（Alexander Zarchin）於一九六四年研發出將海水淡化的工業化製程[13]。他首先將真空環境中的海水冷凍，讓海水凝結成不含鹽分的純冰晶，再將冰晶融化，就能得到可飲用的淡水。薩爾欽在一年後創立IDE海水淡化科技公司，宗旨是「將全世界的海洋轉化為價格平易近人的淨水」。該公司此後又研發出其他淡化海水的方法，成為全世界最大的海水淡化廠房製造商。法勒半開玩笑形容這些設備能做到「神的作為」，提到聖經中有一段述及神讓原本無法飲用的苦水「變甜了」。

同樣是在一九六〇年代，以色列工程界開始研究過濾民生廢水回收再利用的初步處理方法。以色列現在可將大部分經由馬桶、水槽和下水道沖掉的廢水進行回收，回收率超過百分之八十五[14]。下水道則利用一系列過濾方法來清潔，其中包括堪稱「生物洗滌器」

（bioscrubber）、可分解廢水中物質的細菌。經過濾後的回收廢水雖然無法當成飲用水，但作為灌溉用水則安全無虞。這種「再生水」（reclaimed water）會以漆成亮紫色的管線專門輸送，現今以色列全國的農場和工廠所需用水都由這些管線構成的龐大「紫色水管網」供應。等級最高的優質淡水則是法勒所謂的「香檳」，來源可能是加利利海等淡水水源，或營運成本高昂的海水淡化廠，這種珍貴的淡水經由不同的自來水管線網輸送至住家，供應民眾飲用、烹煮、洗浴所需用水。

以色列施行數十年的海水淡化和汙水處理技術，如今包括美國在內的全球多個地區也開始學習採用。然而製造淡水的成本極為高昂，輸送供給也必須利用效率極高的水網系統才會划算。「生產淨水的經濟效益完全取決於節水科技的運用，」IDE海水淡化科技公司現任執行長押沙龍・費爾柏（Avshalom Felber）指出，「而目前所有研發中的節水技術裡，最寶貴的就是偵測水網漏洞的技術。」

＊＊＊

塔卡度公司自二〇〇八年創立以來，已經協助顧客節水達數十億加侖，然而我在耶路撒冷參觀地下水利基礎設施時卻發現，節水的相關設備大部分皆深藏不露。用於偵測和傳輸水網流量的轉輪和超音波裝置設在管線內，而且沒有任何中央控制室在接收所蒐集的數據。

在以色列最大的水資源管理公司、以古代泉水為名的「哈基洪」（Hagihon）執行長佐哈爾・伊農（Zohar Yinon）帶領之下，我們一行人進入有如地下碉堡般的地下室。該處曾是哈基洪公司的中控室，但如今只是擺了長沙發和會議桌的集會空間，會議桌上放滿一盤盤餅乾。「塔卡度公司把所有控制台放在這裡，」伊農說，同時晃了晃手中的 iPhone 手機，「不管人在哪裡，我隨時都可以確認我們公司的水表是否精確，水質是否乾淨，水壓有沒有問題，水流是否正常，加壓幫浦是否正常運作。基礎設施嗡嗡嗡地持續運轉……所有層面全都整合在網路上。」哈基洪公司的供水因為漏水破管的損失率約為百分之十[15]——遠低於美國自來水網固定損失的百分之三十幾。

法勒為公營水利事業提供的雲端科技相關服務所做到的，不只是偵測漏水和破管，還能呈現水網運作的完整資訊。他設計的軟體類似張同貴用來遠端管理農場運作的軟體，利用物聯網（Internet of Things）將公營事業各個不同營運層面的資訊整合於單一介面。塔卡度公司的系統可以集中管理總長約八萬英里的供水管線，目前在澳洲雪梨、西班牙畢爾包等城市皆獲採用。

軟體程式會為每座水網設定一條「正常行為」基準線。隨著軟體深入了解水流一整天的正常模式，例如知道水流會分別在早晨上班時間之前和夜晚下班時間之後達到最高峰，它也就能更精確地偵測出可能是漏水或破管導致的異常狀況。軟體也會因地制宜，將當地特殊因素列入考量：例如荷蘭的水公司系統曾在某個週五下午偵測到數波以某種規律出現的異常流量高峰，它也注意到這類模式符合世界盃足球賽荷蘭對上西班牙的賽事直播插播的廣告時間，也是球迷上廁所沖馬桶的時間。軟體也能偵測出有人竊水：墨爾本聯合水公司（Unitywater）的系統曾注意到某個消防栓的水流量數度發生大幅增加的異常情況，相關單位接獲通知後前往確認，發現是一名種草莓的果農偷接消防栓取水。

「在塔卡度出現之前，我們基本上又瞎又聾，」伊農說，「有了這個軟體，水網變得有如透明般讓人一覽無遺，就像幫水網照心電圖或X光，將系統的內部運作以即時方式完全揭露。我們不再是水管工或水利工程師，而是已經進入預防醫學的境界了。」

然而，全球大多數的水公司依然又瞎又聾，在這個水資源逐漸稀缺匱乏的世界更成為值得關切的重大課題。法勒估計全球各國水公司在水網裝設遙測裝置的比例約為百分之二十[16]，美國的比例則約為百分之十[17]。「有些人還不具有這樣的眼光，」塔卡度公司董事會成員之一茲維·奧洛姆（Zvi Arom）表示，「遇過幾家水公司，我們告訴他們遙測技術和塔卡度能做到什麼程度，他們會說：『那我不如相信真的有白雪公主和聖誕老人。』」

美國大部分地區的水資源向來豐沛，而美國大多數城市的水費相當低——低得離譜，法勒說。全美的水費平均每千加侖約十美元，還不到澳洲和歐洲水費的一半。

然而根據美國地質調查局（U.S. Geological Survey）的預估，美國西南部地區（the Southwest）將於二十一世紀中葉陷入嚴重乾旱[18]——此地區約有六千五百萬名居民，更是豆類、葡萄、洋蔥、馬鈴薯、小麥、大麥和大蒜的重要產區。在歐洲各地甚至於俄羅斯和中國，乾旱情形逐漸加劇，整個非洲東部和中東地區更面臨嚴重的乾旱災情，聯合國預估埃及到了二〇二五年將陷入「絕對的缺水危機」[19]。約旦是世界上極度缺水的國家之一，但全國用水需求預估將在接下來二十年翻倍[20]。伊朗同樣乾旱缺水，該國政府官員預估到了二〇四〇年，全國有一半人口將淪為旱災難民，被迫遷居他地[21]。

由於以色列與周邊鄰居之間存在複雜的政治糾葛，罕有其他中東國家從以色列輸入水科技，然而迫於作物歉收和全國渴求水資源的嚴峻現實，政治上的壁壘開始動搖。南非為了表示與中東盟國團結一致，原本也禁止從以色列引進水科技[22]，但二〇一七年的旱災造成南非小麥減產三分之一，政府更被迫實施限水措施，南非政府高層於是同意廢除禁令，邀請以色列工程師共商如何改良水網與供水系統[23]。

向以色列尋求解方的，還有加州。加州州長傑瑞·布朗（Jerry Brown）於加州召開高峰會，邀請法勒與其他水科技界領袖人物出席，並在會中與以色列總理班傑明·納坦雅胡（Benjamin Netanyahu）共同簽署水科技技術移轉授權合約[24]。法勒出言提醒在場眾人，加州焦頭爛額、疲於奔命對付五年大旱那段時期，在二〇一五年七月還發生了洛杉磯日落大道（Sunset Boulevard）底下一條水管破管，噴掉兩千萬加侖的水[25]。同一時間，加州有多達二十萬英畝農地上的作物因乾旱缺水而枯死，破管事件顯得格外諷刺。「要是使用我們的軟體，就能預防類似的破管事故，」法勒說，「軟體會在輕微漏水時就發現問題。」

法勒指出美國不像以色列有真正具有實效的水資源管理政策，無法透過賞罰並用、軟硬兼施的系統遏止浪費或獎勵節水。「我拜訪加州時，他們告訴我說沒辦法採用遙測技術，因為會害相關工會成員失業！」法勒大喊。他也強調加強價格訊號（price signal）、以價制量遏止浪費的重要性。法勒需要幫自家後院農地澆水，水費帳單數字相當驚人，但他相當自豪。「美國人認為水應該是免費無限供應，像空氣一樣。但在以色列的哲學是，想要擁有花園庭院或游泳池都沒問題——但請付錢！」以色列的水費採行三段累進計價。「舉例來說，如果是一家五口，只有一定額度的用水以低費率計價。超過這個額度的用水就以第二段費率計價，是第一段費率的一點五倍，第三段的水費單價則是天價。」

美國的水費分級計價結構反而會鼓勵用戶大量用水。「美國有三分之一的郡的水費仍然採固定費用制，」法勒分析，「無論是營業用戶或一般用戶，都付同樣多的水費，類似付九點九九美金就隨你用到飽。」法勒認為相關政策就和水網系統一樣老舊過時，而南加州等缺水地區更已經開始投入資金，付出高昂成本開發新的水資源。

法勒堅決主張，未來的水網必須採行分級計價，並區分不同品質等級的幾類用水：「就像在加油站可以選擇要加普通汽油或高級汽油，如果灌溉或沖馬桶時，我們也用跟倒進杯子裡喝的飲用水品質相同的水，那簡直愚蠢至極。」加州將大約百分之十五的廢水回收再利用[26]，但在缺水的加州南部區域，兩千兩百萬名居民所需用水幾乎全都仰賴外地，主要是從加州北部以加壓方式翻山越嶺輸送。南加州也從科羅拉多河大量汲水，科羅拉多河左支右絀，除加州外還供應美國另外六州及墨西哥的用水。由於北部和東部的淡水來源都逐漸枯竭，將水輸往南加州各城市的成本在過去一年間攀升了將近百分之十[27]。由於供水生意出現變化，南加州各家水公司被迫轉往新方向尋求出路：向西朝太平洋發展。

＊＊＊

以色列沿地中海的海岸線長一百二十英里，加州海岸線的長度則是前者的好幾倍，沿著世界最大洋的海岸線總長達八百四十英里。陸地逐漸陷入乾渴，過量的鹹水卻時時刻刻湧上岸沖舐。為了自浩瀚的海洋取水，聖地牙哥水務局與以色列的IDE海水淡化科技公司合作，斥資十億美金於郊區的卡爾斯巴德（Carlsbad）興建一座海水淡化廠。該廠於二〇一七年開始營運，是西半球最大的海水淡化廠。

「若我們能以極具競爭力的低廉成本自海水取得淡水……那將會是足以傲視整個科學界的偉大成就。」一九六〇年代時，美國總統約翰·甘迺迪（John F. Kennedy）曾如此告訴華府記者團[28]。IDE海水淡化科技公司美國分公司執行長馬克·蘭伯特（Mark Lambert）負責監造卡爾斯巴德海水淡化廠，他形容海水淡化技術是「意義最為重大的一種現代煉金術」，「地球上大約百分之九十七的水都在海中，而我們人類卻一直到近年，才研究出要如何汲取海水，用來灌溉作物或解渴。」

僅僅十年的時間，海水淡化技術讓以色列的水資源從短缺匱乏變成綽綽有餘。二〇〇二年發生旱災時，以色列原本就稀少的淡水水源供應量更受到壓縮。「當時我們真的有可能面臨無水可喝的窘境，但是到了二〇一二年，全國的供水已綽綽有餘。」法勒說。節水科技和提高廢水回收量固然貢獻良多，但是乾旱缺水的問題絕不光是靠節流就能解決的。以色列除了節流之外還必須開源，而新的水資源就來自陣容龐大的海水淡化廠群，如今以色列家家戶戶水龍頭打開所用的水超過一半皆由海水淡化廠生產供應。

龐然巨獸般的「梭烈」（Sorek）是由ＩＤＥ海水淡化科技公司於二〇一四年建造，為目前全世界最大的海水淡化廠，每天可淡化處理兩億加侖的海水。在特拉維夫向南十英里處，在澄藍碧綠的地中海旁一處靜謐的海灘邊緣，矗立著由混凝土、鐵和鋼組構而成的梭烈海水淡化廠。直徑六英尺的管口自沙灘中兀然突伸，彷彿大張的巨嘴，管口唏哩呼嚕吸進海中的進水口送來的海水，再吐送到龐大的混凝土蓄水池，海水就此開始經歷多個過濾階段。

如果將古希臘水手於西元前四世紀首創蒸煮海水的方法也算進去，那麼其實海水淡化技術已有數千年的歷史。古代水手的做法是將海水煮沸並收集水蒸氣，水蒸氣冷卻凝結之後，就成了基本上不含任何汙染物的純淨蒸餾水。原理相同的基礎技術即為熱能海水淡化法（thermal desalination），沙烏地阿拉伯等國家由於燃料成本低廉，仍採用此種方法。然而一九六〇年代以降，大部分海水淡化技術皆採用逆滲透法（reverse osmosis; RO），此種方法是模擬液體通過生物半透性細胞膜的過程。

海水淡化技術至今仍面臨相當大的挑戰。頭號難題：能源成本。梭烈海水淡化廠的整組幫

卡爾斯巴德海水淡化廠如蜂巢般的逆滲透濾膜設備

浦日以繼夜地運轉，加壓讓水穿透薄膜，產生功率總計為七千匹馬力（換算為每平方英吋承受一千一百磅重壓）。（一輛NASCAR賽車油門全開時約可達到七百匹馬力。）過去二十年來，在持續改良加壓幫浦、管線設計及滲透膜等努力之下，可將海水淡化消耗的總能量減少至原先的一半。隨著技術效能持續提升，消耗的能量將再下探，但高耗能仍是不少人反對海水淡化技術的癥結所在。加州有多個環保團體反對興建海水淡化廠，其中加州海岸保護聯盟（California Coastkeeper Alliance）的執行長莎拉・亞敏札德（Sara Aminzadeh）告訴我：「海水淡化看似萬靈丹，但從成本和耗能的角度來看，卻是所有選項裡最糟的。」

二〇一五年時任南加州聖塔巴巴拉（Santa Barbara）市長的海倫・施奈德（Helene Schneider）決定，重新啟用一座建於九〇年代、已塵封多年的海水淡化廠。施耐德告訴市民這是「最後手段」，而基於氣候變遷造成的種種壓力持續增高，大家必須開始容忍這些不得已的手段。聖地牙哥水務局就是以這樣的心態，與ＩＤＥ海水淡化科技公司合作於卡爾斯巴德興建海水淡化廠，該廠的規模幾乎與梭烈廠一樣大，供應聖地牙哥全郡近十分之一的水量，足以提供大約四十萬人所需用水。從卡爾斯巴德沿著海岸線再往北走，在杭亭頓海灘（Huntington Beach）另外還有一座大型海水淡化廠正在施工，該廠未來將為洛杉磯郊區提供飲用水，另外還有十多個於南加州或北加州海岸興建類似海水淡化廠房的提案。

未來在供水系統中，還有一個淡水來源也愈來愈重要，但可能會讓一些加州人覺得「吞不下去」——官方稱為「回收廢水」，是「民生汙水」另一個好聽的稱呼。關於農業發展的第三條路，這是其中一項我好不容易才接受的現實——我們現在沖進馬桶裡的、倒進排水孔的……未來可能會在糧食生產過程中扮演要角。

＊＊＊

「我們稱它為『粗齒梳』——過濾過程的第一步！」史奈赫．狄賽（Snehal Desai）抬高音量壓過隆隆水聲喊道。在我們下方的渠道中，可以看到未經處理的原汙水正源源不絕流過，我們當時置身橘郡衛生區（Orange County Sanitation District）的汀水處理廠，該廠處理來自加州郊區一百五十萬居民入廁洗沐、使用水槽後排入下水道的廢水。攔汙柵的巨大鉤耙降入汙水水流深處後又升起，帶起硬紙板、溼紙巾、衛生棉條、蛋殼、彈珠、玩具、網球和球鞋，將所有無法通過處理廠進水口篩網的雜物碎片全都攔截下來。

通過濾網的汙水於是展開新的一段旅程，經過一連串以先進技術進行的淨化處理，最後會來到類似梭烈海水淡化廠採用的逆滲透過濾階段。汙水處理廠現今每天加壓送出一億加侖飲用水，足以供應八十五萬郡民所需，成為全球最大的「從馬桶到水龍頭」（toilet to tap）設施[29]。

從我們飲用的水中篩除、分離的固態汙泥

汙水會經過八道過濾步驟，其中一道是利用砂礫作為濾材，還有一道則是利用細菌進行「生物洗滌」，類似以色列的汙水處理程序。橘郡的汙水處理也包括一道「微過濾」階段，是利用數千根多孔細管將汙水吸入後濾淨。到了最後也最重要的階段，則會將水加壓，送入由多個設有逆滲透膜的圓筒組合而成、宛如巨大蜂巢的濾膜組。

橘郡這座汙水處理廠可說首開利用汙水產出飲用水的先河，而且每一滴都和淡化海水而來的水一樣純淨。汙水回收淨化的成本相對較低，約為海水淡化的一半。由於汙水的鹽分含量低於海水，因此也比較容易處理。「回收廢水是水利產業中發展最快速的領域——為什麼？因為不是每座城市都靠海，不是每家門口都有江河湖泊，但是家家戶戶都有汙水要排，」狄賽說，「這是大勢所趨。」

聖地牙哥最近宣布，執政當局規畫於二〇三〇年以前，要將汙水處理後回收的水量提升至全郡用水的百分之三十五，生成的水除了用作灌溉用水之外，也將供作飲用水，並已設計完成比橘郡「從馬桶到水龍頭」設施規模更大的汙水處理廠[30]。然而，前路障礙重重。首先是心理障礙。即使面臨缺水乾旱的絕望關頭，大家還是無法否認，任誰都不會第一時間選擇喝下自己製造的汙水，除非就住在國際太空站別無選擇。賓州大學社會心理學家保羅．羅津（Paul Rozin）擔任水公司的「從馬桶到水龍頭」計畫的全民宣導顧問，他指出：「接受回收廢水作為飲用水，有點像被要求穿上希特勒穿過的毛衣。無論將毛衣洗了幾遍，還是沒辦法不去想這是希特勒穿過的。」

但是經過逆滲透處理後的水，就水質而言其實比傳統淨化處理的一般自來水更好，甚至優於一些瓶裝水。「經過濾膜處理的水，可說是公共供水裡勞斯萊斯等級的自來水。」狄賽說。自來水在處理過程中，往往會添加混凝劑和氯等化學物質，而逆滲透則主要採物理過濾的方式濾除汙染物，較不需依賴化學物質。或許可以類比成有機農場的農民不使用農藥，改以機械方式移除田中雜草——「不妨想成是『有機』自來水。」狄賽說。

狄賽的公司目前主要為大型工廠和公共供水系統製造濾膜產品，但他看好未來的業務將會轉為生產微型過濾系統。比爾．蓋茲多年前在網路發表的一篇文章中也提出類似想法，文中述及在塞內加爾有一座為當地數千居民服務的小型汙水處理廠，他看著輸送帶上一坨坨人類排泄物進入廠房，在數分鐘內轉化成「跟我喝過的瓶裝水一樣優質的水，」他寫道，「我很樂意天天都喝。」

狄賽預測未來各地的濾水科技將會去中心化：每座農場、每個社區甚至家家戶戶，都可以自行控制供水和回收廢水再行利用。水的生產最終也可能如同糧食生產形成循環，營業廢水和民生廢水能夠百分之百回收，形成一個封閉的循環系統；因蒸發或漏水逸失的水分，則藉著經共享網絡輸送的淡化海水加以補足。雖然如此願景距離真正付諸實現仍有很長一段路要走，至少還要數十年的時間，但卻可能是未來確保糧食安全，甚至人類生存所不可或缺的關鍵。

在參訪橘郡汙水處理廠的行程最後，我們來到一座閃閃發亮的不鏽鋼池槽。數小時前的原汙水，如今自水龍頭湧流而出，澄淨清澈。狄賽在兩個紙杯中裝滿水。「敬未來！」他舉杯和我碰杯致意。我碰杯回敬時忍不住心裡發毛。但不知怎地，完全沒有一絲彷彿聯想到希特勒的毛骨悚然感。杯中的水嘗起來就和阿爾卑斯山汩汩湧出的泉水一樣好喝。我倒了第二杯來喝。

譯註：

* 譯註：華萊士．史泰格納（一九〇九年—一九九三年）為美國作家、歷史學家暨環保人士，作品曾獲普立茲獎及美國國家圖書獎；亦曾於威斯康辛大學、哈佛大學等校任教，並於史丹佛大學設立創意寫作學程，有「西部作家的院長」（the Dean of Western Writers）之美譽，對於美國環保運動也影響深遠，《終得平安》為其半自傳小說。

1. "NASA Finds Drought in Eastern Mediterranean Worst of Past 900 Years," NASA, Mar. 1, 2016, https://tinyurl.com/j48jxbg.
2. Corinne Sauer and Shael Kirshenbaum, "Israelis Give More than NIS 4 Billion a Year in Subsidies to Farmers," *Jerusalem Post,* Jan. 1, 2014, https://tinyurl.com/yaut3e5g.
3. M. M. Mekonnen and A. Y. Hoekstra, "The Green, Blue and Grey Water Footprint of Crops and Derived Crop Products," *Hydrology and Earth System Sciences* 15 (2011): 1577–1600.
4. 引自二〇一八年八月與艾米爾．法勒的私人通訊。
5. Isabel Kershner, "A Rare Middle East Agreement, on Water," *New York Times,* Dec. 9, 2013.
6. "Israel's Water Challenge," *Forbes,* Dec. 26, 2013, https://tinyurl.com/ycueyhlc.
7. "Socio-Economic & Food Security Survey 2014: State of Palestine—Report," United Nations, May 2016, https://tinyurl.com/ya7bzn24.
8. Bill Kingdom, Roland Liemberger, and Philippe Marin, "The Challenge of Reducing NonRevenue Water (NRW) in Developing Countries," World Bank, Dec. 2006, https://tinyurl.com/y9e94mop. 另見 Alan Wyatt, Jennifer Richkus, and Jemima Sy, "Using Performance-Based Contracts to Reduce NonRevenue Water," International Bank for Reconstruction and Development/The World Bank, June 2016.
9. 引自二〇一五年六月與押沙龍．費爾柏的私人通訊。
10. Heather Clancy, "With Annual Losses Estimated at $14 Billion, It's Time to Get Smarter About Water," *Forbes,* Sept. 19, 2013,

https://tinyurl.com/y7gj6svw.

* 譯註：一九六〇年代晚期到七〇年代的美國熱門情境喜劇，於一九九五年翻拍的電影版本中譯名稱為《脫線家族》：描述男主角麥克．布萊迪與女主角卡蘿各自帶著前段婚姻的三個孩子再婚後的家庭生活，劇情著重孩子的成長和繼手足之間的相處，布萊迪一家成為美國文化中的老派模範中產階級家庭代表。

11. "First National Report on the Implementation of United Nations Convention to Combat Desertification," The Blaustein Institute for Desert Research, Nov. 2000, https://tinyurl.com/ycjj3ekk. 另見 Alon Tal, "To Make a Desert Bloom: The Israeli Agriculture Adventure and the Quest for Sustainability," *Agricultural History* 82, no. 2 (Spring 2007): 228–257; and Jon Felder, "Focus on Israel: Israel's Agriculture in the 21st Century," Israel Ministry of Foreign Affairs, Dec. 24, 2002.
12. David Shamah, "What Israeli Drips Did for the World," *Times of Israel,* Aug. 20, 2013.
13. Rivka Borochov, "Israel Leads Way in Making Saltwater Potable," Israel Ministry of Foreign Affairs, Jan. 31, 2012, https://tinyurl.com/y9qso2p9.
14. Jewish National Fund, "Water Solutions: Solutions for a Water-Starved World," https://tinyurl.com/ybsgmz3h.
15. "Israel's Largest and Most Advanced Regional Water and Wastewater Utility," Hagihon Company Ltd., https://tinyurl.com/ycv8rc4d.
16. 引自與艾米爾．法勒的私人通訊。
17. Sarah Frostenson, "Water Is Getting Much, Much More Expensive in These 30 Cities," *Vox,* May 19, 2017.
18. Michael Dettinger, Bradley Udall, and Aris Georgakakos, "Western Water and Climate Change," *Ecological Applications* 25, no. 8 (2015).
19. Mohamed Ezz and Nada Arafat, " 'We Woke Up in a Desert'—The Water Crisis Taking Hold Across Egypt," *Guardian,* Aug. 4, 2015.

20. Lara Nassar and Reem AlHaddadin, "A Guidance Note for SDG Implementation in Jordan," West Asia–North Africa Institute, Nov. 2017, https://tinyurl.com/yb7y69y8.
21. Somini Sengupta, "Warming, Water Crisis, Then Unrest: How Iran Fits an Alarming Pattern," *New York Times,* Jan. 18, 2018.
22. "South Africa's Ruling Party Endorses Boycott of Israel," *Times of Israel,* Dec. 21, 2012, https://tinyurl.com/ybhonjdw.
23. Luke Tress, "As 'Day Zero' Looms, South Africa Open to Israeli Water Tech, Researcher Says," *Times of Israel,* Mar. 8, 2018, https://tinyurl.com/y8a4hl2d.
24. "California and Israel Sign Pact to Strengthen Economic, Research Ties," Office of Gov. Edmund J. Brown Jr., Mar. 5, 2014, https://tinyurl.com/yykrpn2f.
25. Joseph Serna, James Queally, Larry Gordon, and Caitlin Owens, "Broken Water Main Floods UCLA at 75,000 Gallons per Minute," *Los Angeles Times,* July 30, 2014.
26. Heather Cooley, Peter Gleick, and Robert Wilkinson, "Water Reuse Potential in California," Pacific Institute, June 2014, https://tinyurl.com/y8u4m92w.
27. Alastair Bland, "Californians Are Struggling to Pay for Rising Water Rates," KQED, Feb. 27, 2018, https://tinyurl.com/y7sdb9jk.
28. Quoted in Jeff Hull, "Water Desalination: The Answer to the World's Thirst?" *Fast Company,* Feb. 1, 2009, https://tinyurl.com/y778gdpv.
29. Greg Mellen, "From Waste to Taste: Orange County Sets Guinness Record for Recycled Water," *Orange County Register,* Feb. 18, 2018, https://tinyurl.com/yddubtdu.
30. Joshua Emerson Smith, "San Diego Will Recycle Sewage into Drinking Water, Mayor Declares," *San Diego Tribune,* May 10, 2017, https://tinyurl.com/lu9v8yr.

第十一章　緊急措施

強力一箭穿過雲朵
雷聲隆隆雨水傾落！
強壯長弓有力結實
繫上弓弦皮革條製
射出奇帕特製箭矢
用雕羽毛和細木枝……
羽毛顯威風雲變色。

——薇娜．阿德瑪（Verna Aardema），《把雨水帶來卡皮堤平原》（*Bringing the Rain to Kapiti Plain*）[1]

肯亞民間故事《把雨水帶來卡皮堤平原》講述年輕牧人奇帕（Kipat）的家鄉久旱無雨，野生動物都離開了，養活他全家的牛群也一隻接一隻餓死，奇帕於是朝雲朵射出一枝自製的箭矢，讓雲朵降下大雨，結束了一場嚴酷的旱災。這則故事講述人類與自然之間唇齒相依，解釋人類如何依賴動物維生，而動物依賴大地，大地又依賴天氣。這也是一則巧智和魔法的故事。故事中預設構成雲朵的物質是可以射穿、哄騙，甚至利用精心設計的工具加以控制。

奇帕的故事我唸過好幾遍給孩子聽，直到先前不久，我還一直認為只有在古代祭儀和押韻的民間故事裡，才會看到有人企圖控制天氣。二〇一六年夏天時，我無意中讀到一則簡短的新聞報導，是關於印度馬哈拉什特拉邦（Maharashtra）地方政府決定斥資數百萬美金，要在該區乾荒的農地上空以人工方式讓雲朵降下雨水。

馬哈拉什特拉邦首府孟買周圍的農地廣闊無垠，在印度三十個邦中面積最大，農產也最為豐富，是稻米、小麥、高粱、甘蔗和芒果的主要產地。全邦超過八成的農地仰賴雨水灌溉[2]。二〇一三年時，由於週期性聖嬰現象（科學家認為與氣候變遷有關）造成的擾動，馬哈拉什特拉邦季風季節的雨量比平常減少超過一半[3]。接著是連年的乾旱缺水，該邦糧食產量到了二〇一六年已減產超過三分之一[4]。人類社會受到極大的衝擊：三年來馬哈拉什特拉邦有數以萬計的農民，在無法種植作物、難以養家活口，加上龐大債務纏身的絕境中輕生[5]。

馬哈拉什特拉邦政府面臨基礎設施和可用技術皆不足的窘境，既無法採行海水淡化，也無法將汙水過濾回收，再加壓送往全邦的村莊和農場。馬哈拉什特拉邦的缺水危機更突顯了全球廣泛的現實境況：即使有一些富裕國家已開始尋求對抗乾旱的良方，世上仍有很多更貧困且人口更稠密的地區，卻受到更嚴重的威脅。

二〇一六年七月，馬哈拉什特拉邦稅務部長艾克納．卡德悉（Eknath Khadse）決定放手一搏。他聘請總部位在北達科他州法哥（Fargo）的氣象改造公司（Weather Modification），前去主持一項耗資數百萬美金的三年期種雲造雨計畫，在馬哈拉什特拉邦中央的六十平方英里農地上方人工增雨。人工增雨或種雲（cloud seeding）是在雲裡注射一種煙霧狀化學物質以提高降雨機會的做法，已實行數十年之久，成效有好有壞。「我們面對的情況很嚴峻，」卡德悉後來告訴我，「世界上沒有其他可用的科技能夠幫忙帶來更多雨水。我們必須嘗試看看。」

我特別注意到卡德悉的抗旱計畫，或許是因為該計畫讓我聯想到奇帕。我心心念念想著要到現場親睹人工降雨過程。六個月後，我走在馬哈拉什特拉邦一座地處偏僻的小機場停機坪上，準備登上一架「空中國王」（King Air）B200型小型飛機，這

拜倫．佩德森與席札．米斯崔帶著我們飛入烏雲中。

架四人座的渦輪螺旋槳飛機不久後將穿入一大片季風雲團，雲體從頂端到底部厚度達一萬英尺，寬度與厚度幾乎相同。

＊＊＊

「大多數飛行員受的訓練是想辦法避開這些暴雨雲系，」拜倫．佩德森（Byron Pederson）大聲喊道，「我們受的訓練是要進入這些雲系。」佩德森是法哥氣象改造公司派遣至馬哈拉什特拉邦的飛行員，帶隊進行造雨之外，也負責培訓一隊能夠執行造雨任務的印度飛行員。他在過去十年間已執行過數百次類似的飛行任務，我聽說他是全世界你能找到經驗最豐富、最可靠的人工增雨作業飛行員。不過即使知道這一點，當佩德森操縱小飛機飛入空中，以堪比電影《捍衛戰士》（*Top Gun*）裡的戰鬥機架勢側身翻轉繞行積雨雲時，我還是渾身緊繃。

機艙裡有股不好聞的味道，汗水般黏滯壓迫得人喘不過氣。我們沿著雲體下腹部位穿過一層烏黑濃重的溼氣，我從座位旁窗口望去只見深色陰暗的霧氣瀰漫。機身震了一下，搖晃起來。「我們進到雲裡了。」佩德森告訴旁邊副駕駛座上接受培訓的年輕印度飛行員席札．米斯崔（Shizad Mistry）。在他們後方幾英尺的座位上，我努力忍耐，深怕嘔吐在身旁與冰箱差不多大、記錄氣象數據用的電腦上面。儀表板上的垂直速度表數值持續攀升。我們進入了上升氣流（updraft），這道暴雨雲系中心的氣流此刻正以每分鐘數百英尺的速率將飛機吸上高空。

「左翼點火。」佩德森指示。米斯崔打開中央的控制面板上的開關，燃放搭載於左翼上的焰劑。「右翼點火。」飛機兩側機翼的掛架上各連著十二根形似管狀炸彈的筒管，總共二十四根焰劑管裡裝滿易燃的氯化鈉，即混合了易燃鉀粉的食鹽粉末。開關開啟之後，焰劑管末端會噴出橘色火焰，並朝雲內釋出數以兆計的極細鹽粒。鹽粒會吸引水氣，受到吸引的水分子於是和鹽粒結合形成雨滴。

佩德森告訴我，美國自從一九四〇年代即開始實行人工增雨，而人工增雨產業更在過去二十年於全球各地蓬勃發展[6]。例如加州的水利單位就定期施行類似馬哈拉什特拉邦的人工增雨計畫，以增厚為水庫提供水源的內華達山脈雪蓋層。中國政府每年用於人工增雨作業的經費達到數億美元之譜，增雨多半是為了滌淨籠罩城市的霧霾[7]。包括澳洲和泰國在內的多國政府和私人企業，皆會實行人工增雨作業以增加淡水水源。

出乎我意料的是，人工增雨作業是科學家普遍認為對環境無害的做法。氯化鈉無毒，對於增雨地區生態系統造成的影響相當輕微[8]，也有其效果——某種程度上。「要是真的能將催化劑投入雲裡，就能提高降雨機率，關於這一點幾乎沒有爭議，」美國國家大氣研究中心（National Center for Atmospheric Research，NCAR）專家丹・布里德（Dan Breed）指出，「問題在於投的量要多少，還有需要雲的時候有沒有雲？」

在造訪馬哈拉什特拉邦之前，我已先訪問過布里德和其他大氣科學家，應該已經可以推論出人工增雨並非解決乾旱的可靠解方，也無法確保缺水地區的糧食安全。在登上小飛機之前，佩德森自己也說了差不多的話。「最困難的部分是不能讓大家期望過高，」他說，「馬哈拉什特拉邦的人民恨不得找到對付旱災的萬靈丹，下雨時他們會到街上手舞足蹈，他們會抱著我們的飛行員說：『再來一次。』但是我們沒辦法保證空中會有雲——而且是願意合作的雲。」他解釋說若是只有很小片或棉絮般的雲是沒辦法增雨的：「要溼度很高的大塊雲團才會有效。」布里德告訴我，即使增雨作業有效，最理想的情況是降雨量增加約百分之十五[9]。對深受缺水之苦的農民而言，增雨作業若見效，是大大勝過只有毛毛細雨沒錯，但人工增雨無法保證每次都有效。

我們在馬哈拉什特拉邦上空執行增雨任務時，剛巧運氣很好，碰到的雲很合作。在第一片雲施作完二十二分鐘後，佩德森飛回燃放第一管焰劑的位置。已下起傾盆大雨。「開始滴雨了！」他大喊。他駕駛小飛機向下俯衝慶祝勝利，接著朝另一團雲簇燃放焰劑。我肚子裡一陣翻攪，再也忍耐不住，最後吐在自己的包包裡。

從我在小飛機上的座位旁窗口所見第一個焰劑筒點燃的景象

這次事件發生後不久，我終於明白自己再次偏離了正軌，而且比我在德州阿馬里洛追在複製牛後頭跑那時候，多偏離了數千英里遠。我有了體認：人工增雨無法維持穩定且公平合理的糧食供給，只是這個地區迫不得已採取的非常手段，但卻給了很多人虛假的希望。前往馬哈拉什特拉邦的行程固然莽撞輕率，但也帶給了我一些思緒澄明通透的時刻，最終讓我找到了正確的方向。

在參與人工增雨任務數天之後，我受邀到一位名叫侯娜瑪・馬狄瓦拉（Honnamma Madivalar）的農人家中拜訪，佩德森告訴我她們家的遭遇是馬哈拉什特拉邦所面臨的悲慘境況的縮影，而卡德悉正是在情況緊迫之下訴諸人工增雨計畫。馬狄瓦拉太太坐在丈夫阿肖克（Ashok）的裱框遺照下方，他在六個月前於自家高粱田裡喝下劇毒農藥自盡。馬狄瓦拉家過去數年間為了籌錢購買種子、肥料和租借曳引機，向當地的放款人借貸，積欠了高達數萬美金的債務。阿肖克・馬狄瓦拉並未投保，田地也未裝設灌溉系統，連續三年作物歉收加上不斷累積的債務，讓他陷入絕望。在印度各邦如有農民身故，政府會發放約三萬美元的「補償金」給家屬[10]。而就馬狄瓦拉太太和兒子的狀況而言，這筆補償金只夠抵掉一部分的債務。「他的命就只值這些錢？」她問，認命的語氣中夾雜著憤怒。

我於是明白了先前那些對我來說很抽象的詞語：糧食體系因承受不了旱災或其他的壓力而崩潰時，依賴糧食體系的社群也會隨之崩潰。根據印度政府於二〇一八年公開的報告，印度至今仍受史上最嚴重的缺水危機所苦[11]，每年有超過二十萬人死於乾旱缺水[12]。報告也預估，按照氣候暖化的趨勢，印度全國的用水需求將在二〇三〇年增長至超過全國可用水量的兩倍。

過去僅僅十年間，在非洲和中東就有九個國家因乾旱而陷入困境，其中包括烏干達、索馬利亞、肯亞和衣索比亞。現今全球在嚴酷氣候下生活的人數，已經打破了有史以來的紀錄。例如在美國西部，乾旱嚴重度（drought intensity）在過去二十年間升高了百分之十五到二十[13]。同時，佛羅里達州、路易斯安那州和夏威夷州沿海地勢較低地區的居民面對的威脅卻截然不同：海平面上升、劇烈暴雨和足以淹沒田地的洪水[14]。

見到侯娜瑪．馬狄瓦拉讓我清楚了解到：農業發展的「第三條路」需要緊急應變計畫才行。若是在富裕的國家，智慧供水系統、曳引機機器人、垂直農場和替代性蛋白質來源研發都大有可為，但至少目前仍然成本高昂，且發展規模有限。在馬狄瓦拉家時我才開始考量更現實的問題，我想的不是如何控制自給農業地區的天氣，而是我們如何為當下已經受到氣候變遷最嚴峻衝擊，包括受嚴重饑荒所苦的人民提供在地支援。關於全球糧食的未來，我開始理解有一點或許最令人難以接受：我們不僅要精通危機管理，還得在後危機時代保有可恢復正常的韌性。

＊＊＊

在馬哈拉什特拉邦以西兩千英里的一處辦公室裡，我訪問了全世界對於賑災物流最了若指掌的米堤庫．卡沙（Mitiku Kassa）。卡沙身為衣索比亞的國家災害風險管理委員會主委，對

米堤庫・卡沙

抗過該國糧食安全上遭遇的種種災害危機，包括旱災、水災、地震、火山爆發和政變。他在職涯中致力於研究全國糧食短缺時，應該採取何種因應措施。卡沙的同事形容他樂觀正向、處變不驚，但他在二〇一五年的夏天還不是這樣。「當年我們面對的是衣索比亞五十年來最緊急的危機，」在衣索比亞首都阿迪斯阿貝巴（Addis Ababa）的辦公室裡，他如此告訴我，「我很擔心。」由於遭逢數十年來最嚴重的旱災，衣索比亞的低地農業區民不聊生，眼看就要發生饑荒，規模更可能達到破紀錄等級。

二〇一五年八月時，衣索比亞有超過四百萬人領取緊急口糧，配給的食物包括成袋小麥、玉米和苔麩（一種當成主食的穀物），還有裝在條板箱中的豌豆和其他豆類以及一壺壺的植物油[15]。公務人員很快就報告說口糧供應量不足。衣索比亞很多地勢較低區域的情況比馬哈拉什特拉邦更淒慘，將近一年不曾下過一滴雨。乾旱造成河道乾枯，地下水抽乾耗盡。這些地區的作物產量暴跌，數以千計的牛隻瀕臨死亡，嚴重營養不良的嬰兒、孩童和母親人數持續攀升。

卡沙的團隊於十月時計算出需要緊急賑濟的人數已在兩個月內翻倍，增加至八百二十萬人，衣國政府於是向國際尋求人道救援[16]。及至十二月，需要賑濟的人口達到一千零二十萬人[17]。卡沙也很關心要如何持續援助許多長期處在糧食不安全狀態的衣索比亞國民，他們即使在局勢穩定時仍需要接受援助。需要由卡沙的團隊賑災養活的人數總計超過一千八百萬，幾乎是全國五分之一的人口[18]。

衣索比亞的國土幾乎是德州的兩倍大，要在這麼大片的疆域快速發放賑災物資，牽涉的物流作業繁複到令人難以想像，而籌措所需資金同樣是莫大挑戰。「你得確保錢進到銀行戶頭，確保糧食進港口順利通關、運進倉庫、再送到民眾家裡。」聯合國世界糧食計畫署（World Food Programme，WFP）官員約翰．艾里夫（John Aylieff）說，他負責非洲和亞洲的救援計畫，與卡沙合作處理糧食賑濟發放。「不可能一夜之間就完成，可能需要三個月或更長的時間。」

卡沙沒有這麼多的時間。世界糧食計畫署、聯合國兒童基金會（UNICEF）和美國國際開發總署（U.S. AID）等國際援助機構緊急挹注資金，填補援助上的空缺，但在各機構組織伸出援手的同時，卻發生了史無前例的事：衣索比亞成為援助本國國民的頭號金主。衣索比亞的經濟十多年來成長強勁，政府得以將本國稅收投入旱災應變，根據卡沙的說法，在十八個月期間提供將近八億美金[19]。另外七億則由其他投入援助的夥伴補足[20]。於是造就了史上最大規模的旱災賑濟行動，並且達成相對於災害規模極低的人員傷亡率。

賑災行動的成功不只繫於現金流，甚至不是主要取決於現金流，而是取決於衣索比亞過去數年甚至數十年的準備工夫。從某方面來說是因禍得福，衣索比亞由於背負過往災禍留下的創傷，學會了長年處於預期災禍將臨並有所準備的狀態，而這種隨時備戰的狀態，許多同樣飽受乾旱所苦的國家可能很快就必須學習效法。聯合國氣候變遷特使瑪麗・羅賓遜（Mary Robinson）便如此預期，她認為非洲西南部以及其他地區的國家將會以衣索比亞為模範，「擘畫出藍圖，培養未來抗衡氣候變遷導致的壓力所需的韌性」。

＊＊＊

五十二歲的卡沙身高超過一百九十公分，肩膀寬闊、胸膛厚實，是你第一眼看到就能判斷出是未曾受過饑荒之苦的人。他的家鄉在衣索比亞富庶的西南部，自己也在父母的農場幫忙種咖啡、柑橘和番石榴，農場收成相當豐碩。他在哈勒瑪亞大學（Haramaya University）唸農業科學系期間，衣索比亞因乾旱於一九八四年發生饑荒，造成一百萬人死亡，無數國民陷入貧困。當時全球各國電視台大量轉播饑荒相關新聞，大多數美國家庭都看過報導，卡沙說衣索比亞因此「成為大眾心目中『貧困』和『饑荒』的同義詞，這樣的聯想對於我國人民來說成了莫大的恥辱。」饑荒的悲劇發生在衣索比亞氣候較乾也較容易受災的區域，卡沙得以倖免，未受任何影響。他獲得留學獎學金前往荷蘭瓦赫寧恩大學（Wageningen University）繼續攻讀農業科學，於一九九八年回到衣索比亞，擔任國家計畫與經濟發展處（Planning and Economic Development Department）處長，負責主導農業革新。「他這人很不簡單，沉著冷靜到不可思議，」約翰・艾里夫說，「就算是最艱困的時候，我也從沒看過他沮喪挫折，總是一派從容淡定。」

衣索比亞自一九八四年開始多次遭遇旱災，在二〇〇〇年和二〇一一年時尤其嚴重，之後卡沙推動建構賑災物流網，興建了公路、倉庫和各地物資發放站點。他說這套基礎設施是對抗饑荒最重要的唯一防線——沒有相關設施，根本無法發放救災物資。他也建立一套監控系統，定期評估各地區的農地生產率和營養需求規模，匯集的數據對於預測未來缺糧的可能性和一旦發生時該如何因應都有莫大幫助。

卡沙於二〇一五年首度收到乾旱及糧食短缺的徵兆回報，他開始每週出差，往往必須跋涉數千英里遠，前往災情最嚴重的地區了解受衝擊的程度。身為虔誠的基督徒，他認為到遠地訪查在實務上有其必要，也是自身同理心的修煉。「對人類同胞的愛不是經由訓練來賦予的，」他告訴我，「是由生活經驗和全能的神所賦予的。」

衣索比亞的文化豐富多元，境內共有九十種不同語言[21]，不同地區的地誌與氣候迴異，也因此有多個廣大的農業區域完全不受乾旱所苦。卡沙明白賑災計畫的某些層面可以全國通用，但有些層面就需要因地制宜。例如北部阿法地區（Afar）的缺水情況特別嚴重，他於是指派一百三十二輛卡車接續不斷將飲用水運往當地的物資發放站。東部的索馬利地區（Somali）畜養的牲口則占了全國近四分之三，需要提供餵飼草料用的幫浦，以及有助於防範牲口罹病的疫苗。西北部的安哈拉（Amhara）的地下水資源尚待開發，需要的是挖設水井的資金和設備。

卡沙和艾里夫聊起過往幾次令人傷透腦筋的時候，可能是載運關鍵物資的船隻遭扣留在吉布地（Djibouti），或是賑災善款未能順利入帳。「我們曾有好幾個晚上徹夜未眠，知道倉庫發放到剩下最後幾袋小麥，或是帳戶裡的金額用盡，我們會到處打電話拜託對方放行船隻，懇求捐款者伸出援手。」艾里夫說。

事情發展急轉直下，賑災行動最後受惠於衣索比亞強勢的中央政府。衣國政府過去常受各界批評太過強勢，甚至專擅獨裁，民眾更曾於二〇一七年發起反對暴政的抗議示威[22]。但衣國中央政府得以在旱災來臨時快速採取行動，確保資金無虞並展開賑災作業，部分原因也在於政府高層大權在握。衣索比亞在過去十年間是非洲經濟成長最為快速的國家之一[23]，紡織業和農業皆蓬勃發展，城市紛紛發展成形，也建立起公路網，農業生產力則在過去三十年成長翻倍[24]。無論政府如何貪腐，如今都有可以利用的財富——也有利用財富的權力。「就像中國政府，」一名聯合國官員告訴我，「在發生經濟或環保危機時反應很快，處事決斷很有魄力，但就民主政體而言就很暴虐野蠻。」該官員強調，我們要從中記取的教訓，並非貪汙腐敗的政府在養活脆弱人口這方面最有效率，而是民主政府應該編列緊急救災預算，並制定在災害發生時果決且明快發放救助基金的相關辦法：「因為人民餓肚子的時候，速度就是一切。」

在旱災發生後一年內，卡沙和合作夥伴載運了一百二十億加侖飲用水，在全國各地下鑽深達一千五百英尺，開鑿出數百口水井，並且調運發放了近兩百萬公噸的玉蜀黍、小麥、苔麩、豌豆等不同豆類，以及棕櫚油等不同植物油[25]。其中有些作物是由衣索比亞和周邊國家的國營農場生產，有些則來自遙遠的烏克蘭、加拿大、美國和澳洲。卡沙說，二〇一五和二〇一七年的賑災行動由於非常迅速且全面，「得以保住所有受災人民的性命。」世界糧食計畫署的約翰・艾里夫稱之為「全世界第一次未奪走任何人命的饑荒。」

關於上述說法也有些不同的意見。有一些關於這場饑荒的新聞報導對官方數據提出質疑，並報導衣索比亞的死亡率在二〇一六和二〇一七兩年皆增加了。聯合國兒童基金會派駐衣索比亞的代表麥吉蓮（Gillian Mellsop）負責蒐集和評估旱災地區數百間衛生所的數據資料，則指出衣國最近饑荒最令人驚訝的一點是：「相關數據顯示，即便診斷為嚴重營養不良的兒童人數超過兩百五十萬，但嬰兒或兒童死亡率並無顯著增加。」[26]兒童死亡率是發生饑荒時須關注的最重要數據，因為五歲以下的人口是營養不良情況下最容易受害的族群。

「若要說卡沙的方法有什麼不足之處，」聯合國糧農組織（U.N. Food and Agriculture Organization，FAO）駐地協調員艾雷穆・曼尼（Alemu Manni）表示，「那就是我們還需要投入更多資源，在那些未來能幫助農場持續運作、減少發放糧食需求的方案上。社區需要自己的水井；需要機械設備；需要種子，大部分的資金應該要用在這些方面。」從經濟角度來看十分合理：發放口糧養活一個家庭的成本，大約是購買種子補助金額的二十倍[27]。同理，為牲口注射疫苗和規畫草料供給的成本，也比牲口病死或餓死後重新整批採購的成本更低。「事態到了某個程度，單純發放糧食也不濟事，」曼尼警告，「只有本身具備韌性的社群才能在旱災中存活下來。」

卡沙確實在權限範圍內動用了一部分（雖然只是一小部分）的預算，用於協助實行一些創新計畫。例如，他在全國的小學建置了新的糧食發放系統。饑荒通常會造成學生中輟率陡升，因為已經飢腸轆轆的孩童走路去學校和回家都必須消耗熱量，而學生的家庭也可能需要孩童幫忙外出覓食。因此卡沙的規畫是直接以學校為賑濟救援管道，提供的營養午餐包括富含多種維生素的穀麥片，以及多種蔬菜水果、五穀雜糧類和牛奶，食物的養分和種類都比學童在家吃得到的更豐盛多元。

卡沙也和聯合國糧農組織合作推行不同計畫，例如快閃雞蛋生產合作社配備可攜式雞籠，可載運雞隻前往蛋白質來源有限的地區供應雞蛋。或如畜牧業為主的地區無法裝設種植草料所需的幫浦，則由糧農組織派員教導牧人，如何製作和販售給牛隻舔食的「多重營養塊」——一種以穀物和糖蜜製成、富含熱量及多種養分的塊狀補助飼料。

衣索比亞的農民於二〇一八年終於等到兩年來的第一次正常收成，全國的農作產量增加了百分之二十[28]。然而在衣索比亞的鄰國如索馬利亞、肯亞和烏干達，缺水情況依舊嚴重。對卡沙來說，救災紓困從沒有完畢解脫的一刻，立刻又要開始為下一次乾旱預作準備。

夏末的某一天，曼尼帶著我前往衣索比亞東部的索馬利地區，要向我展示何謂社群本身具備的韌性。我們行經鄉野低地，放眼望去綿延數英里盡是在炙熱陽光下焦灼乾枯的大地，灰色表土如古老的漆面一般龜裂。途中看到的牛群全都瘦骨嶙峋、有氣無力，走動搜尋青草時肋骨間的牛皮下垂凹陷。這個地區有數千頭牛在二○一六年的饑荒中喪命。但在乾枯河床邊緣，驀地出現一座綠洲：七十英畝的綠地上種了狼尾草、蘇丹草、木瓜樹、芒果樹、玉蜀黍、高粱、花生、辣椒和包心菜。

二十八歲的哈姆迪・穆罕默德・莫里（Hamdi Muhammed Mowlid）是四個孩子的父親，他抱著整捆草走向在陰影下休息的公牛群和母牛群。「Bozzänä！」他對牛群吆喝著。這句阿姆哈拉語（Amharic）的意思大致是「懶惰蟲」，而莫里這句話帶有高度稱讚意味。莫里的家族世世代代以牧牛為業，族人每次換季都會驅趕著牲口群，遷徙數百英里尋找可供放牧的草地。如今他發現了在一地定居的好處。懶散怠惰的牛群消耗的熱量較少，生產力較高，莫里的每隻母牛的乳量，抵得上他父親養的十頭母牛加起來的乳汁量。他將每日多出來約五公升的牛

衣索比亞的乾枯河床

乳賣給當地一家酪農場，每週幫全家人賺進約三十元美金的收入。牛乳販售事宜由豐登草料合作社（Hodan Fodder Cooperative）居中協調接洽，該組織是莫里與鄰近二十五個家庭於二〇一五年合作創立的。在卡沙和聯合國糧農組織於乾旱時期以僅有資金推動的社區韌性培養計畫中，豐登合作社只是一次小小的成功，卻帶來無窮希望。

在綠洲邊緣有一個大小與割草機引擎差不多的幫浦，正在從河床下方深處抽水打入人工挖鑿的灌溉渠道網絡。這個比鞋盒大不了多少的幫浦在乾旱期間送出的水所種植的作物，足以養活兩百人，並供應一百五十頭牛所需的草料。「我們把牛群養肥，把孩子養大，還有多餘的收成可以賣錢，」莫里告訴我，「我們學會父親那一輩不知道，祖父那一輩也不知道的事。」合作社也經營某種換牛作業，以每頭約一百五十美元的價格購入乾瘦母牛，餵給草料六個月養肥之後，再以每頭三百美元的價格售出。「我們在乾旱中，」他說，「找到了更好的生存之道。」

譯註：

1. Verna Aardema, *Bringing the Rain to Kapiti Plain* (New York: Dial Books for Young Readers, 1981).
2. 引自二〇一五年七月與艾克納・卡德悉的私人通訊。
3. Dana Nuccitelli, "2013 Was the Second-Hottest Year Without an El Niño Since Before 1850," *Guardian*, Feb. 6, 2014.

4. 引自與艾克納・卡德悉的私人通訊。

5. Zeeshan Shaikh, "Maharashtra Tops 2015 Suicide Chart," *Indian Express,* Jan. 2, 2017, https://tinyurl.com/ycsjbzmt.

6. Virginia Simms, "Making the Rain: Cloud Seeding, the Imminent Freshwater Crisis, and International Law," *The International Lawyer* 44 (2010): 915–937.

7. George Dvorsky, "China's Ambitious New Rain-Making System Would Be as Big as Alaska," Gizmodo, Apr. 25, 2018, https://tinyurl.com/y8cx8hmw.

8. D. M. Ramakrishna and T. Viraraghavan, "Environmental Impact of Chemical Deicers—A Review," *Water, Air, and Soil Pollution* 166 (2005): 52–56.

9. "'Cloud Seeding' May Make It Snow, but It Will Reduce Droughts in the West," *Washington Post,* Feb. 26, 2018, https://tinyurl.com/ybls2wb2.

10. Gopala Sarma Poduri, "Short-Term Cost of Suicides in India," *Indian Journal of Psychological Medicine* 38 (2016): 524–528.

11. "Composite Water," NITI Aayog, June 2018.

12. Annie Banerji, "India's 'Worst Water Crisis in History' Leaves Millions Thirsty," Reuters, July 4, 2018.

13. 美國國家海洋暨大氣總署（National Oceanic and Atmospheric Administration）網站提供歷年乾旱模式數據資料：https://tinyurl.com/y7ju84bs.

14. Lynh Bui and Breena Kerr, "Repeated Natural Disasters Pummel Hawaii's Farms," *Washington Post,* Aug. 28, 2018.

15. "UN Says 4.5 Million Ethiopians Now in Need of Food Aid After Poor Rains," *Guardian,* Aug. 25, 2015.

16. "Ethiopia Appeals for International Aid in Face of Deepening Food Insecurity," *Guardian,* Oct. 15, 2015.

17. "Ethiopia: 10.2 Million Ethiopians Need Emergency Food Assistance," USDA Foreign Agricultural Service, GAIN Report Number ET1543, Dec. 28, 2015, https://tinyurl.com/y8jy9nye.

18. "Ethiopia Struggles with Worst Drought for 50 Years Leaving 18 Million People in Need of Aid," *Telegraph*, Apr. 23, 2016.
19. 引自二〇一六年十二月與米堤庫・卡沙的私人通訊。
20. 同前註。
21. M. L. Bender, "The Languages of Ethiopia: A New Lexicostatistic Classification and Some Problems of Diffusion," *Anthropological Linguistics* 13 (1971): 170.
22. "Ethiopia: Events of 2017," Human Rights Watch, 2018, https://tinyurl.com/ydg3ym4g.
23. Chris Giles, "Ethiopia Is Now Africa's Fastest Growing Economy," CNN, Apr. 24, 2018.
24. "Country Indicators: Ethiopia," FAO database, https://tinyurl.com/y9z52bdh.
25. 引自二〇一六年十二月與約翰・艾里夫的私人通訊。
26. 聯合國兒童基金會網站提供衣索比亞歷年來嬰兒及兒童死亡率數據：https://tinyurl.com/yd2xf7qc.
27. 引自二〇一八年八月與艾雷穆・曼尼的私人通訊。
28. 同前註。

第十二章 歷久彌新

歷乾渴，方知水；
漂汪洋，方識土地；
受苦痛，方知狂喜；
陷戰火，方識和平；
悼往昔，方知愛情；
歷隆冬，方識鳥禽。

——艾蜜莉．狄金生（Emily Dickinson）

墨西哥聯邦二〇〇號高速公路沿著太平洋海岸迆邐四百多英里，途中經過火山、崢嶸峰嶺、形如朝天乾草叉的仙人掌群，以及鐵絲網柵欄尖端掛著牛頭骨的牧牛場。大約在特匹克（Tepic）和塔帕楚拉（Tepachula）之間，公路連通阿瓜卡連特（Agua Caliente）*，其地名由來的溫泉位在一處深谷中，泉水汩汩冒泡流湧成溪。在阿瓜卡連特的西側邊緣有一座農場，主人是墨西哥國立自治大學（National Autonomous University of Mexico）的演化生物學教授馬克・歐森（Mark Olson）。「這裡看起來可能像是隨便哪個小鎮上，一小塊長著幾棵小矮樹的破田地，其實裡頭藏著神奇的科學資源。」歐森邊說邊領著我走過小丘遍布的貧瘠田地。這裡正是國際辣木種原中心（International Moringa Germplasm Collection）所在地，是全世界規模最大、種類最多的辣木屬（*Moringa*）植株群，辣木屬植物在歐森心目中「特別適合作為熱帶乾旱地區經濟能力不佳且營養不良人民的糧食，在氣候變遷時代尤其如此」。

歐森所說的熱帶乾旱地區範圍極廣，包括印度大部分地區，撒哈拉以南非洲的廣大區域，以及中美洲和南美洲的大塊區域。生活在熱帶乾旱地區的人數超過二十億，大約是全球三分之一人口[1]。史丹佛大學糧食安全與環境研究中心主任大衛・洛伯指出，面對氣候變遷所帶來最嚴重的衝擊，這些地區首當其衝。「如果觀察氣候模型，熱帶乾旱地區的情況預估會比其他大多數氣候區更加惡劣。相對於目前的狀態，已經相當乾熱的氣候會變得真的很乾、很熱。」

乾和熱正是辣木屬植物蓬勃生長的條件。「這種古老的植物非常頑強，韌性十足，用途繁多，全身是寶，而且古怪透頂，活像從蘇斯博士故事書裡冒出來的，」歐森告訴我，「植物界裡幾乎沒有別的物種能夠和它相比。」雖然辣木既沒有條紋，也沒有糖果般的繽紛色彩，在某方面卻和「毛樹」*有些神似：樹幹纖細光滑，枝枒朝四面八方胡亂生長卻不失友善親切，像是伸長了手和人打招呼。辣木不僅能在嚴苛環境中生存，而且長得跟雜草一樣快——每個月約長高一英尺，最高可長到二十英尺。在農業上最常栽培的印度傳統辣木（*Moringa oleifera*）

的多重功能媲美瑞士萬用刀：葉片可食，富含蛋白質、鐵質、鈣質、九種重要的胺基酸，以及維生素A、B和C等營養素[2]；豆莢約與拇指同寬，長度超過一英尺，omega-3脂肪酸含量相當高[3]。約翰霍普金斯大學（Johns Hopkins University）彭博公共衛生學院（Bloomberg School of Public Health）生化學家傑德・費伊（Jed Fahey）與歐森合作研究辣木已有十餘年之久，他發現辣木的葉片和豆莢具有極佳的抗發炎[4]和治療糖尿病[5]的效果，並含有可抗癌的酵素。成熟的辣木種子可榨製植物油，榨油後殘留的籽粕可用來淨化飲用水（其中含有一種蛋白質會讓細菌聚集在一起之後死亡）。壓碎的種子曬乾後也是很優良的肥料。

辣木屬植物堪稱異數，但其實還有許多古老頑強的糧食和作物，或許也準備在二十一世紀強勢回歸。其中有大家熟悉的穀物如藜麥和莧籽（amaranth），也有比較古怪冷僻的植物如辣木，和一種命名為「科薩小麥」（Kernza）的多年生穀物（一種小麥草）*，甚至包括一般人從沒想過可以吃的微型植被（microvegetation）如藻類和浮萍。

歐森認為在全球暖化和人口增加的趨勢之下，我們被迫改以不同方式去思考農作物的品質和韌性，而且要同時考慮到最貧困地區和最富裕地區的作物。大規模量產作物的農業已經不敷需求，未來的作物必須「重量更**重質**」，不僅必須含有更多養分，也必須生長更快，更加頑強，更能耐受並適應變化無常的氣候。「要找到適合的作物，我們必須探索過往的植物。」歐森說。他自認是某種古老植物溝通師嗎？我發問。不，他回答，「比較像是**聆聽**植物的人。」

像辣木屬這樣的植物，歷經數千年適應沒有現代灌溉系統、肥料或農藥的極端嚴苛環境——

「真正有智慧的是植物，我們科學家必須謙卑一些，向它們尋求解答。」

＊＊＊

馬克．歐森在加州的太浩國家森林（Tahoe National Forest）邊緣長大，他父親是美國林務署（U.S. Forest Service）的土木工程師。歐森的童年時光就在抓蠑螈、抓蜥蜴、蒐集昆蟲和照顧失去雙親的雛鳥中度過。他在國中時到動物園和野生動物醫院當志工，但一直到進入加州大學聖塔巴巴拉分校就讀後，才開始鑽研植物學。「當年學費大多是用我去學校植標館工讀的收入來付的。」他告訴我。（我後來上網搜尋「植標館」〔herbarium〕，才知道原來是蒐集乾燥植物標本的地方。）他在研究所時期前往墨西哥氣候乾燥的熱帶森林區進行植物學研究，他發現這個地區「擁有地球上植物生活型（life-form）最為豐富多元的棲地，植物界許多極具代表性的非凡物種都是在此區誕生，包括巨大的「酒瓶樹」（bottle tree）猢猻木（baobab）、樹冠呈平頂的金合歡樹，另外還有種類多不勝數的樹形仙人掌。」

歐森一談起植物學，就像侍酒師（可能醺然微醉）談論葡萄酒的樣子。他有淡藍色眼瞳和砂灰色細髮，戴著金屬圓框眼鏡和皮製牛仔帽，看起來儼然老羅斯福總統（Teddy Roosevelt）和電影《鱷魚先生》（*Crocodile Dundee*）獵鱷人男主角的混合體。歐森從一九九五年起就開始研究辣木，當時主流社會還未開始關注氣候變遷課題。在美國國家科學基金會（National

馬克・歐森駕駛他的動力飛行傘準備起飛。

Science Foundation）和國家地理學會（National Geographic Society）的經費贊助下，他花了近二十年走遍東南亞、中東和非洲東部，蒐集已知的十三種辣木屬植物的種子，在近二十年的光陰中盡他所能審慎聆聽辣木所承載的古老智慧。為了更深入研究，歐森甚至親手打造了一台暱稱為「動力飛行傘」（paramotor）的背包式單人飛行器，是由背包加上大螺旋翼和二行程引擎所組成。

「穿上動力飛行傘就能變成人形蜂鳥，」他說，「可以好幾個小時飄在靠近地面的半空中停留，好研究樹冠。」駕駛飛行器的經驗時好時壞，令人捧腹。早期有一次飛行時，他將引擎熄火，結果整個人栽到地上，把螺旋翼摔得粉粹。歐森後來駕駛他的動力飛行傘，研究了數百棵辣木，且安然無恙沒有缺手斷腿，而他目前將研究重點放在更為精細複雜的工具，希望能將印度傳統辣木改造成氣候嚴苛地區數十億人口的主要營養來源。

印度傳統辣木在運用上，仍有一些限制需要先克服。辣木種子具有很大的遺傳變異性，很難大規模栽種，但選為行栽作物（row crop）很重要的一點是要具備高度一致性，才方便照顧和收成。辣木的葉片比菠菜嫩葉更小也更嬌弱，在採摘之後很容易枯萎，對於無法將收成作物冷凍的農民來說是一大挑戰。辣木在入菜烹調上也有所侷限。辣木葉片就像芫荽葉（香菜），摘去難嚼的葉梗後滋味最佳，但要大量烹煮就得花費不少工夫除去葉梗。葉片和豆莢所含的一種油分會散發刺鼻的辛香氣味，有點像芝麻菜但味道更重，有可能不太討喜。辣木最初被人馴化是在兩千年前的印度，常見的一種印度燉蔬菜咖哩「桑巴湯」（sambhar）就會加入辣木豆莢，以濃厚肉汁調和豆莢的強烈風味。在我拜訪阿瓜卡連特時，歐森招待我吃塔可餅，餡料有預煮過的辣木葉、克索布蘭可乳酪（queso blanco）和莎莎醬，很美味可口，但從樹上摘下來的生辣木葉嘗起來很苦，難以下嚥。

歐森在阿瓜卡連特農場進行的研究，主要著重在改造出符合現代飲食口味和生產需求之辣木的方法。他想要培養出一種辣木樹，風味上更為細緻且容易採收，但依然要頑強堅韌，而且含有足夠的養分，可以在未來數十年當成全世界熱帶乾燥地區的主要糧食來源。他也與印度的科學家合作進行印度傳統辣木的基因體定序，希望在基因工具和分子育種技術的輔助下，順利培育出經過最佳化的品種，而這將會是古老植物辣木的「殺手級應用」。

＊＊＊

辣木目前在歐美成為熱門的超級食物，吸引愈來愈多愛好者，但在資源不足的熱帶乾燥地區就較少為人知。「辣木會繼羽衣甘藍之後蔚為風行。」三十歲的「庫粒庫粒」公司（Kuli Kuli）創辦人麗莎・柯堤斯（Lisa Curtis）說道，這間在舊金山起家的公司專賣辣木葉片製成的粉末、穀物營養棒和能量飲料。庫粒庫粒公司網站稱辣木為「奇蹟之樹」或「超級植物」（supergreen），宣稱辣木在各方面都完勝羽衣甘藍，含有「兩倍的蛋白質；四倍的鈣質；六倍的鐵質；一點五倍的膳食纖維；九十七倍的維生素B_{12}」。（歐森表示他還未看過佐證辣木營養含量說法的相關數據，但是印度傳統辣木的營養成分「每一份的含量確實媲美或勝過一份牛奶、優格或雞蛋。」）全食超市在全美門市如今皆販售辣木成分產品，並在二〇一七年表彰庫粒庫粒公司為「年度最佳供應商」。柯堤斯於二〇一八年上半年售出的辣木產品，總計市值超過三百萬美元。

歐森起初對於這股有錢人圈的辣木風潮有些半信半疑。「大力吹捧辣木，把曬乾辣木葉當成仙丹妙藥賣給歐美的有錢人，反而會讓人忽視這種植物真正的潛力。」他說。他認知中的辣木與超級食物的概念完全相反，並非像撒在燕麥片裡的巴西莓（açaí berry）那樣要人浪擲千金的奢侈保健食品，而應該要被當成一種提供必需營養的主食才對。不過目前在全球很多地方，要推廣吃辣木葉都得強迫推銷，甚至在歐森的國際辣木種原中心所在的城鎮也不例外。阿瓜卡連特城鎮周圍很多住家後院都有種辣木樹，我問當地一位農民他們家吃不吃辣木葉，他回答：「Es ayuda contra el hambre」——那是鬧饑荒別無選擇時充飢用的。

歐森在阿瓜卡連特招募廚師，一年會花上數個月時間研發辣木食譜，並向左鄰右舍宣導辣木的營養價值。而柯堤斯則認為辣木在美國的有錢人圈子流行起來之後，這股風潮也能帶動熱帶乾燥地區人民對於這種作物的需求。柯堤斯公司產品的原料購自遍布印度、非洲東部和中美洲的數十個農民合作社。「農民了解情況，」她告訴我，「他們知道美國人想要辣木，而辣木的價值會因此變高，他們也明白了辣木不是饑荒時的救急食物，而是富含營養的寶貝。」

有數種古老植物皆兼具適應嚴苛氣候的韌性和豐富的營養價值，辣木只是其中一種。英國諾丁漢大學（University of Nottingham）未來作物研究中心（Crops for the Future Research Centre）主任薩耶·亞札─阿里（Sayed Azam-Ali）指出：「將來要能以可永續發展且營養充足的方式餵飽全世界，可能需要找回數十種大家從來沒聽過的古老作物才行。」亞札─阿里舉出了數種古老植物，它們各自具備一些特別適合用於解決現代問題的性質。其中他和同事致力研究的對象包括：蠶豆的祖先之一，富含蛋白質和鉀之外也有助於固氮作用；斑巴拉豆（Bambara groundnut），是花生的親戚，非常耐旱；以及令人很難想像可當成食物的無根萍（*Wolffia globosa*），這種可食浮萍的蛋白質含量接近大豆和豌豆。

另一種在現代重新展現重要性的古老植物是綠豆。這種豆類植物在亞洲已有四千三百年的悠久歷史，其具備的蛋白質與雞蛋的動物性蛋白質出人意料地高度相似，舊金山的「佳食」（JUST）食品公司於是以綠豆為材料，研發出不含動物成分、零膽固醇的炒蛋替代品，贏得多位主廚和高層主管一致讚譽，名廚荷西·安德烈斯（José Andrés）更表示：「難得現在還有東西能讓人大為驚豔。」

原生於南美洲的藜麥由於富含蛋白質，也在現代歷經再次復興，成為超級食物。藜麥最早是大約七千年前於安地斯山脈（the Andes）的的喀喀湖（Lake Titicaca）湖畔由人類馴化，在印加帝國也稱為「穀糧母親」（mother grain）。現今藜麥的產地仍以安地斯山脈地區為主，全球超過九成的藜麥皆產自玻利維亞和秘魯，兩國也透過限制向國外生產者出口祖傳種子，來保護這種堪稱祖產的作物。然而需求飆升再加上供給有限，藜麥的價格在過去十年已經翻漲三倍，吸引美國和加拿大的科學家和企業家投入藜麥育種和栽培。

其中一位企業家是大衛．弗里伯格（David Friedberg），他曾在谷歌公司擔任程式設計師，後來成為食品和農業科技投資人。弗里伯格與合夥人在舊金山創立只供應碗裝藜麥搭配不同配菜的連鎖速食店「Eatsa」，另外持有的諾藜公司目前由前睿智公司執行長艾朗．傑克森負責經營，該公司在加拿大薩克其萬省（Saskatchewan）擁有一座占地數萬英畝的藜麥農場。「藜麥是有點難伺候的作物，喜歡有點寒冷的氣候，和某種水分較少的鹽土，」弗里伯格告訴我，「但它極具潛力，很有希望演變成能適應較溫暖、土壤也較肥沃的生長環境的作物。」弗里伯格與傑克森已經在美加兩國找好總面積超過四千五百萬英畝的農地，他們認為藜麥育種若有進展，就很適合在這些地點栽種。他們看好藜麥最終將能與稻米、小麥和大豆匹敵，成為氣候變遷時代的主要糧食。「假如人類文明是從今天才開始發展，你不會說：『我們來種稻米跟小麥當主食』，」弗里伯格說，「種植這兩種作物所需的水量大到不可思議，營養價值卻低於一般標準。」

另一位致力於將古老植物帶回給現代消費者的關鍵人物，是農藝學家魏斯．傑克森（Wes Jackson），他在堪薩斯州成立土地學會（Land Institute）進行永續農業相關研究，他的團隊過去十年全心培育新品種「科薩小麥」（Kernza）。這個小麥品種既古老又新穎，是從數千年來生長在堪薩斯州草原上的野生多年生小麥草育種而得，可生長長達五年並多次結出穀粒，更能長出長達十英尺的根部，伸入很深的地下水層。傳統小麥則是一年僅結出一次穀粒，收穫後需重新播種，根部長度不到「科薩小麥」的一半。「科薩小麥」也具有將二氧化碳引入固存於土壤，同時增進地力的功效，種植面積如能達到數千英畝，就能固存大量的溫室氣體。相較於傳統小麥，新品種多年生小麥所需的翻土整地次數、肥料用量和灌溉水量都較少，也有助於減緩土壤侵蝕。「科薩小麥」先是獲得美國西岸的小批精釀啤酒廠和精品麵包烘焙坊青睞，繼而吸引到通用磨坊食品公司（General

農藝學家傑瑞．葛拉佛（Jerry Glover）展示面對氣候變遷環境具備韌性的「科薩小麥」根部。

Mills）旗下品牌「喀斯開山農莊」（Cascadian Farms）的注意，獲採用為早餐穀片、穀物棒和脆餅乾等產品中的原料。

另一個方興未艾的研究領域是食用藻類。有一種螺旋藻（spirulina）在某些地方長久以來即被當成蛋白質補充品來食用，但它像辣木葉一樣味道強烈，吸引力很有限。現今科學家利用先進的育種技術研發出無臭無味的食用藻類品系，可以取代數十年當成食品添加物的大豆粉，作為動物性蛋白質替代品，或是當成肉類製品、穀物和麵包裡的填料。藻類也可以像辣木一樣，為新興的合成植物肉企業如超越肉品公司、不可能食品等公司，提供植物性蛋白原料。

由王蘿希（Rose Wang，音譯）創辦的「唧喳脆片」（Chirps Chips）公司推廣的則是另一種由來已久的營養來源：食用昆蟲。昆蟲養殖業近年來已逐漸站穩腳跟，通常是作為飼料中大豆成分的替代品，但王蘿希相信昆蟲將成為人類的主食之一。「唧喳脆片」的產品包括一系列以蟋蟀粉末製成的零食，在王蘿希努力下已在一千五百家零售店鋪上架，包括克羅格超市、維他命小鋪（Vitamin Shoppe）以及迪士尼樂園的快餐店。「我在中國第一次鼓起勇氣吃蠍子的時候，真的是嚇得要死。咬下去那一刻，我心裡只想著：**哇！吃起來像蝦子**，」她告訴我，「大好未來就在這時候展開。」

王蘿希和她的合作夥伴在產品線中加入其他以蟋蟀粉末製成的零食，例如唧喳餅乾預拌粉，但她們認為昆蟲蛋白質最具發展潛力的一面與食用藻類類似，有望取代大豆粉作為加工食品的填料。「我相信昆蟲粉末即將成為主流的蛋白質替代品，」王蘿希說，「千禧世代有一半的人想要少吃點肉，也正在尋求動物性蛋白質的替代來源。比起畜養牛隻，養殖昆蟲消耗的水量只有千分之一；排碳量只有百分之一；蛋白質含量比牛肉高；脂肪含量是牛肉的三分之一。最大的障礙是怎麼讓大家克服吃蟲『好噁』那種心裡的疙瘩，而這就是我們大顯身手的機會。」

＊＊＊

美國的富裕消費者對於富含營養的超級食物變得如此執迷，部分原因出在一股矛盾的趨勢：主流飲食的營養成分含量普遍下降。「有很多種最重要的食物，已經變得愈來愈不營養。」研究植物歷史、著有《原生野食》（*Eating on the Wild Side*）的喬．羅賓森（Jo Robinson）說。

羅賓森解釋說人類經過數千年演化後，卻瘋狂渴求對健康有害無益的食物；事實上，自從發展農業以來，我們就傾向養成「壞的」飲食習慣，追求歡快享受和便利快速。別忘了農業本身對於古代人類的營養攝取就是一大打擊：最早定居下來的人類換得了在定點生產糧食的便利，卻因為營養不足，普遍飽受發育不良和疾病纏身之苦。自此之後，農人就一直選擇栽種糖分、澱粉和油脂含量相對較高，但纖維質和抗氧化物質等有益成分含量相對較低的植物。

於是發展出了「蔬果愈是甜美可口，對我們的健康就愈是有害無益」的趨勢，羅賓森指出，「食物中有許多種最有益健康的礦物質和植物營養素（phytonutrient）都帶有酸味、辛辣味或澀味，人類在挑選時就會予以淘汰。」這解釋了為什麼印度傳統辣木具有苦味，它和辣木屬植物的古代祖先在親緣關係上仍然相當接近。時至今日，和古代祖先最相近的幾種食用植物，例如芝麻菜、球芽甘藍和大多數香草植物，通常營養價值高但味道也很強烈，我們也僅攝食相對少量。

農人和農藝學家並非刻意讓作物營養降級，事實上就如喬．羅賓森所觀察：「我們是直到最近才有工具可以詳盡分析植物的營養成分。」她舉了幾個例子說明：古代大豆的omega-3脂肪酸含量是現代大豆的五倍左右[6]；野生蒲公英是許多美洲原住民部族最愛的野菜，植物營養素含量是菠菜的七倍[7]；秘魯原生的一種紫色馬鈴薯的類黃酮含量是褐皮馬鈴薯的近三十倍；還有一種蘋果內含的植物營養素是金冠蘋果的一百倍。我們之中很多人都已經能夠接受，大規模量產作物的風味和養分基於土壤品質、長途運送和其他因素會隨著時間逐漸流失，而更令人擔憂的現實則是，氣候變遷可能加劇這樣的趨勢。

亞利桑納州立大學研究生伊拉克里．羅拉茲（Irakli Loladze）於二〇〇二年開始研究一種後來稱為「垃圾食物效應」（junk food effect）的現象[8]。他發現若提高大氣裡二氧化碳的含量，可食植物進行光合作用將陽光轉化為食物的速度就會加快，情況看似有利：作為實驗對象的植物成長速度確實是變快了，但是也因此累積了更多碳水化合物如葡萄糖，反而壓縮了蛋白質等其他重要養分和礦物質的生成。羅拉茲之後又在野外觀察到類似現象，同樣情況甚至也發生在野生植物和雜草上：「隨著大氣中的二氧化碳濃度持續增加，地球上的每片樹葉、每片草葉生成的糖分也愈來愈多。」他接受《政治人》（*Politico*）雜誌訪問時表示，「我們正在見證碳水化合物以人類歷史上前所未有的規模注入生物圈。」

哈佛大學公共衛生學院於二〇一七到二〇一八年發表研究結果，證明確有這股趨勢，並提出了更多細節。結論：由於二氧化碳含量持續增加，主要糧食作物以後的蛋白質和礦物質含量將會減少。山姆・麥爾斯教授（Sam Myers）帶領的研究團隊在美國、澳洲和日本的實驗場址進行田野研究，探究數十種糧食作物在二氧化碳於今後四十年內可能達到的濃度下，生長情況會是如何。團隊分析實驗數據後發現，廣大人口賴以維生的小麥、稻米等穀物的鋅、鐵和蛋白質含量將會下降百分之三到十七[9]。

「垃圾食物效應」讓氣耕系統農場公司採用的農法顯得更有吸引力：室內垂直農場裡的二氧化碳濃度可以控制，藉此也就能精密校準蔬果的養分含量。但是以氣耕法生產新鮮蔬果的成本較高（至少短期內如此），反而讓最需要營養食物的族群更難以負擔。麥爾斯認為還有另外三種可能的變通方法。「第一，我們可以利用基因工程技術，改造出對於大氣裡二氧化碳濃度較不敏感的新品系作物；」他說，「第二，我們可以利用育種選育出本身就營養豐富的品種；第三，我們可以增加飲食中的蔬果攝取量來彌補流失的養分。」

第三個選項可能是最難達成的。對於人民收入較低、可耕地稀少但人口劇增的國家，增加蔬果攝取量顯得不切實際。不過若要說不切實際，在美國也同樣如此。美國疾病管制與預防中心（Centers for Disease Control and Prevention）最近的研究顯示，只有一成的美國人每天攝食的新鮮蔬果達到建議量[10]，約有百分之六十五的美國人每天攝食不到兩份新鮮蔬果[11]。攝食蔬果量最少的國民，則是住家附近沒有市場在販售生鮮蔬果的居民。將近兩千五百萬美國人住在所謂的「食物沙漠」（food desert），即難以就近購得價格實惠又有益健康的食品，而且有超過一半居民處於生活水準在貧窮線以下的社區[12]。「我們打造了一個窮人更有可能吃不健康食物的糧食體系。」研究營養學和食品政策的加州大學舊金山分校教授希拉莉．塞利曼（Hilary Seligman）指出。換言之，所得差距帶來攝取營養的差距，而要彌補這段差距，就需要讓所有人不分貧富，都能有很高的意願以實惠的價格、便利的方式購得新鮮又有營養的食物。

但這些目標感覺遙不可及，特別是考量到近幾十年來荼毒我們糧食體系的另一種（名副其實的）「垃圾食物」效應。在高油、高鹽、高糖加工食品的大量行銷之下，一般人飲食中有愈來愈多高熱量、低營養的食物。美國國民的人均糖分攝取量在過去三十年間增加超過百分之三十[13]，美國成人的平均體重在同一時期則增加了約百分之二十[14]；糖尿病盛行率增加了百分之七百[15]。

「我們太天真了，以為營養不良只會發生在貧困國家或開發中國家。」塞利曼說。或許可以說，世界上發生了兩種不同型態的營養不良及饑荒問題：一種發生在受到氣候變遷衝擊、食物匱乏的地區，一種發生在食物過剩的工業化社會。這種矛盾情況也突顯了馬克．歐森認為糧食生產者應擺脫重量不重質思維的這種看法，自有其道理：「未來數十年，要養活全人類的困難之處，可能不在於如何生產量更大的糧食，而在於如何生產**品質**更佳的糧食。」

* * *

放眼未來二十或三十年，心中想像全世界數百萬英畝的田地遍植藜麥和科薩小麥，取代目前的稻米和小麥的烏托邦情景；永續經營的藻類農場取代破壞環境的大豆農場；而熱帶乾燥地區林立的辣木農場提供穩定無虞的營養糧食來源，這樣的想像非常誘人。這些古老的超級食物確實極具潛力，有助於確保未來的糧食具備健全充足的營養，但可能還無法順利進入大規模種植的階段。

「科薩小麥」的育種仍處於非常初期的階段，結出的穀粒大小不到一般小麥粒的四分之一，採收上相對辛苦費工且成本高昂。科學家要利用傳統育種方法選育出適合大規模栽植的作物品種，可能需要二十年甚至更長的時間。另外，藜麥在北美洲的市場規模與稻米市場相比是小巫見大巫，而藜麥的生產成本要再等至少十年，才有可能降至每磅三十美分（足以和稻米競爭），如要將品質和風味提升至能與玻利維亞和秘魯生產的藜麥匹敵，則可能需要更久。

辣木葉目前的市場比藜麥更小，馬克．歐森預言「至少要我下半輩子的時間」才有可能成功選育出夢想中「殺手級應用」的辣木品種——除非能夠利用類似CRISPR基因編輯工具的技術加速育種。歐森懷抱著這樣的理想，與印度一個研究團隊合作進行辣木的基因體定序。完成基因體定序之後，他們就可以做到例如找出讓辣木能夠生成大量蛋白質、鐵、鈣和維生素B_{12}的特定基因序列。「古老植物加上現代育種工具，可以更快拉近不同族群營養攝取上的懸殊差距，這一點幾乎毫無疑問。」歐森說。

長遠來看，無論是歐森或創辦「庫粒庫粒」的麗莎・柯堤斯，都不認為辣木會和玉米或大豆一樣成為主要的工業化行栽作物，他們反而相信辣木未來會成為小農自家或社區小規模廣為栽種的作物。但是若能透過基因改造工程研發最佳化的辣木品種，小農就能夠生產質與量都更佳、味道更溫和且遺傳變異性較低的作物。柯堤斯相信辣木的風味如果能夠調整得更溫和，產量也得以大幅提升，不只可作為穀物棒和果昔飲品粉的原料，還可以當成加在漢堡和薯條等加工食品中的健康營養添加物。

歐森將研究重點完全放在如何讓辣木成為自給自足農民的主食。他計畫在完成辣木育種之後，就要展開到各社區廣發辣木種子的推廣計畫，希望協助熱帶乾旱地區的每個家庭都種下約二十棵辣木樹當成各家的「蛋白質田園」(protein plot)。假以時日，家家

歐森採收辣木葉

戶戶的辣木樹林就能在乾旱時期為最需要食物的居民供應糧食。「看看世界地圖上辣木生長的各個區，再看看地圖上營養不良人口的分布區域，你會發現非常驚人，幾乎完全重疊，」彭博公共衛生學院的專家傑德・費伊告訴我，「兩者的相關程度在未來數十年可能愈來愈高：這些地區的氣候變得更熱更乾，而育種出的辣木也變得更能耐受愈漸嚴苛的生長環境。」

至於藜麥，沙烏地阿拉伯阿布杜拉國王科技大學（King Abdullah University of Science and Technology）植物學家馬克・泰斯特（Mark Tester）已於二〇一七年完成基因體定序[16]。「藜麥堪稱營養學和生態學上的奇蹟，」泰斯特表示，「我們的目標是讓藜麥不再只是保健食品，而要成為行銷全球的商品。」完成基因體定序「為育種過程打了一劑強心針」，如此一來科學家就有機會快速選育可適應不同產區且產量較高的品種。

泰斯特的團隊找出是哪些基因讓藜麥目前的品質和產量受限。例如其中一個基因負責生成皂素（saponin），藜麥的種皮和花朵會分泌這種味苦的毒素以驅走昆蟲和鳥類。如能生產皂素含量低的藜麥，就能有效降低生產成本。泰斯特也希望能育種出莖梗較短、產量較高，且能適應不同生長區域的藜麥。

藜麥的特殊之處在於能耐受缺水環境和含鹽土壤，又能結出富含蛋白質的穀粒，是稻米和大麥等作物或許可借用的有利特徵。理論上，科學家目前不僅有機會育種得到營養價值高且可供應大眾市場的超級食物，也有機會育種得到養分含量接近超級食物的主流作物。

黃金米就是一個立意良好的例子，雖然後續衍生諸多問題。其他旨在解決特定地區營養不良問題的例子較少為人知，但前景可能比較樂觀。奈及利亞科學家已研發出富含維生素A的基改木薯[17]；印度科學家則成功研發含有豐富鐵質和鋅的基改珍珠粟（pearl millet）[18]。蓋茲基金會贊助的非政府組織「農穫加值」（HarvestPlus）除致力於研發含鋅量豐富可供應全球人口的稻米[19]、小扁豆和小麥，也在盧安達實驗種植富含鐵質的豆類。澳洲昆士蘭科技大學（Queensland University of Technology）熱帶作物暨生物大宗物資中心（Centre for Tropical Crops and Biocommodities）主任詹姆斯．戴爾（James Dale）致力於將巴布亞紐幾內亞一種罕見植物的基因轉殖到傳統香蕉上，希望研發出β-胡蘿蔔素含量是一般香蕉數倍的「超級香蕉」[20]。

基改作物和基因編輯相關研究遭到反對者的嚴詞批評，但相關研究其實是所謂「生物營養強化技術」（biofortification）的延伸，而這類技術已施行將近百年之久。早在一九二四年，美國就已開始使用添加碘的食鹽，「加碘鹽」（iodized salt）即為全世界第一項營養強化產品。在食鹽中添加碘的目的是避免國民普遍因碘攝取不足而罹患甲狀腺腫大，這種辦法奏效了。一九三〇年代則出現添加維生素D的牛奶以預防軟骨症（佝僂病），同樣頗有成效。接下來十年出現了添加鐵質、硫胺素（維生素B_1）和葉酸的麵粉，是為了預防在全球造成每五名產婦就有一名死亡的貧血症。一九八〇年代時為了預防兒童發育遲緩和骨質疏鬆症，飲料廠商開始在瓶裝水、果汁和無酒精飲料中添加鈣質。

基改作物的批評者主張基改技術強化作物的趨勢是誤入歧途，是用科技倉促蠻幹去解決科技造成的問題。科學家未來能做到的，或許不只是提高主食作物的營養價值，還有可能恢復作物面臨嚴苛氣候時，有足夠韌性應對逆境的古老特質。泰斯特正在辨認讓藜麥能在含鹽土壤中生長的基因，這種寶貴特質或許可以轉移到印度和孟加拉沿海地區種植的主食作物上，這些地區皆面臨海水倒灌和海平面上升的問題。而歐森則熱切希望能找出辣木控制他所謂「巧妙輸水管線」（ingenious plumbing）的基因：辣木具有獨特的輸水機制，利用根部從土壤吸收水分後，會再透過特殊的漸細管道有效率地將水分經由樹幹輸送到葉片。辣木引導和儲存水分的特殊能力，可能是它最有價值也最為奇幻之處，像蘇斯博士故事裡的毛樹一樣堪稱自然生態中的關鍵。即使辣木並未成為廣為大眾所接受的糧食來源，農藝學家也可能藉由辣木相關的研究成果，了解其他作為糧食來源的樹木在未來水資源日漸稀缺的環境中，可能有哪些行為表現。

最終，歐森的辣木研究就和泰斯特的藜麥研究，都和魏斯．傑克森的「科薩小麥」研究一樣，前景樂觀可期。古老作物的相關研究提醒著我們：昔日的智慧和今日的巧智，皆有助我們在來日存活下去。

譯註：

* 譯註：「Agua Caliente」為西班牙文，意為「熱水」。

1. "Measuring the Earth's Dry Forests," NASA Earth Observatory, 2015, https://tinyurl.com/y7g7owto.

* 譯註：「毛樹」（truffula tree）是蘇斯博士創作的故事《羅雷司》（*The Lorax*）裡的一種樹，樹皮有黑黃或黑白橫紋，樹頂長著一大簇紅、橙、黃或其他暖色的毛絨叢。

2. Maanvi Singh, "My Mom Cooked Moringa Before It Was a Superfood," NPR, Sept. 21, 2015.
3. Ramesh Kumar Saini, Iyyakkannu Sivanesan, and Young-Soo Keum, "Phytochemicals of *Moringa oleifera*: A Review of Their Nutritional, Therapeutic and Industrial Significance," *3 Biotech* 6 (2016): 203.
4. Jeff Fahey, "*Moringa oleifera:* A Review of the Medical Evidence for Its Nutritional, Therapeutic, and Prophylactic Properties. Part 1," *Trees for Life Journal,* Dec. 1, 2005, https://tinyurl.com/ya8jersd.
5. R. Gupta, M. Mathur, V. K. Bajaj, P. Katariya, S. Yadav, R. Kamal, and R. S. Gupta, "Evaluation of Antidiabetic and Antioxidant Activity of *Moringa oleifera* in Experimental Diabetes," *Journal of Diabetes* 4 (2012): 164.

* 譯註：「Kernza」是位於堪薩斯州的土地學會（Land Institute）科學家團隊育種而得的新品種多年生小麥（學名：*Thinopyrum intermedium*），「Kernza」則是於二〇一一年申請核准的商標名稱，命名由來是結合「kernel」和「Kansas」兩字，有「來自堪薩斯州的穀物」之意。

6. Robinson, *Eating on the Wild Side,* 190.
7. Jo Robinson, "Breeding the Nutrition Out of Our Food," *New York Times,* May 25, 2013.
8. Helena Bottemiller Evich, "The Great Nutrient Collapse," The Agenda, *Politico,* Sept. 13, 2017, https://tinyurl.com/yadrz3n9.
9. 引自二〇一八年十月與山姆．麥爾斯的私人通訊。另見 Danielle E. Medek, Joel Schwartz, and Samuel S. Myers, "Estimated Effects of Future Atmospheric CO2 Concentrations on Protein Intake and the Risk of Protein Deficiency by

Country and Region," *Environmental Health Perspectives* 125 (2017).

10. "State Indicator Report on Fruits and Vegetables," Centers for Disease Control and Prevention (CDC), 2018, https://tinyurl.com/ybpc6n42.
11. "Fruit and Vegetable Consumption Among Adults—United States, 2005," CDC, 2007, https://tinyurl.com/y92txlwu.
12. Angela Hilmers, David C. Hilmers, and Jayna Dave, "Neighborhood Disparities in Access to Healthy Foods and Their Effects on Environmental Justice," *American Journal of Public Health* 102 (2012): 1644–1654.
13. "U.S. Adult Consumption of Added Sugars Increased by More than 30% over Three Decades," *ScienceDaily,* Nov. 4, 2014, https://tinyurl.com/yc86sko9.
14. C. D. Fryar, Q. Gu, C. L. Ogden, and K. M. Flegal, "Anthropometric Reference Data for Children and Adults: United States, 2011–2014," National Center for Health Statistics, *Vital and Health Statistics* 3, no. 39 (2016), https://tinyurl.com/yaupjqo5.
15. "Long-Term Trends in Diabetes," CDC, Apr. 2017, https://tinyurl.com/yartp2oq.
16. David E. Jarvis et al., "The Genome of *Chenopodium quinoa*," *Nature* 542 (2017): 307–312.
17. Adewale Oparinde, Tahirou Abdoulaye, Djana Babatima Mignouna, and Adebayo Simeon Bamire, "Will Farmers Intend to Cultivate Provitamin A Genetically Modified (GM) Cassava in Nigeria? Evidence from a *k*-Means Segmentation Analysis of Beliefs and Attitudes," *PLOS ONE* 12, no. 7 (2017).
18. Pallava Bagla, " 'Magic Millet' Gets an Enrichment Boost to Cure Anaemia," *Economic Times,* June 14, 2015, https://tinyurl.com/y7fpc3pk.
19. Elemarie Lamigo-Rosellon, "Improving Health and Nutrition Through Rice Science," July 31, 2017, posted on HarvestPlus.org, https://tinyurl.com/y9xewwfl.
20. Melissa Hellmann, "Researchers Hope 'Super Bananas' Will Combat Vitamin A Deficiency," *Time,* June 16, 2014. 另見 Alon Mwesigwa, "Can a GM Banana Solve Uganda's Hunger Crisis?" *Guardian,* Dec. 12, 2017.

第十三章　雖豐亦儉

人基本上是個裝食物的皮囊；其他功能和官能也許更像神，但在時間先後上是比較晚的。一個人死了，下葬了，所有言行也就遭人遺忘，但是他吃過的食物卻會在子女的嗓音或枯骨裡長存。我想飲食習慣的改變，或許可說比改朝換代甚至改信、改宗更加重大……奇怪的是，鮮少有人認知食物無與倫比的重要性。

——喬治．歐威爾，《通往威根碼頭之路》（*The Road to Wigan Pier*）

拜訪位於麻薩諸塞州內蒂克（Natick）的美國陸軍工程研究與發展中心（U.S. Army Research Development and Engineering Center）創新食品實驗室（Food Innovation Laboratory）時，我人剛到十分鐘，就看到名為「福迪尼」（Foodini）的機器人開始違抗軍令。機械工程師岡本邁可（Michael Okamoto）和食品化學家瑪麗．薛拉（Mary Scerra）正在頂頭上司實驗室主任蘿倫．歐雷斯克（Lauren Oleksyk）面前，進行福迪尼機器人試運轉。我們四個人圍著機器人，它的形狀和尺寸跟大型微波爐差不多，設定成會利用3D列印技術印製可食用的物品。

我們朝福迪尼的玻璃窗口內側窺看，目不轉睛盯著即將進行的這項看似簡單的任務：製造出分成上下兩層的點心，如果一切順利，成品會是一份上面放了一枚酪梨印製陸軍星星的單面三明治。

大多數3D印表機（在創客／自造者圈內也稱為「創客機器人」〔maker bot〕）印製的都是塑膠材質物品。3D印表機噴出凝固速度很快的液態聚合物，以點狀或線狀層層噴塗，並疊加構成任何想像得到的形狀，可能是橡膠小鴨、精密機器零件，甚至自製槍枝[1]。歐雷斯克於二〇一六時向岡本提議，將一台商用3D印表機改造成可列印食物糊泥材質的機型。岡本照做了，接著和薛拉合作列印出各式各樣的幾何甜點：蜂巢形和六邊形的巧克力、螺旋狀的杏仁膏塊，還有解構版瑞氏花生醬巧克力（Reese's Peanut Butter Cup）——在好幾層巧克力上面放上特別營養的花生醬立方體所製成。他們的實驗成果美妙奪目，讓人忍不住揣想，這種走高級美食路線的實驗為何會出現在美國軍方實驗室。

「未來的士兵在戰場上吃的不會是米其林三星級甜點，」歐雷斯克說，「但也不會是吃塑膠，以上回答大家通常會問我的第一題。」她的團隊嘗試列印一些時髦花俏的甜點，「單純是因為高糖

3D列印製成的食物塊粒

分的材料容易塑形」。它們似乎具備最佳的流變學（rheology）特性，流變學研究的是液體流動和可能定形或凝固的方式。歐雷斯克的團隊只是將印製甜食當成初步的研究探索，真正的目標更加宏大而複雜，據她形容是「隨選印製可快速滿足一名戰士所有營養需求的整份正餐。」

歐雷斯克看待3D列印餐食，與創業家羅伯．萊恩哈特（Rob Rhinehart）看待他發明的舒益能代餐飲料頗有異曲同工之妙，在本書稍早篇幅中我曾將舒益能代餐這種產品形容為「大人版配方奶粉」。萊恩哈特將舒益能代餐飲料描述成一種「全能食物」（omnifood），相信人每天只要攝取幾次這種大補帖式濃縮營養品，就能滿足生存所需，比攝取食物本身的效果更好。

歐雷斯克很清楚，她的團隊如果想要成功達成任務，必須列印出比巧克力和杏仁膏更多樣化，且充實有飽足感的食物。岡本和薛拉選取許多不同食材進行實驗，試過堅果醬、麵團、乳酪抹醬和蔬菜泥——「都是有益健康、能夠帶來滿足感、可在列印艙中快速烹煮或降溫冷卻，並且額外增添養分的材料。」薛拉說。

福迪尼是歐雷斯克的實驗室新進貨的3D印表機，西班牙製，為全世界最早的幾款商業化3D食物印表機其中一款。不過它仍是初期產品，因此不時會故障或發生難以預料的狀況。福迪尼的列印艙非常寬敞，除了一隻機械手臂之外幾乎是全空的，機械手臂會從裝設於頂板的桿子上向下降，其中一面側壁上的掛架裝設了若干數英寸厚的噴料頭（或稱為注射器），其中裝盛了軟質或液態食物材料。薛拉在這次試運轉中只用了兩個噴料頭：一個裝了豌豆蛋白粉製成的麵團，另一個裝了酪梨泥。列印艙底部有一個玻璃盤，噴料頭會在盤子上印製出食物。盤子可以快速加熱或冷卻，這是其中一種福迪尼用來將噴印出的食物材料煮熟、降溫、乾燥或固化的機制。

機械手臂選取裝了豌豆蛋白麵團的噴料頭，噴出的材料將成為偽三明治的基底，我們看得著迷不已。機器人的一個窄小噴嘴開始穩定地噴印出麵團，首先循著與吐司片大小相若的正方形外緣移動，接著開始以一道又一道相連的麵團糊填滿正方形內部——突然之間，噴嘴不再有麵團流出，但是機械手臂仍在持續移動。

「看來是塞住了。」薛拉說。

「可能是裡面有洞，有氣穴。」岡本說。注射器一陣劈啪噴濺，機械手臂忽然縮到列印艙內的角落。

接著看起來就像機器人在鬧小脾氣，福迪尼在玻璃盤邊緣噴出一灘亂七八糟的麵團糊。

「它在清洗堵塞住的噴嘴！」岡本說。然後福迪尼並未依照程式設定回去修補和填滿麵團層，而是拋下了噴料頭。

「它抗命！」薛拉大喊，「它去拿酪梨了！」

福迪尼的機械手臂這下子把弄著酪梨泥噴料頭，還一面朝列印艙中央移動，接著它開始在畸形麵餅上噴印出形似陸軍星星的一坨綠色東西。

五十五歲的歐雷斯克有一頭柔細灰褐髮絲和一雙明亮的藍眼，她態度溫和，看到眼前的試驗結果仍從容不迫，就像霍爾赫・艾勞德看到「停看噴」機器人在阿肯色州棉花田最初幾次試運行時犯錯，依然保持樂觀開朗那樣。福迪尼就和「停看噴」機器人一樣，等於是剛學走路的機器幼兒。「這些3D列印工具演進的速度很快。」歐雷斯克向我保證。她對自己的遠大計畫很有信心，相信幫士兵列印出具有完整營養的餐食並非遙不可及。「十年內我們就能達成，速求還有可能更快。」

歐雷斯克追求的理想糧食安全性，似乎與例如魏斯．傑克森或馬克．歐森推廣古老植物的做法截然不同，但有一點他們有志一同：追求品質更好、更營養的食物。「我覺得3D列印最棒的是潛力無窮，可以提供新鮮且養分齊全的軍用口糧，」歐雷斯克說，「我們可以生產更純淨美味的客製化食物，比起軍人現在吃的更健康十倍、百倍，甚至千倍，產生的剩食也更少。」

＊＊＊

蘿倫．歐雷斯克來自麻薩諸塞州的小鎮阿克斯橋（Uxbridge），她是全家六個小孩中的老五，父親在當地電力公司擔任工頭，母親是家庭主婦。聖誕節時家裡每個小孩都會獲得一份禮物，歐雷斯克於一九七〇年十二月時撕開紙盒，發現裡頭裝著自製巧克力牛奶糖玩具材料包，那年她七歲。「巧克力口哨糖」（Toot Sweet）材料包裡有用來拌勻巧克力糖膏的攪拌器，壓製出巧克力糖的造型擠壓器，另外也有包裝用的糖果紙。「我整個人都著迷了，」她回憶道，「我就這樣走上這條路。」她之後每一年的聖誕禮物都是一種加工處理食物的玩具：有一年是用燈泡加熱玉米粒和融化奶油的爆米花機，還有一年是用特殊模具幫軟糖娃娃製作軟糖衣服的材料包。「我不會拿來吃，」歐雷斯克說，「我熱愛的不是糖果，而是製作的過程。」她當然讀了羅德·達爾的《巧克力冒險工廠》：「我看了大概一百次吧——威利旺卡在我心目中就像愛迪生。」直到今，歐雷斯克稱她的實驗室為「充滿旺卡式神奇祕密的工廠」。

歐雷斯克家也以很務實的方式自行產製食物：他們的食材主要來自後院占地兩英畝的偌大菜園，裡頭種滿了甜玉米、四季豆、荷蘭豆、馬鈴薯、洋蔥、番茄、甜椒、蘋果、大黃、莓果和香草植物。她們家會將足夠的蔬果冷凍或製成罐頭，當成全家過冬的存糧。夏季時，蘿倫的母親會在開始烹煮的幾秒鐘前，要她跑出去摘晚餐要吃的玉米——真的是幾秒鐘前，鍋裡的水在她摘玉米時都已開始滾沸。「成熟的玉米從摘下的那一刻起，玉米粒中就開始生成澱粉，吃起來就不甜了。」她學會評估家中菜園種植的所有蔬果的熟度和風味品質，也從歷年聖誕禮物和菜園採收經驗中學到，無論新鮮或加工，「食物即是化學」。

高中畢業之後，歐雷斯克在她家附近的佛萊明罕州立學院註冊，該校在食品科學領域表現傑出。大學期間她都在化學系打工，十九歲時就在鄰近的內蒂克陸軍研發中心找到暑期打工的機會。「我很幸運，那時候是八〇年代初期——食品科學蓬勃發展的年代。」內蒂克的研發中心約有一千六百名員工，除了軍用口糧之外，也負責生產士兵在戰場上穿戴、使用的所有服裝、裝備和掩蔽物。歐雷斯克開始在中心工作時，作戰軍糧指揮部（Combat Feeding Directorate）的科學家剛好接獲為所有軍種提供口糧的任務，他們埋頭研發類似「附肉汁的烘肉餅」或「焗烤火雞義大利麵」等吃了很有飽足感，且不冷藏可保存三年的主菜。研發的成果即為「單兵即食口糧」（MRE，Meals, Ready to Eat）。單兵即食口糧是預煮並經過超高溫殺菌的厚塑膠袋包裝餐食，內容物是浸泡在糖蜜般黏稠的醬汁裡、摻了一堆化學防腐劑的不明肉塊，很難讓人提起胃口。但是相比之前數十年的口糧，諸如裝在笨重罐頭裡的類午餐肉，和稍微粗手粗腳碰到就會壓得粉碎的冷凍乾燥食品包，已經有所進步。歐雷斯克很快就找到很好的導師：化學家丹．伯寇威茨（Dan Berkowitz），他發明了一種搭配單兵即食口糧、可長保「新鮮」（不會乾硬或發黴）的麵包。她在數個月內協助伯寇威茨破解「三年不壞麵包」的配方[2]，之後不僅以此取得專利，也在研發中心得到正式工作。

三十二年後，蘿倫仍在同一間實驗室工作，帶領化學家、生物學家和工程師組成的團隊共同面對全新的挑戰。在這段期間，她幫忙創下作戰軍糧指揮部許多「第一」的紀錄：第一款可在戰地使用的單兵即食口糧無焰加熱袋（歐雷斯克的另一件專利）；第一款可吸走氧氣、延長食物保鮮時間的脫氧塑膠聚合物包材[3]；第一款專為高空任務飛行員設計的管狀食品；和第一款在炎熱環境中仍保持固態的高熔點巧克力。她的團隊最近研發出全世界第一個她所謂的「三年不壞披薩」[4]，該產品運用了她在一九八〇年代初期成功發想的麵包概念，再加上醬料、乳酪和義式辣味香腸。

能讓蔬菜、肉類和乳酪在非低溫環境下保存數年卻不溼軟發黴，是化學領域很不可思議的成就，歐雷斯克告訴我。「隨便問一位士兵希望我們如何改良口糧，他們會說：『我們在遠地最懷念的就是披薩』。」但是若論新穎性或將來的潛在效益，即使是披薩口糧也不值一提。「現在已經進入我入行三十年來最奇特非凡的創新發明時刻，尤其是最近這幾年，」她說，「機器人學、感測元件和大數據紛紛興起，簡直是科技大爆發。」

歐雷斯克最初會對3D列印感興趣，是在研究如何為有特殊營養需求的士兵客製口糧的時候。當時她在內蒂克的同事開始研究要怎麼將類似Fitbit智能健身手錶的感測裝置與製作軍服的纖維結合，以便即時產生士兵的健康狀況數據。空軍當時則在研發可貼附在飛行員皮膚上的感測裝置，以定時分析汗水的生化特性和偵測疲勞程度。「進入現今這個時代，每位士兵的生物特徵資料都愈來愈詳盡，」歐雷斯克說，「我們利用感測裝置和基因遺傳資訊，就能監測他們的體力耗盡程度和承受的壓力大小，也會更了解他們的體內微生物群落健康度和免疫力的強弱，凡此種種，都有助於我們了解、評估他們的營養需求。」她假定可將這些個人資訊傳送到3D印表機，而3D印表機就能扮演未來的藥師角色，為每位士兵量身打造補充營養的配方，添加在食物糊後，再印製出口糧。或許士兵某甲缺鉀，還需要補充熱量，3D印表機就會在他的麵團材料裡加入油脂類和番薯粉；士兵某乙缺鈣和維生素C，那麼她的口糧也會額外加入營養素。在歐雷斯克的願景中，個人化口糧會以無人機運送至距離部隊部署地點最近的基地營區，即使是最偏遠的作戰區也能送到。如此一來，雖然原料嚴格來說不是最新鮮的，但是食物本身至少是「新鮮列印製造」。

客製個人化營養品的概念並非源自歐雷斯克的實驗室。承蒙修習瑜伽的友人為我開示，阿育吠陀醫療體系的實踐者也會依照各自的「督夏」調整適合的飲食。雀巢和金寶湯公司（Campbell's Soup Company）等食品業龍頭皆在近年投資提供個人化飲食服務的新創公司，例如「鮮食」（Freshly）餐點外送公司，以及依據顧客基因檢測結果設計個人化飲食菜單的「好習慣」（Habit）營養諮詢服務[5]。「未來最重要的趨勢會是飲食個人化，」前金寶湯公司執行長丹妮絲．莫里森（Denise Morrison）告訴我，「監測個人營養需求和客製化飲食會更加便捷容易，價格也不再高不可攀。」

至於歐雷斯克也與其他非官方機構合作，以加快研發進程，合作夥伴包括以3D列印技術獨步全球的荷蘭國家應用科學研究院（TNO）。「我們進行每項研發，都有學術界或產業界的合作夥伴參與，」她表示，「目標是透過研究結果為士兵謀福利，但最終仍是要讓

3D列印試印失敗的鷹嘴豆泥麵餅加酪梨星星

美國家家戶戶都受惠。」

＊＊＊

推動歐雷斯克最新研發專案的不只是日新月異的科技，還有士兵群體人口結構上，以及士兵個人口味上的改變。每年食用歐雷斯克所研發口糧的軍方人員約有兩百一十萬人，入伍平均年齡不到二十一歲，最高年齡上限是三十九歲——這是一九九五年後出生的Z世代[6]。

「這一代士兵在飲食需求和偏好上，和過去三十年我碰過的任何一代士兵相比起來，已經有很大的不同。」歐雷斯克說。有人口結構和文化層面上的改變：現在應募兵員中有更多拉丁裔；更多吃清真食品的穆斯林；更多素食者；更多人關注剩食和包裝浪費問題（單兵即食口糧就很浪費食物和包裝）；也有更多人關注食品標誌、營養成分、營養含量高低，以及飲食是否有助提升體能表現[7]。

「我們現在要餵飽的士兵是戴Fitbit智能健身手錶的世代，他們很習慣監控自己的體溫、脈搏、血壓等徵象和健康狀況。他們也更熱衷有助提升體力表現的食物，他們會來跟我們說：『我們想吃能讓自己更有戰力的東西』，」歐雷斯克說，「他們不想吃有化學添加物的東西，不想吃進太多糖。我們接收到『想喝真正的果汁』、『不要來路不明的碎肉』之類的需求，五年前還沒有人這樣反應過。」

不過這也是滑智慧型手機和平板電腦長大的第一代，而他們生理上的韌性也受到3C產品的負面影響。「這種矛盾情況相當驚人，我們現在要餵飽的士兵一方面更關心自己吃什麼，但另一方面就基本的體適能水準來看，他們的表現遜於前人，」歐雷斯克說，「與前幾代相比，他們成長的過程比較靜態，不像你我會在社區裡跑來跑去或騎腳踏車，他們花很多時間坐在沙發上盯著手機和平板電腦。他們從小到大吃的乳酪通心麵也比我們多，還吃進了更多抗生素和加工食品。」生活方式的不同，造成不同世代士兵在體態與體質上也有所差異，有些變化是可量化的。歐雷斯克聽布拉格堡（Fort Bragg）研究人員說，現今入伍士兵的骨質密度明顯低於前幾代，原因出在缺少規律的身體活動，以及飲食較不營養。「我們確知的是，進行基礎訓練後受傷的人數變多；壓力性骨折的發生率比起過去幾代的士兵都高。而我們要做的，就是透過飲食幫忙他們補充營養，讓士兵的骨骼更健康。」她說。

另外也有許多事歐雷斯克還未得知。軍事科學家開始採集、檢測糞便樣本，希望了解士兵的腸道微生物群落活動情形，以及抗生素對腸道健康的影響。研究人員在測試進食有助提升體能表現的食物（添加營養成分的穀物棒），會如何影響士兵進行高強度體能活動時的認知能力，例如在靶場進行實彈射擊訓練時的射擊準確度。

歐雷斯克指出，入伍士兵的取樣可以代表他們所屬的整個世代，而Z世代如今約占全美人口的四分之一，是比還在世上的嬰兒潮世代和X世代更大的一群[8]。「不只是入伍士兵，在許多美國年輕人身上也可以看到這樣的文化和生物物理學演變趨勢。」「我想可以很有把握地說，未來無論是軍用口糧或民眾吃的食物，客製化程度都會愈來愈高。」

不過還有一個因素需要歐雷斯克費心處理：軍事戰略也有所變動。現今士兵的任務部署方式，與二戰、越戰甚至伊拉克戰爭時期截然不同。以前的士兵會在基地營區甚至距離前線不遠處一起用餐。南北戰爭期間，開往前線的軍隊中還真的有隨隊麵包師傅（歐雷斯克給我看一張老照片，是戴著面罩的年輕婦女在壕溝附近揉麵團。）二戰時的戰地口糧已經演變成罐頭肉，但軍營還是會設置流動快餐館，每次會為數百名士兵供應熱食。即使到了波斯灣戰爭和伊拉克戰爭期間，美軍仍會設置快閃式臨時廚房為士兵供應伙食。現今的軍事戰略則採取編制較小、更加機動且去中心化的分散部署。「士兵出任務時可能無法攜帶太重的補給，可能分成小批移動，因任務需要離開基地營區的時間也可能拉得更長。」歐雷斯克說。

如今軍事熱點所在區域的資源逐漸短缺，美軍士兵出任務時也更有可能置身環境嚴苛的地點。「我們不能期待他們可能在當地找到新鮮食物，或覓得可食植物，」她分析，「他們會處在所有維生所需物資，包括飲水都必須仰賴運輸的情況。」如果將上述因素全都列入考量，歐雷斯克試用福迪尼機器人的做法就顯得頗有道理。

＊＊＊

舒益能之類獲得球員和企業執行長讚譽有加的代餐產品，理論上能符合新一代美軍的飲食需求。歐雷斯克會定期打探相關民營企業的發展情況，看看是否有與她目標相符的商品選項。舒益能產品的問題在於液體形式重量太重，執行長期任務就無法攜帶，而粉末則可能讓人口乾舌燥，在飲水供給有限時也會是一大挑戰。我前往鹽湖城拜訪睿智公司總部後試吃的冷凍乾燥雞肉風味肉餡派也有同樣問題：如果一名美軍士兵派駐遙遠的阿富汗，冷凍乾燥主餐放在背包裡太占空間，食用時需要加水會消耗珍貴的飲水，還很容易碎成一堆粉。歐雷斯克補充說不能讓士兵只靠液體和軟爛糊狀物維生：「要給他們吃需要咀嚼的食物。」她喜歡的商品之一是KIND堅果棒（KIND bar），小巧扎實又營養豐富，但是含糖容易融化，而且超過她的預設價位。

歐雷斯克團隊中的生化學家安・貝瑞特（Ann Barrett）說，她的主要研究目標是想辦法在最小的食物體積中，容納最多熱量和營養，如此就能將士兵攜帶的口糧極小化。貝瑞特最近研發出一種壓縮率超高的營養精力棒，她命名為「音速」（Sonic），甫獲美國太空總署列入火星任務的太空餐菜單。「音速」精力棒的熱量密度是一般穀物能量棒的兩倍多，並不採用糖漿或化學添加物將成分黏固成形，而是利用一種貝瑞特稱為「音波凝聚」（sonic agglomeration）的黏合技術，她說這種技術能夠「增加成分密度」但不會影響所含營養和風味呈現。

精力棒有數種不同口味，包括椰子杏仁和墨西哥辣椒切達乳酪。貝瑞特熱切地以專業術語說明製作過程：「我們用超音波衝擊食物材料，材料會以超過人類聽覺範圍上限的頻率產生共振，食物粒子會振動和移位，也就能增加粒子間相互連結的表面積。」我翻譯一下：過程有點像是搖晃冰桶，讓桶裡的冰塊分散再落下來積在一起。食物粒子形成最佳化排列（費時數毫秒）之後，再利用極大的壓力將混合好的食物材料壓印成塊。

不過幾平方英寸大小的食物，製作過程聽起來竟然這麼複雜，但在我咬了第一口椰子杏仁活力棒時，瞬間為之傾倒：質地扎實中帶著綿軟口感，比起有點嚼勁的「勁霸」能量棒（PowerBar）可口多了，鹹中帶甜滋味豐富，有一點堅果味，又不會過鹹或過甜。貝瑞特說還有另一種吃法：「如果有熱水，可以把精力棒融在水裡變成椰奶湯。」

歐雷斯克的團隊中另一位成員洛琳．歐康納（Lauren O'Conner）是食品化學家，她為了希望喝到真正果汁的士兵發明了一種新方法，利用的是她形容為「類似溫和版冷凍乾燥法」的「熱輻射區段乾燥法」（radiant zone drying）[9]。美軍的野戰口糧中通常會有可沖泡的「酷愛」（Kool-Aid）飲料粉末和「酸甜」（Tang）果汁飲料粉*：含有大量糖分，但沒有任何營養。士兵會很想吃水果，因為水果裡含有大量植物營養素，但水果非常容易腐壞，在戰地沒有冷藏設備也無法保存。但食物若是經過乾燥或巴斯德殺菌法處理，又很容易喪失其中所含對熱很敏感的植物營養素。「利用熱輻射區段乾燥法，就能保存那些很容易喪失的營養素，我們將水果製成果泥，再藉由微微加熱和加壓，讓果泥中的水分蒸發。」歐康納說。

成品看起來像是色彩繽紛的精緻五彩紙屑，有蘋果甜菜（深紫紅色）、熱帶柑橘（很陽光的橘黃色）和草莓香蕉（桃紅色）三種口味。「蔬果的顏色能夠保留，因為營養素都沒有遭到破壞。」歐康納說。她將五彩屑粒和一點冷水混合，我嚐了之後再次大為驚豔。味道正如她所宣稱——新鮮爽口。再將果泥屑粒裝入歐雷斯克研發的特殊除氧包裝袋裡，保鮮期可長達三年。

歐雷斯克團隊中的資深成員楊湯姆博士（Dr. Tom Yang；音譯）實驗中的新方法在所有技術中可能最具發展潛力：真空微波乾燥技術（microwave vacuum drying）[10]。利用這種技術能更精確地控制脫水過程，脫水乾燥後的食物不會像冷凍乾燥食品呈現出保麗龍質地，而是介於杏桃乾和硬質帕馬森乳酪之間的那種扎實質地。「我們只將水分去除到食物完全穩定的狀態，」楊博士解釋，「讓細菌無法孳生，而幾乎完全保留住原始的風味和營養。」這種方法的原理類似一般的微波爐，是從內向外乾燥食物（不像烤箱是從外向內加熱或乾燥食物），過程也可以更精密地調控。舉凡切開的生菜、切塊布利乳酪、歐姆蛋捲、整盤法式吐司、豆泥塔可餅，甚至整碗乳酪通心麵，幾乎任何食物都可以利用這種技術處理至半乾燥。也許有人會討厭這種半脫水食物的口感，但是楊博士請我吃了一塊質地類似甘草糖的歐姆蛋捲，我發現雖然古怪

法式吐司、歐姆蛋捲和炒蛋（真空乾燥版）

但滿好吃的，嚼起來有點彈牙，也很好玩。經過真空微波乾燥處理的食物，體積會縮小至原本的三分之一左右，水分含量高的食物如水果會縮得更小。

訪問行程結束時，楊博士送了我一包小禮袋，裝的全是他的發明。「裡頭有十五顆新鮮草莓和大約二十顆藍莓，就這樣。」他說，邊指著一包只比我的食指粗一點的塑膠包裝營養棒。「這是大份的沙拉。」他說，同時遞來一份重量和厚度跟支票簿差不多的收縮膜包裝菜葉。

從內蒂克前往洛根國際機場（Logan Airport）途中，我吃了一包楊博士送的真空乾燥柑橘營養棒。我原本計畫搭機前先去東波士頓（East Boston）吃一碗熱騰騰的越南河粉，但是路上塞車了。車陣大排長龍動彈不得。我前一天沒怎麼睡，也沒吃什麼東西，正覺得自己血糖過低時，記起楊博士提到柑橘營養棒「由六顆完整柑橘製成」，含有豐富的天然維生素C。我用牙齒撕開塑膠包裝。內容物酸味十足，橘子汁在口中迸發開來，口感有點像是在咬甜瓜皮，而效果神奇極了：吃下去會有點像是電影《黑色追緝令》（*Pulp Fiction*）裡陷入昏迷的鄔瑪．舒曼（Uma Thurman）在約翰．屈伏塔（John Travolta）幫她注射一劑腎上腺素之後幡然甦醒。我覺得自己有如整個系統重新啟動——好像正在暖機，準備接納代餐食品的概念。

* * *

從內蒂克的實驗室回到家之後沒多久，我就到亞馬遜網站訂購了一盒舒益能代餐飲料粉。

我原本打算在附近店家購買，但是目前全國連鎖門市皆有鋪貨的塔吉特超市和沃爾瑪都賣完了。我家附近的克羅格超市店員告訴我：「我們有賣，但田納西州門市沒有。」全食超市的態度則帶著敵意，店經理語帶不屑回答我：「我們不賣舒益能的產品。」等收到訂購的那一盒，我才恍然大悟，內含十二小包的硬紙盒上以粗體字聲明：「頂尖基改技術精心製造」。

舒益能公司（Soylent Inc.）創辦人萊恩哈特刻意將自家產品定位為某種與永續糧食運動對立的反派。萊恩哈特發明的全能食物「舒益能」名稱來自一九七〇年代科幻電影《超世紀諜殺案》（*Soylent Green*）中的企業名，電影講述在糧食匱乏的反烏托邦世界中，倖存的人類吃的是把人類當成材料釀製的代餐食品。三十多歲的萊恩哈特長居矽谷，於二〇一三年和另外三名在陽光谷推行新創專案時認識的科技人合夥，創辦了舒益能公司。他們每週工作八十小時，肚子餓了就吃典型大學兄弟會風格食物：冷凍炸熱狗和速食拉麵。為了省下吃飯時間和滿足飲食需求，他們開始「破解食譜」，想要找出一種方便隨時大口灌下肚的營養來源。萊恩哈特開放原始配方，獲得世界各地其他「營養駭客」的支援，費時多個月研發出一種混合脂肪、纖維素、碳水化合物和三十五種維生素與礦物質的代餐飲料。之後他募資獲得七千萬美元創業資金，公司的品牌標語是「新配方飲食」（Food, reformulated）。每瓶容量為八盎司，要價三．二五美元，其中含有二十二公克脂肪可止餓，提供的營養素為成人每天建議攝取量的百分之二十（依據美國食品藥物管理局、農業部〔Department of Agriculture〕和美國國家醫學院〔National Academy of Medicine〕制定的標準）[11]。一天喝五瓶就能滿足身體所有需求，而根據亞馬遜網站數千筆顧客評論其中幾條，會感到「朝氣蓬勃」而且覺得能量「整天下來源源不絕」。

萊恩哈特以一種傳道救世般的狂熱稱舒益能產品為「顛覆我們整個食物體系的一種方式」。「食物堪比人類能量的化石燃料，龐大的食物市場制式化且充斥浪費，分配方式偏頗不公，還帶有強烈的地緣政治意涵。」他在二〇一三年寫道。在他的願景中，他的配方飲品可以當成像自來水般輸送至家家戶戶的「公共資源」，扭開龍頭就能取用，而在這樣的世界由於氣候變遷和全球衝突，食用真正的食物變成一種娛樂活動。他說：「我們會看見，實用功能性的餐食和體驗社交性的餐食是可以截然切割的。」

無論產品本身，或萊恩哈特為其塑造形象的方式，兩者似乎都缺乏人性——或者該說是少了美好的樂趣。不看好舒益能代餐的批評者也注意到這一點，批判中多少帶著幽默。萊恩哈特在創辦舒益能公司之後不久，於二〇一四年受邀在電視節目《柯拜爾扣扣熊報告》（*The Colbert Report*）現身，喜劇演員暨主持人史蒂芬・柯拜爾問他：「你的靈感從哪裡來的？你是不是看到有人昏迷插著鼻胃管灌食，就想說：不管他嗑了什麼，都給我來一點？」《紐約客》雜誌上一篇談論舒益能代餐的文章〈食物的末日〉（The End of Food）中引述哈佛公共衛生學院營養學系主任華特・威烈特（Walter Willett）的評述，指出撇開其他的先不提，這種配方飲品的設計忽略了茄紅素（番茄紅色的來源）、類黃酮（藍莓藍色的來源）等新鮮蔬果所含多種植化素（phytochemical）的重要性。「要是以為已經徹底破解構成最佳健康飲食的所有成分，就太自以為是了。」威烈特表示。他補充說，在生物學上是有可能不攝取任何植物化學成分還能活下來，但是「你可能無法達到最佳化的生活，可能無法達到最佳的功能運作。除了活下來之外，我們關注的事還有很多。」

或許因為戰場上只獲配發軍用口糧的士兵主要關注的，**確實**是該怎麼活下來，所以我對歐雷斯克的代餐食品科技很好奇，但並不覺得駭人可怖。明明是相同概念，只是對象從士兵換成平民百姓，我對舒益能代餐的第一個反應卻是（或許和大多數人一樣）懷疑中隱約帶著一點厭惡反胃。舒益能代表的如果不是食物的死亡，那麼至少是食物靈魂的死亡。它基本上只是充飢解餓的可食物質，平淡乏味且過度簡化。我在一個食物就代表著愛的家庭長大。家母是精神分析師，在我童年時期是透過約束來給予肯定，但廚房裡瀰漫的風味和食物香味一直都無拘無束。她到現在還是熱愛烹飪，帶著滿滿的愛煮飯備菜，而吃她煮的菜感覺就像受到無上寵愛。由於這個緣故和其他原因使然，沒有食物的世界對於我，還有對我們之中很多人來說，就像是沒有愛的世界。

然而不經意之間，雖然也非我所願，我吃飯的方式常常跟士兵差不多，只是為了充飢然後繼續執行任務。坦白說，我在生活中時常像那回在波士頓去機場途中塞車一樣，沒辦法坐下來好好吃一頓飯，只好轉而尋求任何近在咫尺的包裝食品果腹。我的早餐常常是兒女沒吃完留在餐盤裡的任何剩菜，我站著吃，同時一邊洗碗和檢查新的電子郵件。午餐往往是一碗穀麥片、幾匙花生醬和家人不想吃的剩菜剩飯，或是活像塑膠蚌殼的餐盒裡容易遭人遺忘的外帶食物。這些吃的東西快速方便，味道通常乏善可陳，幾乎談不上營養均衡。

我從小吃母親和祖母煮的飯菜長大，她們疼愛家人而且投注極大心力準備餐食，一天通常會花數小時買菜、備料、煮全家要吃的三餐和餐後的收拾清潔。老實說，我和我先生分配用來為全家煮飯備菜的時間，只是她們所花時間的好幾分之一。我們現在還在努力奮戰，希望守護全家一起吃的晚餐。每週會有幾次，我們留出一、兩個小時的空檔一起煮飯和用餐，讓食物發揮它的看家本領——讓五感沉浸其中，吸引我們待在家裡，將全家人連結在一起。

因此儘管我對萊恩哈特的大人版配方奶粉和行銷招術很反感，但事實卻是我已經在過他描述的那種生活：快速而乏味的「實用功能性」餐食與家人朋友共享的「體驗社交性」餐食之間壁壘分明。這就是我為什麼在亞馬遜網站下訂單：我開始明白舒益能代餐或許是那些我固定食用的「實用功能性」半調子餐食的合理替代品，甚至是更好的替代選項。在我看來，舒益能代餐（甚至最終是家用版福迪尼機器人）還比我草草吃下的早餐和午餐更加營養，或許還能讓我保留一些時間和精力，留給一天中唯一能和家人一起坐下來放鬆享受的正餐。

另外，舒益能代餐是純素食，排碳量極低，比麥當勞套餐便宜，不會造成任何食物浪費。單純從生態和社會經濟的標準來看（先不管料理標準），比起在地生產每磅六美元的祖傳品種番茄，或許這沒有靈魂的東西更能真切體現「公平永續發展糧食」的概念。

＊＊＊

我費了一番努力才喝下我的第一瓶舒益能。嘗起來跟亞馬遜網站上評論寫的一模一樣，像是杏仁奶和煎餅麵糊的綜合體，不論哪種味道都無法激起我大口暢飲的欲望。喝到第二瓶時，我開始習慣：和美味可口還差得遠，怪的是喝了還滿飽足的。喝到第三瓶，我開始期待下一瓶。我就像將手機關機時那樣，以一種如釋重負的心情歡迎它。我們很多人會為了一天中的一餐，或一週裡的好幾餐，在心裡不停自問自答這餐該吃什麼好、這個是不是自己想吃的、價格會不會太貴、這是負責任的消費嗎云云，舒益能代餐讓心裡頭的嘈雜獨白完全消音。我們生活在一個即使不是大多數人，也已有許多人為了吃什麼而費了太多心思的時代。我們為吃瘋魔，或為吃煩憂，或兩者皆有。從中解放獲得些許自由令人如釋重負，即使舒益能不是解方，至少是一個按下「暫停」的機會。

「以最省力的方式提供養分最豐富且營養均衡的主食」——這是舒益能公司網站上的產品簡介。詭異的是這句介紹語竟然與我在旅程最初從哥倫比亞大學教授露絲・迪佛萊斯那裡聽到的話相呼應：「自從歷史上出現農耕聚落開始，人類設計出來的每一種農業用新工具，都是為了達到同一個目標：用更少的人力軟硬兼施，從大地獲取更多的食物。」

無論我們喜歡與否，以增加糧食供應、用更少力氣生產更多營養主食為目標的一連串漫長科技實驗已綿延超過萬年，而舒益能代餐只是另一個新環節。

於是我又回到本書一開始我在整缸蔬菜塊粒裡挖掏時不斷思索的問題，以及我與蘿倫・歐雷斯克和她的團隊成員一起圍著福迪尼、盯著它的玻璃窗口，看見還是幼兒的機器人搞砸未來零食那個當下想到的相同問題：我們的處境**究竟**有多糟？這一長串的科技實驗究竟要走向何方？考量到科技在過去鑄成的種種錯誤，以及迫在眉睫的環保問題和人口壓力，我們能否合理甚至負責任地大膽希望：人類是在朝好的方向邁進？我們想要的保證，不只是未來將會有足夠糧食供我們所有人存活，還有我們的料理傳統，包括新鮮食物的供給在內，也要傳承延續下去才行。

答案很明確且直接，是肯定的。我們有很大的機會不僅能生產足夠供應世界上所有人的食物，同時也能守護和保存我們的飲食傳統。答案是我們的處境並非最糟，但我們也無法擺脫眼前的艱鉅挑戰。我在漫長又奇異的旅程中走遍十一個國家和美國十三個州，而這趟旅程終歸是一趟尋覓希望之旅，我也在旅程最後一天找到了希望。

至少在可預見的未來，關於想吃的食物種類，以及想要支持演變中的糧食體系內哪些層面，我們很多人都會享有比今天更多的選擇。如果想要繼續享用在地小批生產、受土壤和陽光滋養的有機農產，而且也願意接受較高的價格，那麼你很有可能在未來很長一段時間都能繼續這麼做。如果想尋求營養成分高度個人化的飲食，攝食最有益健康的客製化食品，也有這個選項。如果完全不想再煮飯和咀嚼食物，也可以完全靠舒益能代餐（或其他營養液）維生，一天大約只要十五美元，還可以自動送貨到你家門口。

對我來說，本書既是擺脫以前個人關於食物的煩惱和誤解的歷程，也是在探索新想法和未來的無窮可能性。我不再抱著因懷舊而生的一些幻想，比如扮演農夫在自家後院種菜，或是消滅工業化農企業。對於經過基因改造或基因編輯的食物、養殖魚、試管肉，甚至「成人版配方奶粉」的誤解，也煙消雲散了。我甚至對於3D列印食物和舒益能代餐的興起滿懷希望。即使是我們倉促草率吃下肚的速食，也會變得更好，另一方面我們也會更尊重傳統食物。

但我們仍必須權衡取捨。為了要持續生產我們喜愛的傳統食物，支撐糧食體系的基礎，包括未來生產蔬果、穀物，以及奶、魚、肉等蛋白質來源的方法、工具和技術都將會改變，方式可能細微，也可能激烈。我們會需要熱情的在地社運人士持續保護這些傳統，也需要州政府和聯邦政府制定更強力的政策，以引導農民實行更智慧、有效率的農法。我們會需要強健的在地有機小農網絡，但也需要做法有所改善的大規模工業化農業。我們會需要智慧魚類養殖場、人工智慧機器人、優良的基改作物和基因編輯作物，另一方面也同樣需要守護祖傳品種植物。我們會需要健康肥沃的表土，但也需要埋於土壤中的智慧感測器蒐集的數據資料。我們會需要從零開始的小型新創公司與老牌大型食品企業一起施展拉力和推力，帶動發展第三條路，以可持續經營的方式生產糧食供應所有的人，而非僅為富裕的精英階層服務。我們會需要深入了解科技過去發展得不符預期之處，帶著這樣的理解開拓科技的全新疆域。我們必須創新——同時保持謙卑的心。

譯註：

1. Samuel Clark Ligon, Robert Liska, Jürgen Stampfl, Matthias Gurr, and Rolf Mülhaupt, "Polymers for 3D Printing and Customized Additive Manufacturing," *Chemical Reviews* 117 (2017): 10212–10290.
2. Donna Miles, "Military Explores New Processes, Packaging for Combat Rations," U.S. Department of Defense, *DoD News,* Sept. 28, 2012, https://tinyurl.com/y9bdvqpo.
3. Simon Angelo Cichello, "Oxygen Absorbers in Food Preservation: A Review," *Journal of Food Science and Technology* 52 (2015): 1889–1895.
4. Emma Graham-Harrison, "The Eat of Battle—How the World's Armies Get Fed," *Guardian,* Feb. 18, 2014.
5. John Kell, "Campbell Soup Invests in Nutrition Tech Startup," *Fortune,* Oct. 26, 2016, https://tinyurl.com/zw4z8pz; and John Kell, "Nestle Leads $77M Funding Round in Meal-Delivery Startup Freshly," *Fortune,* June 20, 2017, https://tinyurl.com/y9rwrtmd.
6. "Age Requirement by Service," Today's Military, 2018, https://tinyurl.com/ycm9jr3f.
7. Kim Parker, Anthony Cilluffo, and Renee Stepler, "6 Facts About the U.S. Military and Its Changing Demographics," Pew Research Center, Apr. 13, 2017, https://tinyurl.com/ycnamg3p.
8. L. J. Miller and Wei Lu, "Gen Z Is Set to Outnumber Millennials Within a Year," *Bloomberg,* Aug. 20, 2018, https://tinyurl.com/y7qqspde.
9. Moumita Chakraborty, Mark Savarese, Eileen Harbertson, James Harbertson, and Kerry L. Ringer, "Effect of the Novel Radiant Zone Drying Method on Anthocyanins and Phenolics of Three Blueberry Liquids," *Journal of Agricultural and Food Chemistry* 58 (2010): 324–330.

* 譯註：在中國以「菓珍」為名上市販售。

10. G. Ahrens, H. Kriszio, and G. Langer, "Microwave Vacuum Drying in the Food Processing Industry," in *Advances in Microwave and Radio Frequency Processing* (New York: Springer, 2006), 426–435.
11. "Dietary Guidelines for Americans 2015–2020," U.S. Department of Agriculture, 2015, https://tinyurl.com/ycfkhdwq.

後記 成長

五月某個週日早上八點十五分，我抵達紐曼夫婦位在維吉尼亞州西北部波多馬克河河畔一叢老橡樹旁、占地八英畝的農場，這天是克里斯和安妮宰雞的日子。三十二歲的安妮十分疲憊。她昨晚為了照顧一歲的小女兒貝蒂幾乎整夜沒睡，天還未亮就起來幫三百隻母雞餵水和飼料、撿蛋，準備一家大小的早餐，再把三歲的大女兒送到鄰居家。三十六歲的克里斯起得更早，他先餵好豬隻，然後從飼養的雞群中挑選一百五十隻肉雞，接下來要在日落前完成屠宰、處理、包裝和冷凍。

我和他們在臨時搭建的屠宰場碰面，那是一部有金屬車身的拖車，就停在用牆板搭起的小屋前的車道

上，車內有六百平方英尺那麼大。拖車設有露天型發電機、不鏽鋼桌、有冷熱水的浴缸，和外觀怪異的機器設備，其中之一是內有許多橡膠指狀物的巨大濾盆（自動脫毛機），現場散發類似影集《絕命毒師》（*Breaking Bad*）的氣氛。有一座環狀高架設置了八個圓錐型「屠宰桶」（killing cone），那是進行家禽人道屠宰作業用的不鏽鋼鉗具。待宰雞隻被關在疊起的藍色塑膠箱籃裡，安靜地簇擁成群，紅色雞冠和凌亂的白色羽毛沾覆了塵土。安妮每次抓住一隻三磅重的豐滿肉雞，將牠頭下腳上倒插進圓錐型桶裡，讓雞的頭部自桶子尖端伸出來懸在半空。她逐一掐住每隻雞的脖子劃破頸靜脈。

「可惡。」

一隻矮小的肉雞從圓錐型桶末端鑽了出來，掉進下方接了滿滿雞血的塑膠盆裡。克里斯看著浸在雞血裡撲騰噴濺血花的那隻雞。「噢老婆，你碰上一隻小不點了。」他說。

「我覺得他生病了，一邊的腿有點問題。」安妮回答。

「要幫他安樂死嗎？」

「要。我只是，真的很討厭碰上這種事。」

安妮雙膝著地，將雞頭砍斷。有著深色頭髮、白皙皮膚和精緻五官的安妮，從紫色頭巾到腳上那雙歷經滄桑的軍靴，都被鮮紅雞血噴濺得血跡斑斑，看起來像是走傑克遜．波洛克（Jackson Pollock）畫作風格的凱妮絲．艾佛丁（Katniss Everdeen）＊。「我已經習慣髒兮兮的了。」她說。安妮是畫家，從小跟著擔任承包商的父親巡視建築工地長大。「我只是不喜歡看到一條生命就這樣結束。無論殺生幾次，那樣的事永遠會讓你覺得良心不安。」

克里斯也同意應該如此：「我們絕對不想到後來變得麻木無感，要是真的變成這樣，我們就應該打包收拾，回去坐辦公室。」

身高一百九十公分的克里斯頂著剃光的頭，強壯的臂膀肌肉發達，屠夫圍裙下的恤衫上印著「不只如此」（Meant for More）。克里斯的父親在波多馬克河對岸、馬里蘭州南部的乞沙比克（Chesapeake）地區長大，該區至今仍是數千名皮斯卡塔韋（Piscataway）部落原住民的家鄉，而克里斯和父親都是該部落的後裔。克里斯的母親是非裔美國人，她在華盛頓特區東南部把克里斯帶大。克里斯小時候學習能力很強，小學二年級就已經在讀十二年級程度的書籍。「人生中不尋常的經歷，對我其實還是有些影響，」克里斯一邊清理雞隻屠體內臟一邊跟我說，「我是少見在黑人社區長大的混血書呆子，和全食超市離得十萬八千里遠，長到三十六歲卻來幫有機肉雞掏內臟。」

在我的整趟旅程中遇見的所有人物裡，無論在訪問過程中或是之後的多次對話中，最讓我敬為英雄的莫過於克里斯和安妮。不是因為他們最有可能成功、可能餵飽最多人，或是發揮最大的影響力，又或是贏得諾貝爾獎——而是因為他們以最饒富興味的方式，真正融合了我認識到的農業第三條路的所有想法、創意。

他們具備某種革命家的熱誠，有決心和毅力以小農之姿，去挑戰永續糧食的生產現狀，並重新進行想像。他們日復一日在田間將自己的想法付諸實驗，努力結合古老的傳統和激進的新科技，希望打造小規模食物生產者的新典範。對他們了解愈深，也就愈能領悟他們的願景，而我僅能將其形容為建立屬於他們的瓦干達（Wakanda）：一個糧食豐富、最終將由智慧機器管理照料的森林生態系統，這裡的科技是為大自然效勞，讓大自然變得更好。

＊＊＊

克里斯在童年時期，三不五時會跟著父親一起造訪他現在與安妮和兩個女兒一起住的房子。他的父親以前會到當地的美洲原民文化觀光協會（Indian Tourism Association）當志工，開課教授原住民歷史和文化，講述原住民族在大地上的日常生活、飲食方式、價值觀和風俗習慣。克里斯的祖母煮菜時會運用泡泡果（pawpaw）、柿子和栗子等當地食材，也教他認識以森林為基礎發展的農業。「數百年來，皮斯卡塔韋人經營茂密的食物森林（food forest），從較高層和下層植物、灌木叢、藤蔓到地被植物，全都會產出水果和堅果——在森林裡隨便往哪走都會被能吃的東西絆倒，」克里斯說，「我很小就學到，我們是生活在生態系裡頭，而不是在生態系上頭。學到我們呼出什麼，樹林就吸進什麼。學到先人過世時，我們將他們埋進土裡，他們的軀體經過數百年又成為生態系的養分。學到植物和動物凋亡之後又重生，活著的一切都來自死亡又再生之物。」

在克里斯二十多歲時，前述這些從來不是他的優先考量，當時他甫自馬里蘭大學（University

of Maryland）取得資訊工程學位，在洛克希德馬汀公司得到一份薪資優渥的工作。他後來加入美國財政部的軟體設計團隊。「那份工作說實在不怎麼啟迪人心。」他故作嚴肅貌。他二十八歲時在華府亞當斯摩根社區（Adams Morgan）一間平價小酒吧遇見安妮，那時她在藝廊工作。「他朝我走來，用他那雙綠色的眼睛**望著**我，然後說：『你笑的樣子，好像剛剛在口袋裡發現蛋糕。』」安妮回憶道，「然後就這樣了。」

克里斯後來膽大氣壯了，跳槽到一間規模較小的科技公司，但是工時極長，他開始胃痛。某次放假時，他讀了鄰居借他的一本麥可．波倫的《雜食者的兩難》，認識了樸門永續系統的概念。「忽然有一種感覺洶湧襲來，好像終於獲得認同，好像你知道一輩子的某件事，終於有人過來給了它一個名字。」他說。樸門永續系統的基礎，就是克里斯小時候學到的在地糧食生產原則，而安妮身為聖公會教徒（Episcopalian），也對樸門的概念深有共鳴。「聖經中多次提到對大地的管理權（stewardship），」她告訴我，「我跟克里斯出身於兩種不同的信仰背景，但認識了樸門就像找到兩者的交集。」

麥可．波倫在書中講述了樸門概念先驅喬爾．薩拉丁的故事，薩拉丁的農場位在維吉尼亞州西部，距離克里斯家數小時車程。克里斯在二〇一三年夏天讀了波倫的書，數天後他就辭職，然後登記參加薩拉丁主持的工作坊，並和安妮一起決定創立農場。他們後來將農場命名為「希凡納卡」（Sylvanaqua），意思是「水畔的森林」。

農場開張以來可謂篳路藍縷。「當然了，我們根本不知道會面對什麼樣的難關。」克里斯說。兩人的家族裡唯一對務農有些了解的人是克里斯已故的外祖父。「我的祖先世代都當農夫，從奴隸到煙草農，到住在森林的原住民——問題是他們都不在了，沒人告訴我們要怎麼做。」克里斯說。

他們找了幾本書，看了很多YouTube影片，盡可能從中學習。但是他們的計算嚴重失誤，尤其是關於開始獲利的部分。他們以為在六個月內就能賺得不錯的收入；結果是連續四年入不敷出。二〇一八年我前去拜訪的時候，他們才剛開始有盈餘。他們在二〇一七將產能增加至三倍，一週平均產出約一千八百顆蛋、一百八十隻雞、一千兩百磅豬肉和六百磅牛肉，全都是送往華府高級店鋪和餐廳的有機產品。整年的營業額約為十七萬美元，但是扣除成本之後的淨收入約為兩萬八千美元，對於有兩名幼兒的四口之家來說是貧窮線標準。

兩人已經習慣另外兼職來補貼家用。在農場開張一年後，克里斯開始向先前任職的軟體公司接一些可在家遠端工作的案子，他到現在仍每週兼差二十小時「以免農場難以為繼」。安妮則在販售折扣商品的貝爾克百貨公司（Belk）兼差站櫃，但生小孩之後就離職了。事業上的壓力再加上育兒重任，無疑雪上加霜。他們的次女出生不久後，三歲的長女瑪琳（Marlenne）確診為自閉症，要在全家已經很複雜的日常作息中安排她的療程時間，一切更是加倍複雜。

「那些聽起來很浪漫的農場生活點滴，像是一起在田間工作，或看著小孩在戶外追著雞群跑來跑去，是真的非常浪漫。」安妮說。但是當整群母雞被郊狼屠殺到只剩半群，或是外頭狂風暴雨卻還是得出門幹活，又或者室外溫度華氏一百零五度（約攝氏四十．六度）、溼度百分之九十九而且整個月沒下過半滴雨，這些情境就沒那麼有趣了。

克里斯和安妮偶爾會討論乾脆收攤不做，克里斯也坦承「有時討論的頻率其實比『偶爾』還高」——「但是我會突然像是受到當頭棒喝：不能收攤不做，菜鳥，我們是來幫忙解決系統問題的。」如克里斯所形容，他們在希凡納卡農場肩負雙重任務：一方面要證明生產糧食最好的方式是「模仿大自然中恆常的模式」，另一方面則要利用任何可用的高科技工具和技術，來幫助他們達成目標。

＊＊＊

在我於二〇一八年登門拜訪的幾個月前，克里斯開始質疑永續糧食運動的功效，甚至道德倫理。他之所以開始困擾，起因是他認識的人裡頭，包括大多數的朋友和從小認識的鄰居，沒有人買得起一磅十美元的豬排和一磅四美元的雞肉——現實狀況是只有有錢人吃得起他和安妮賣給高級超市和餐廳的食物。

克里斯發現自己不再認同導師喬爾．薩拉丁的理念，理由是薩拉丁的做法太過精英主義，而且加深了克里斯所謂的「取用落差」（accessbility gap）。「這些人常掛在嘴上的是窮人應該更重視食物，應該要願意付更多錢，」克里斯告訴我，「我就是在窮人圈裡長大，我不會說『那個住在公營低收入住宅區的孩子，他需要更重視食物』。我們需要做的是想辦法以更好、更平等，且以永續發展方式生產的糧食，那也就表示要引進智慧科技。」

克里斯曾是訓練有素的程式工程師，也難怪他既支持生態，也支持科技。「有很多自稱永續農夫的人視科技為洪水猛獸，尤其覺得科技是宰制自然環境和現代糧食體系的法西斯獨裁者，」他說，「但是問題從來不在於科技；而在科技應用背後，還有我們為了什麼、在什麼地方生產糧食，以及生產哪些糧食，這些事當中的倫理價值和動機出現問題。我們太專注於為了全球經濟而拚命生產，犧牲了在地的生態環境，事實是如果我們使用的方式正確，科技可以幫助我們翻轉現況。」

克里斯告訴我，身為軟體工程式的他「視食物為一種界面」。「生產糧食的方法會變得愈來愈多元，更容易替換取代。以後同一種水果可能來自我的食物森林，或加州的果園，或城市裡的倉庫式氣耕農場。只要是有助於恢復地球生態系統或減輕壓力的生產方法，無論直接或間接，我都支持。」正如肯亞的露絲・歐倪昂和墨西哥的馬克・歐森，紐曼夫婦也致力於保護農業傳統，而且會運用很多農業守舊派深惡痛絕的現代方法，例如用機器人和軟體程式重新打造和管理克里斯從祖母那裡認識的「食物森林」。他們打算在農地和放牧區周圍的森林進行疏林，留出空間栽種屬於不同層植被的蘋果樹和蜜柿（cherry persimmon）樹，較低層的空間則種植高矮不同的莓果，例如越橘、藍莓、黑莓、鵝莓和美國朴樹（hackberry）。至於地面層，他們打算種植蕈菇，並且放豬隻進來留下排泄物增強地力。在森林外的農地，他們預備以富含氮的畜糞堆肥來施肥，會種植多年生燕麥、大豆、小麥和斯佩爾特小麥（spelt）；他們也會實行玉米、豆類和不同南瓜間作，外圍則種植向日葵和香草植物。

他們會重新引入當地的原生植物，栽種穀物和蔬果時選用祖傳種子——不過是品種經過改良的種子。「我們生活在與老祖先那時候完全不同的氣候環境，」克里斯告訴我，「誰能預料接下來十年或二十年氣候會變成什麼鬼樣子，所以基改工程技術在我們的計畫中也有一席之地，我們需要依賴相關技術建立種子庫，從在地古老的祖傳種子裡找出耐熱、抗旱以及能適應鹽化土壤的耐鹽性基因。」克里斯和安妮的願景中也包括使用無人駕駛車網絡，甚至最終進步到無人機，將生產的肉品、雞蛋和蔬菜直接送到消費者家中——與他們目前送貨所開的超級耗油平板貨車相比，會是一大進步。

紐曼夫婦也期待農場能朝智慧化、機械化的方向發展。待資金充足時，他們預備添購除草機器人和果實採收機器人。克里斯相信「農業機器人會變得非常重要，可以幫我們監測降雨量、陽光、季節變化和各種益蟲和害蟲的分布。另外也能幫我們測量哪些蔬果是否進入成熟期，是在什麼時候，或因為什麼原因」，這些都有助於更深入理解生態系統的管理之道。

我發現這個私人「瓦干達」的願景無比迷人，決定邀請全家人將來到紐曼家的農場共享盛宴，我想在這裡慶祝二〇五〇年的感恩節。克里斯慷慨應允。他說這頓感恩節大餐菜色會向他和安妮各自原生家庭的傳統致敬：有火雞和鴨肉、祖傳品種玉米、四季豆、在食物森林邊緣種植的馬鈴薯、蔓越莓和接骨木莓醬汁，以及他家祖先常吃的泡泡果、柿子和栗子。而上述種種之所以能成真，甚至可能比預想的更美好，是因為他們將會明智地使用二十一世紀中葉最好的工具。

＊＊＊

克里斯也提出警告，食物森林和樸門永續系統不會是未來糧食生產最完善的解方。無法讓所有人以平易價格取得食物的問題「還是沒辦法完全解決，」他說，「不可能百分之百解決，行不通的。」他和安妮的理想是他們所謂的「宏觀樸門系統」（macro-permaculture）：從各大城市中心向外輻射發散，分布在周圍郊區和鄉村的許多糧食生產「區域」。以最靠近城市的區域為例，是由高度密集的氣耕法垂直農場生產營養豐富但不易保存的農產；近郊主要發展大規模社區園圃；城市遠郊區域，如他們維吉尼亞州北部的社區，則經營食物森林以永續發展方式生產肉品、水果、堅果和些許穀物。

如要成功建置這樣的系統，政府不僅必須投入大量經費補助，也必須採行諸多前所未有的配套措施，尤其在土地使用管制和國際貿易法規上有所變革。克里斯說，即使他們的願景得以實現，也不會取代生產穀物等作物的工業化農業，工業化農場生產的主要糧食作物占全球農作產量九成多（隨著未來市場對植物成分肉類替代品的需求攀升，對小麥等穀物的需求還可能增加）。「宏觀樸門系統」也不適合用於生產大量的香蕉、酪梨、咖啡、非當季蔬果，以及其他我們已經習慣透過貨車、貨輪長途運輸取得的奢侈食物。

然而，他們的願景很務實的一點在於毋須陷入非黑即白的假兩難：樸門永續系統或者工業化農業；零科技或者科技萬能，而是如安妮所形容的，支持「相互競爭的方法和點子各擅勝場」。這個系統也能讓更多人參與。目前美國所有的糧食是由不到百分之二的人口負責生產，如果我們希望接下來三十年能確保健康營養的糧食供應無虞，就必須在本國甚至在全球更有計畫地籌建一個更大的糧食生產參與者網絡。無論大農企或小農民、園丁、政策倡議人士、樸門永續推廣人、主廚、植物學家、工程師，或謹慎負責的消費者，會有愈來愈多人以某種方式加入，在氣候變遷和都市人口爆炸的壓力下，共同守護糧食的生產供給並推動變革。

透過這些努力，我們就能幫忙實現克里斯和安妮家中一塊牌子上的皮斯卡塔韋族諺語：「PEMHAKAMIK MENENACHKHASIK」——整個世界，處處園圃。

譯註：

＊譯註：凱妮絲．艾佛丁是反烏托邦小說《飢餓遊戲三部曲》（*The Hunger Games*）的主角；傑克遜．波洛克為美國抽象表現主義大師，以滴畫技法（或「行動繪畫」）著稱。

國家圖書館出版品預行編目(CIP)資料

明天吃什麼：AI農地、3D列印食物、培養肉、無剩食運動……到全球食物生產最前線，看科學家、農人、環保人士在無可避免的氣候災難下，如何為人類找到糧食永續的出路/亞曼達.利特(Amanda Little)作；王翎譯. -- 一版. -- 臺北市：臉譜出版，城邦文化事業股份有限公司出版：英屬蓋曼群島商家庭傳媒股份有限公司城邦分公司發行, 2021.07

面；　公分. --(臉譜書房；FS0132)

譯自：The fate of food：what we'll eat in a bigger, hotter, smarter world

ISBN 978-986-235-946-4(平裝)

1.食品業 2.食品衛生管理 3.永續農業

481　　110006782

Copyright © 2019 by Amanda Little
All rights reserved.
Published in the United States by Harmony Books, an imprint of the Crown Publishing Group, a division of Penguin Random House LLC, New York.
crownpublishing.com

This translation published by arrangement with Harmony Books, an imprint of the Crown Publishing Group, a division of Penguin Random House LLC through Andrew Nurnberg Associates International Limited

Complex Chinese translation copyright © 2021 by Faces Publications, a division of Cité Publishing Ltd.

城邦讀書花園
www.cite.com.tw

版權所有・翻印必究
ISBN 978-986-235-946-4
Printed in Taiwan.

臉譜書房 FS0132

明天吃什麼

AI農地、3D列印食物、培養肉、無剩食運動……到全球食物生產最前線，看科學家、農人、環保人士在無可避免的氣候災難下，如何為人類找到糧食永續的出路

The Fate of Food: What We'll Eat in a Bigger, Hotter, Smarter World

作者｜亞曼達・利特（Amanda Little）
譯者｜王翎
審訂者｜余淑美
編輯總監｜劉麗真
責任編輯｜許舒涵
行銷企畫｜陳彩玉、陳紫晴、楊凱雯
封面設計｜井十二設計研究室
內頁排版｜極翔企業有限公司

發行人｜涂玉雲
總經理｜陳逸瑛
出　版｜臉譜出版
城邦文化事業股份有限公司
10483台北市民生東路二段141號5樓
電話：(02) 886-2-25007696
傳真：(02) 886-2-25001952
發　行｜英屬蓋曼群島商家庭傳媒股份有限公司城邦分公司
地址：台北市中山區民生東路141號11樓
客服專線：02-25007718；25007719
24小時傳真專線：02-25001990；25001991
服務時間：週一至週五上午09:30-12:00；下午13:30-17:00
劃撥帳號：19863813　　戶名：書虫股份有限公司
讀者服務信箱：service@readingclub.com.tw
城邦網址：http://www.cite.com.tw
香港發行所｜城邦（香港）出版集團有限公司
香港灣仔駱克道193號東超商業中心1F
電話：852-25086231
傳真：852-25789337
馬新發行所｜城邦（馬新）出版集團 Cite (M) Sdn Bhd.
41, Jalan Radin Anum, Bandar Baru Sri Petaling,
57000 Kuala Lumpur, Malaysia.
電話: +6(03) 90563833
傳真: +6(03) 90576622
電郵：cite@cite.com.my
初版一刷｜ 2021年7月
定價｜ 499元

本書若有缺頁、破損、裝訂錯誤，請寄回更換。

要謝謝美國郵政）。謝謝大哥魯孚斯・葛斯康和二哥布隆森・葛斯康（Rufus and Bronson Griscom），他們是我最好的朋友，也是我在寫書和做其他所有事情時最可靠的顧問。謝謝蘇菲・席蒙斯（Sophie Simmons）和寇特妮・利特（Courtney Little），她們幫忙餵飽我和孩子們的次數我已數不清了；謝謝艾莉・寇敏斯基（Ali Kominsky）、莎拉・卓伊・克拉克（Sarah Troy Clark）、艾維・甘迺迪（Evie Kennedy）、托瑞・摩根（Torrey Morgan）、丹妮拉・法科納（Daniela Falcone）和麗莎・穆洛瑪（Lisa Muloma），非常感謝諸位親朋好友在我無暇照顧孩子時提供支援。感謝克莉絲汀・曼古里安（Christina Mangurian）、莎拉・道格拉斯（Sarah Douglas）、莉薩・史密斯（Lissa Smith）、塔娜茲・伊薛罕（Tanaz Eshaghian）、亞歷・凱利（Alex Kerry）、凱思・米查姆（Keith Meacham）、凡達娜・亞伯罕森（Vandana Abramson）、寶琳・狄亞茲（Pauline Diaz），以及音樂街（Music Row）上的「夏克提社群」（Shakti community），他們是仁愛良善和健全心智的堡壘。

最後，我要向我心目中的非凡典範奧莉薇雅・泰勒・巴克（Olivia Taylor Barker；一九七四年—二〇一四年）表達追思與無盡感謝。自從在大二那年參與編撰布朗大學《學院丘獨立週報》（*Independent*）時獲得她指派一份任務，我就此踏上新聞之路，而此後我讀過、說過的每則故事核心都少不了她。奧莉薇雅對好故事的熱愛無人能比，對於美食的品味更是無人能出其右。她太快離開這個世界，但好心的她仍時刻與我們同在。

和她的家人與我分享她們在阿拉巴馬州的小木屋；謝謝凱薩琳・舒茲（Kathryn Schulz）和凱西・塞普（Casey Cep）和我分享自家烘焙的兩倍大麵包糕點，並且提供充實寫作生活的絕佳榜樣。

在此我也要向其他作家朋友和導師致謝，謝謝他們鞭策我忠於寫作，並不斷挑戰寫作之能為的極限，尤其要謝謝與我志趣相投的愛麗絲・藍道（Alice Randall）、茱莉葉・艾爾裴琳（Juliet Eilperin）、蕾貝嘉・佩利（Rebecca Paley）、艾莉思・巴茲雷（Alix Barzelay）、佛羅倫絲・威廉斯（Florence Williams）、喬恩・米查姆（Jon Meacham）、尼克・湯普森（Nick Thompson）、艾莫莉・葛利芬（Amely Greeven）、卡羅琳・威廉斯（Caroline Williams）、米蘭達・波維斯（Miranda Purves）以及班・奧斯汀（Ben Austen）。非常感謝范德堡大學的學生和同事在我寫書過程中給予大力支持和加油打氣，謝謝達娜・納爾遜（Dana Nelson）提供的優渥研究經費，也謝謝瑟希莉・緹奇（Cecilia Tichi）、泰瑞莎・郭杜（Teresa Goddu）、蒂芙妮・佟恩和史提夫・凡尼克。

謝謝母親南西不厭其煩準備飯菜和幫忙帶孫，給予我最大的支持，總是滿懷好奇的她對事業投注的無比熱情是我最好的榜樣。謝謝父親魯孚斯如此熱愛講故事、熱愛歷史，以及投身人生志業和照料土地的熱忱。感謝我的繼父寇登・佛羅藍斯（Colden Florance）和我的繼母希平・葛斯康（Hope Griscom），謝謝他們超乎常理的耐心與支持。感謝我的婆婆琳恩・利特（Lyn Little）費盡心思關懷我的家庭和工作，為我寄來無數篇思路縝密的文章剪報（也井—艾特曼、康卓拉・克萊恩（Kendra Klein）、戴娜・柏爾斯（Dana Perls）、馬丁・布洛姆（Martin Bloem）、山姆・麥爾斯、丹尼爾・梅森・狄克羅茲（Daniel Mason D'Croz）、威利・傅特（Willy Foote）、亞當・戴維斯、紐曼夫婦克里斯與安妮、威利・佩爾、納森・里德、歐拉・赫爾格・希特蘭（Ola Helge Hietland）、喬許・高德曼、艾瑞克・紐曼、趙峰君、迦勒・哈伯、山姆・甘迺迪、泰・羅倫斯、古斯・范德堡（Gus Vanderberg）、瑟列絲・霍茲—席雷辛格、彼特・皮爾森、艾蜜莉・布羅德・雷布、史奈赫・狄賽、麗莎・柯堤斯、王蘿希（音譯）、約翰・羅賓森（John Robinson）、布萊恩・海伯格，以及瑪努艾拉・佐尼珊。

貝卡・理察森（Becca Richardson）多年來提供研究上的協助並給予我鼓勵，感謝她如此勤奮認真、包容體諒，而且多才多藝、無所不能。我要向務農並投身糧食正義運動的阿妮亞・席切涅夫斯基（Ania Szczesniewski）致謝，更要向她脫帽致敬，謝謝她耐心逼許多隱藏的事實現形，並且不斷挑戰我對於糧食生產倫理議題的看法，我對她又敬又畏。謝謝曾是我學生的卡洛琳・桑德斯（Caroline Saunders）在同樣議題上挑戰我的想法，並在糧食歷史研究部分貢獻良多。

很感謝克拉克・威廉斯・戴利（Clark Williams Derry）修改用字遣詞時的匠心巧思，謝謝欣蒂・柯希納（Cindy Kershner）鉅細靡遺校對書稿，也謝謝田納西州希瓦尼（Sewannee）的艾旅度假小屋（Aerie）供我在寫作時有避世棲身之所。我也由衷感謝Mesa Refuge作家駐村基地提供獎助，讓我得以在這恬淡靜謐的文藝綠洲寫書；謝謝葛蕾塔・甘恩（Greta Gaines）